全国医药中等职业技术学校教材

有机化学基础

第二版

中国职业技术教育学会医药专业委员会　组织编写

柯宇新　主编

化学工业出版社

·北京·

本书是遵照国家职业教育人才培养目标编写的中等职业药学类教材。全书分为理论及实验两篇，共十八章。理论篇介绍了烃类化合物，烃类的含氧和含氮衍生物，天然有机物（包括杂环化合物、氨基酸及蛋白质、糖类、萜类和甾体化合物）；实验篇包括基本操作、有机化合物的性质和制备实验。全书重点突出，文字简练，通俗易懂，充分体现中等职业教育特色和药学特色。

本书为中职药学类药物制剂专业、化工制药专业教材，也可作为医药技工学校学生及药品相关企业初、中级技术人员的培训教材。

图书在版编目（CIP）数据

有机化学基础/柯宇新主编. —2版. —北京：化学工业出版社，2013.7（2025.1重印）

全国医药中等职业技术学校教材

ISBN 978-7-122-17684-4

Ⅰ.①有… Ⅱ.①柯… Ⅲ.①有机化学-中等专业学校-教材 Ⅳ.①O62

中国版本图书馆CIP数据核字（2013）第137396号

责任编辑：陈燕杰　孙小芳　余晓捷　　文字编辑：周　倜

责任校对：王素芹　　装帧设计：关　飞

出版发行：化学工业出版社（北京市东城区青年湖南街13号　邮政编码100011）

印　　装：河北延风印务有限公司

787mm×1092mm　1/16　印张14　字数353千字　　2025年1月北京第2版第14次印刷

购书咨询：010-64518888　　售后服务：010-64518899

网　　址：http://www.cip.com.cn

凡购买本书，如有缺损质量问题，本社销售中心负责调换。

定　　价：36.00元

版权所有　违者必究

本书编写人员

主　　编　柯宇新

副 主 编　杨　静

参编人员　（按姓名笔画排序）

杨　静（山东医药技师学院）

陈彩玲（广州市医药职业学校）

胡　亮（徐州市医药高等职业学校）

柯宇新（广东省食品药品职业技术学校）

徐　敏（江西省医药学校）

燕来敏（湖北省医药学校）

中国职业技术教育学会医药专业委员会
第一届常务理事会名单

主　任　苡怀德　国家食品药品监督管理局

副主任（按姓名笔画排列）

王书林　成都中医药大学峨嵋学院

王吉东　江苏省徐州医药高等职业学校

严　振　广东食品药品职业学院

曹体和　山东医药技师学院

陆国民　上海市医药学校

李华荣　山西药科职业学院

缪立德　湖北省医药学校

常务理事（按姓名笔画排列）

马孔琛　沈阳药科大学高等职业教育学院

王书林　成都中医药大学峨嵋学院

王吉东　江苏省徐州医药高等职业学校

左淑芬　河南省医药学校

陈　明　广州市医药中等专业学校

李榆梅　天津生物工程职业技术学院

阳　欢　江西省医药学校

严　振　广东食品药品职业学院

曹体和　山东医药技师学院

陆国民　上海市医药学校

李华荣　山西药科职业学院

黄庶亮　福建生物工程职业学院

缪立德　湖北省医药学校

谭晓彧　湖南省医药学校

秘书长　陆国民　上海市医药学校（兼）

刘　佳　成都中医药大学峨嵋学院

第二版前言

本套教材自2004年以来陆续出版，经各校广泛使用已累积了较为丰富的经验。并且在此期间，本会持续推动各校大力开展国际交流和教学改革，使得我们对于职业教育的认识大大加深，对教学模式和教材改革又有了新认识，研究也有了新成果，因而推动本系列教材的修订。概括来说，这几年来我们取得的新共识主要有以下几点。

1. 明确了我们的目标。创建中国特色医药职教体系。党中央提出以科学发展观建设中国特色社会主义。我们身在医药职教战线的同仁，就有责任为了更好更快地发展我国的职业教育，为创建中国特色医药职教体系而奋斗。

2. 积极持续地开展国际交流。当今世界国际经济社会融为一体，彼此交流相互影响，教育也不例外。为了更快更好地发展我国的职业教育，创建中国特色医药职教体系，我们有必要学习国外已有的经验，规避国外已出现的种种教训、失误，从而使我们少走弯路，更科学地发展壮大我们自己。

3. 对准相应的职业资格要求。我们从事的职业技术教育既是为了满足医药经济发展之需，也是为了使学生具备相应职业准入要求，具有全面发展的综合素质，既能顺利就业，也能一展才华。作为个体，每个学校具有的教育资质有限，能提供的教育内容和年限也有限。为此，应首先对准相应的国家职业资格要求，对学生实施准确明晰而实用的教育，在有余力有可能的情况下才能谈及品牌、特色等更高的要求。

4. 教学模式要切实地转变为实践导向而非学科导向。职场的实际过程是学生毕业后就业所必须进入的过程，因此以职场实际过程的要求和过程来组织教学活动就能紧扣实际需要，便于学生掌握。

5. 贯彻和渗透全面素质教育思想与措施。多年来，各校都重视学生德育教育，重视学生全面素质的发展和提高，除了开设专门的德育课程、职业生涯课程和大量的课外教育活动之外，大家一致认为还必须采取切实措施，在一切业务教学过程中，点点滴滴地渗透德育内容，促使学生通过实际过程中的言谈举止，多次重复，逐渐养成良好规范的行为和思想道德品质。学生在校期间最长的时间及最大量的活动是参加各种业务学习、基础知识学习、技能学习、岗位实训等都包括在内。因此对这部分最大量的时间，不能只教业务技术。在学校工作的每个人都要视育人为己任。教师在每个教学环节中都要研究如何既传授知识技能又影响学生品德，使学生全面发展成为健全的有用之才。

6. 要深入研究当代学生情况和特点，努力开发适合学生特点的教学方式方法，激发学生学习积极性，以提高学习效率。操作领路、案例入门、师生互动、现场教学等都是有效的方式。教材编写上，也要尽快改变多年来黑字印刷，学科篇章，理论说教的老面孔，力求开发生动活泼，简明易懂，图文并茂，激发志向的好教材。根据上述共识，本次修订教材，按以下原则进行。

① 按实践导向型模式，以职场实际过程划分模块安排教材内容。

② 教学内容必须满足国家相应职业资格要求。

③ 所有教学活动中都应该融进全面素质教育内容。

④ 教材内容和写法必须适应青少年学生的特点，力求简明生动，图文并茂。

从已完成的新书稿来看，各位编写人员基本上都能按上述原则处理教材，书稿显示出鲜明的特色，使得修订教材已从原版的技术型提高到技能型教材的水平。当然当前仍然有诸多问题需要进一步探讨改革。但愿本次修订教材的出版使用，不但能有助于各校提高教学质量，而且能引发各校更深入的改革热潮。

八年来，各方面发展迅速，变化很大，第二版丛书根据实际需要增加了新的教材品种，同时更新了许多内容，而且编写人员也有若干变动。有的书稿为了更贴切反映教材内容甚至对名称也做了修改。但编写人员和编写思想都是前后相继、向前发展的。因此本会认为这些变动是反映与时俱进思想的，是应该大力支持的。此外，本会也因加入了中国职业技术教育学会而改用现名。原教材建设委员会也因此改为常务理事会。值本次教材修订出版之际，特此说明。

中国职业技术教育学会医药专业委员会

主任　苏怀德

2012 年 10 月 2 日

前言

半个世纪以来，我国中等医药职业技术教育一直按中等专业教育（简称为中专）和中等技术教育（简称为中技）分别进行。自20世纪90年代起，国家教育部倡导同一层次的同类教育求同存异。因此，全国医药中等职业技术教育教材建设委员会在原各自教材建设委员会的基础上合并组建，并在全国医药职业技术教育研究会的组织领导下，专门负责医药中职教材建设工作。

鉴于几十年来全国医药中等职业技术教育一直未形成自身的规范化教材，原国家医药管理局科技教育司应各医药院校的要求，履行其指导全国药学教育、为全国药学教育服务的职责，于20世纪80年代中期开始出面组织各校联合编写中职教材。先后组织出版了全国医药中等职业技术教育系列教材60余种，基本上满足了各校对医药中职教材的需求。

为进一步推动全国教育管理体制和教学改革，使人才培养更加适应社会主义建设之需，自20世纪90年代末，中央提倡大力发展职业技术教育，包括中等职业技术教育。据此，自2000年起，全国医药职业技术教育研究会组织开展了教学改革交流研讨活动。教材建设更是其中的重要活动内容之一。

几年来，在全国医药职业技术教育研究会的组织协调下，各医药职业技术院校认真学习有关方针政策，齐心协力，已取得丰硕成果。各校一致认为，中等职业技术教育应定位于培养拥护党的基本路线，适应生产、管理、服务第一线需要的德、智、体、美各方面全面发展的技术应用型人才。专业设置必须紧密结合地方经济和社会发展需要，根据市场对各类人才的需求和学校的办学条件，有针对性地调整和设置专业。在课程体系和教学内容方面则要突出职业技术特点，注意实践技能的培养，加强针对性和实用性，基础知识和基本理论以必需够用为度，以讲清概念，强化应用为教学重点。各校先后学习了《中华人民共和国职业分类大典》及医药行业工人技术等级标准等有关职业分类、岗位群及岗位要求的具体规定，并且组织师生深入实际，广泛调研市场的需求和有关职业岗位群对各类从业人员素质、技能、知识等方面的基本要求，针对特定的职业岗位群，设立专业，确定人才培养规格和素质、技能、知识结构，建立技术考核标准、课程标准和课程体系，最后具体编制为专业教学计划以开展教学活动。教材是教学活动中必须使用的基本材料，也是各校办学的必需材料。因此研究会首先组织各学校按国家专业设置要求制订专业教学计划、技术考核标准和课程标准。在完成专业教学计划、技术考核标准和课程标准的制订后，以此作为依据，及时开展了医药中职教材建设的研讨和有组织的编写活动。由于专业教学计划、技术考核标准和课程标准都是从现实职业岗位群的实际需要中归纳出来的，因而研究会组织的教材编写活动就形成了以下特点：

1. 教材内容的范围和深度与相应职业岗位群的要求紧密挂钩，以收录现行适用、成熟规范的现代技术和管理知识为主。因此其实践性、应用性较强，突破了传统教材以理论知识为主的局限，突出了职业技能特点。

2. 教材编写人员尽量以产学结合的方式选聘，使其各展所长、互相学习，从而有效地克服了内容脱离实际工作的弊端。

3. 实行主审制，每种教材均邀请精通该专业业务的专家担任主审，以确保业务内容正确无误。

4. 按模块化组织教材体系，各教材之间相互衔接较好，且具有一定的可裁减性和可拼接性。一个专业的全套教材既可以圆满地完成专业教学任务，又可以根据不同的培养目标和地区特点，或市场需求变化供相近专业选用，甚至适应不同层次教学之需。

本套教材主要是针对医药中职教育而组织编写的，它既适用于医药中专、医药技校、职工中专等不同类型教学之需，同时因为中等职业教育主要培养技术操作型人才，所以本套教材也适合于同类岗位群的在职员工培训之用。

现已编写出版的各种医药中职教材虽然由于种种主客观因素的限制仍留有诸多遗憾，上述特点在各种教材中体现的程度也参差不齐，但与传统学科型教材相比毕竟前进了一步。紧扣社会职业需求，以实用技术为主，产学结合，这是医药教材编写上的重大转变。今后的任务是在使用中加以检验，听取各方面的意见及时修订并继续开发新教材以促进其与时俱进、臻于完善。

愿使用本系列教材的每位教师、学生、读者收获丰硕！愿全国医药事业不断发展！

全国医药职业技术教育研究会

2005 年 6 月

编写说明

《有机化学基础》第二版的修订是依据中国职教学会医药专业委员会于2012年4月在山东召开的“全国医药中等职业技术学校教材编写会议”精神为指导；倾听了部分学校师生的意见与建议；参阅了近年出版的《有机化学》和相关学科的教科书的基础上，优化了第一版教材的内容。

新版教材的修订，仍然突出中等职业教育特色和药学特色。理论知识以“必需”和“够用”为原则，重点讲授有机化合物的结构、命名、性质及应用，简化理论，重点突出，文字简练，通俗易懂，注重直观性，图文并茂，形式活泼，强化实践教学环节。但本书在章节的安排上与第一版有所不同，如将原有的第八章羟基酸和羰基酸合并到第七章，而把原第七章的羧酸衍生物与原第十四章的油脂重新合并为第八章，将原有的第十一章有机含氮化合物和第十二章杂环化合物和生物碱分别调整到第十章和第十一章；删除了构象及类脂知识，重新编写了绪论、链烃、脂环烃、卤代烃和对映异构的有关章节，以顺应药学中职教育要求。

本书编写分工为：柯宇新编写第一章、第二章、第九章和第十八章；杨静编写第二章、第三章、第四章；胡亮编写第五章、第六章和第十六章；徐敏编写第七章、第八章和第十七章；陈彩玲编写第十章、第十一章和第十五章；燕来敏编写第十二章、第十三章和第十四章。全书由柯宇新负责统稿、修改。

限于编者水平，加上编写时间仓促，本书难免有不妥之处，殷切希望读者批评指正。

编者

2013年3月

目 录

理论篇

实验篇

理 论 篇

第一章

绪论

学习目标

1. 掌握有机化学的定义、有机化合物的特性。
2. 熟悉有机化合物的表示方法、分类方法，熟悉常见官能团。
3. 了解有机化学和药学的关系。

一、有机物与有机化学

早在 200 年前，化学家已经把物质区分为无机物和有机物两大类。当时的化学家把从岩石、矿物中得到的物质称为无机物，把动植物自身产生的物质以及利用这些物质生产的酒和染料等“由生物得到的物质”统称为有机物。在 19 世纪初之前，人们普遍认为有机物是与生命现象密切相关的，生物体内一种特殊的、神秘的“生命力”作用下产生的，只能从生物体内得到，不能人工合成。这就是以瑞典当时的化学权威伯齐利乌斯（Berzilius，1779—1848）为代表的“生命力”学说的观点。“生命力”学说给有机物赋予“有生机之物”的神秘色彩，严重阻碍了有机化学的发展。

1828 年德国化学家维勒（F. Whler）将典型的无机物氰酸铵的水溶液加热得到了有机化合物尿素（存在于人和哺乳动物的尿中）。

$$NH_4CNO \xrightarrow{\text{加热}} H_2NCONH_2$$

从此冲破了无机化合物和有机化合物的鸿沟，此后人们又陆续合成了许都有机化合物。如今，许都生命物质，例如蛋白质、核酸和激素等也都成功地合成了。由于历史的沿用，现在仍然使用“有机物”这个名称，只不过它的含义已经不同了。

无机化合物和有机化合物之间并没有十分明显的界限，但在组成、结构和性质上有着明显的不同之处。构成无机化合物的元素有上百种，而构成有机化合物的基本元素只有碳、氢、氧和氮四种，少数还含有硫、磷、卤素等。尽管组成有机化合物的元素种类为数不多，但有机化合物的数量却是惊人的，已达 4000 多万种（目前已有 5000 多万种有机和无机化合物）。通过对有机化合物的组成测定，发现所有的有机化合物都含有碳元素，多数的含有氢，其次含有氧、氮、硫、磷和卤素等元素。因此，有机化合物（简称有机物）的现代定义是指含碳的化合物，或指碳氢化合物及其衍生物。但习惯上不包括一些简单的碳化合物，如一氧化碳、二氧化碳、碳酸盐和氰化物等，因为它们的性质与无机化合物相似。有机化学是研究含碳化合物的化学，或者说是研究碳氢化合物及其衍生物的化学。

二、有机化合物的性质特点

有机化合物和无机化合物在性质上有一定的差别，主要表现在以下四个方面。

1. 绝大多数有机化合物易燃烧

绝大多数有机化合物容易燃烧，如汽油、油脂、柴油、天然气等都容易燃烧，燃烧的最后产物是二氧化碳和水，若含有其他元素，则生成这些元素的氧化物。大多数无机化合物则不易燃烧，也不能烧尽。但有的有机化合物不仅不易燃烧，而且可以作为灭火剂，如 CCl_4 等。

2. 绝大多数有机化合物的熔点较低

有机化合物的熔点一般较低，多在 400℃以下，而无机化合物则高得多。例如，肉桂酸的熔点为 133℃，而氯化钠的熔点为 808℃。

3. 绝大多数有机化合物难溶于水

大多数有机化合物不溶或难溶于水，而易溶于酒精、氯仿、丙酮等有机溶剂中。当然，极性较大的有机化合物，如乙醇、乙酸等，则易溶于水，甚至可以任意比例与水互溶。

4. 有机化合物的反应比较慢而且副反应多

无机化合物的反应一般为离子反应，反应速率快。多数有机化合物的反应过程复杂，反应速率较慢，往往需要加热、催化剂等条件以加快反应。另外，有机物分子发生反应时，常伴有副反应发生，所以反应后的产物常常是混合物。

5. 多数有机化合物的稳定性较差

多数有机化合物不如无机物稳定。有机化合物常因温度、细菌、空气或光照的影响而分解变质。例如，维生素 C 片剂是白色的，若长时间放置会被空气氧化而变质呈黄色。

● 课堂互动 ●

1. 下列物质哪些是无机物，哪些是有机物？

CH_4，Na_2CO_3，H_2NCONH_2，C_2H_5OH

2. 下列不属于有机物的特点的是（　　）。

A. 难溶于水，易溶于有机溶剂　　B. 熔点、沸点较低

C. 稳定性较差，易燃烧　　D. 反应速率较快，副反应少

三、有机化合物的结构特点

所谓结构是指组成分子的各个原子相互结合的次序和方式。原子的种类、数目、结合次序和排列方式不同，分子的结构不同，性质也就不同。19 世纪中后期，由于生产发展的需要，也由于科学实验资料的不断积累，有机化学的结构理论在科学实践中总结和建立起来，并被逐步得到完善。

（一）碳原子是四价的及其共价键的形成

有机化合物是含碳的化合物，尽管组成有机化合物的元素种类为数不多，但有机化合物的数量却是惊人的。之所以如此，原因在于碳原子的结构特点。碳元素位于周期表的第 2 周期第ⅣA 主族，最外层有四个电子。碳原子在化学反应中，既不容易得到电子，也不容易失去电子，因此，不易形成离子键。碳原子与其他原子结合时，一般是通过共用电子对形成共价键。一个原子在形成分子时，生成的共价键的数目称为共价数。在有机分子中，碳原子的共价数总是 4 价，氮为 3 价，氧为 2 价，氢和卤素为 1 价。最简单的有机化合物甲烷（CH_4）分子是由一个碳原子和四个氢原子以共价键的方式结合而成。这种结合使碳原子达到最外层有八个电子的稳定结构，氢原子也达到最外层两个电子的稳定结构。甲烷（CH_4）分子的电子式为：

```
   H
   ··
H : C : H
   ··
   H
```

如果用每条短线“—”代表一对共用电子对，则甲烷（CH_4）分子的结构式为：

```
    H
    |
H—C—H
    |
    H
```

结构式是表示有机化合物分子结构的化学图式，这样的图式不仅能表示有机化合物分子中原子的种类和数目，而且还表示了原子相互结合的次序和方式。

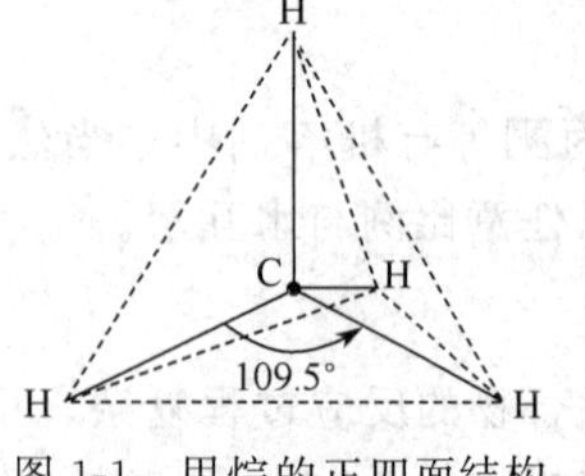

图 1-1　甲烷的正四面结构

必须指出，一个碳原子和四个氢原子结合成一个甲烷分子以后，这五个原子并不在一个平面上。19 世纪末荷兰化学家范特霍夫（J. H. Van't Hoof）提出了碳原子的正四面体学说，并为现代物理方法测定证明。认为碳原子位于四面体的中心，4 个相同的价键伸向以碳原子为中心的四面体四个角顶，并和氢原子连接。各键之间的夹角均为 109.5°。见图 1-1。

（二）碳原子的结合方式

碳原子彼此之间也可以结合，而且彼此之间的结合方式很多。两个碳原子之间可以用一对、两对或三对共用电子对结合，分别形成单键（用“—”短线表示）、双键（用“═”短横表示）或三键（用“≡”短横表示）。例如：

```
  |  |           |  |
—C—C—         —C═C—          —C≡C—
  |  |
碳碳单键        碳碳双键        碳碳三键
```

多个碳原子之间还可以相互连接成长短不一的链状和各种不同的环状，从而构成有机化合物的基本骨架（或称为有机化合物的碳骨架）。例如：

```
  |  |  |  |  |        |  |  |  |          |  |  |
—C—C—C—C—C—        —C—C—C—C—        —C═C—C—C—
  |  |  |  |  |        |  |  |  |             |  |
                          —C—
                           |

 \/ \/               \/ \/                  |   |
 C—C                 C—C                   C—C
 |   >C<         >C<     >C<          —C╱     ╲C—
 C—C                 C—C                   C═C
 /\ /\               /\ /\                  |   |
```

（三）同分异构现象普遍

化合物的性质不仅决定于分子的组成，而且也决定于分子的结构。例如，乙醇和二甲醚组成相同，分子式都是 C_2H_6O，但分子中原子相互结合的次序和方式不同，即分子结构不同，因而性质各异，是两种不同的化合物。这种分子式相同，而结构不同的化合物，互称为同分异构体，这种现象称为同分异构现象。

```
    H  H                    H      H
    |  |                    |      |
H—C—C—O—H              H—C—O—C—H
    |  |                    |      |
    H  H                    H      H
    乙醇                      二甲醚
沸点 78.5℃，溶于水          沸点 −23℃，不溶于水
```

同分异构现象在有机化合物中普遍存在，是有机化合物数目众多的原因之一。

（四）有机化合物结构的表示

由于有机化合物中同分异构现象普遍存在，因此，不能只用分子式来表示某一种有机化

合物，必须用结构式或结构简式来表示（表 1-1）。

表 1-1　有机化合物结构的表示举例

化合物	结构式	结构简式	键线式
正戊烷	H H H H H │ │ │ │ │ H—C—C—C—C—C—H │ │ │ │ │ H H H H H	$CH_3—CH_2—CH_2—CH_2—CH_3$ 或 $CH_3CH_2CH_2CH_2CH_3$	
异戊烷	H H H H │ │ │ │ H—C—C—C—C—H │ │ │ │ H │ H H H—C—H │ H	$CH_3—CH—CH_2—CH_3$ │ CH_3 或 $CH_3CHCH_2CH_3$ │ CH_3	
正丙醇	H H H │ │ │ H—C—C—C—OH │ │ │ H H H	$CH_3CH_2CH_2OH$	OH
1-戊烯	H H H │ │ │ H—C—C—C—C═C—H │ │ │ │ │ H H H H H	$CH_3CH_2CH_2CH═CH_2$	
环丁烷	H H │ │ H—C—C—H │ │ H—C—C—H │ │ H H	$H_2C—CH_2$ │ │ $H_2C—CH_2$	

需要指出，当表示含 3 个以上碳原子的有机化合物时常采用键线式表示，键线代表碳原子构成的碳链骨架，键线的每个角顶和端点均表示有一个碳原子，写出除氢原子外与碳原子相连的其他原子和官能团。

四、有机化合物的分类

有机化合物结构复杂，数目众多，为了便于系统学习和研究，必须对有机化合物进行科学分类。一般按碳的骨架和官能团进行分类。

（一）按碳的骨架分类

根据分子中碳原子的结合方式（碳的骨架）不同，分为三大类。

1. 链状化合物

这类化合物分子中的碳原子相互连接成不闭口的链状，因其最初是在脂肪中发现的，所以又叫脂肪族化合物。例如：

$CH_3CH_2CH_2CH_3$　　　$CH_3CH_2CH═CH_2$　　　CH_3CH_2OH

正丁烷　　　1-丁烯　　　乙醇

2. 碳环化合物

这类化合物分子中含有碳原子组成的环，根据碳环结构特点又分为两类。

（1）脂环族化合物　脂环族化合物是指性质与脂肪族化合物相似的碳环化合物。例如：

环戊烷

环己烷

环戊二烯

（2）芳香族化合物　芳香族化合物是指含有苯环或稠合苯环的化合物。例如：

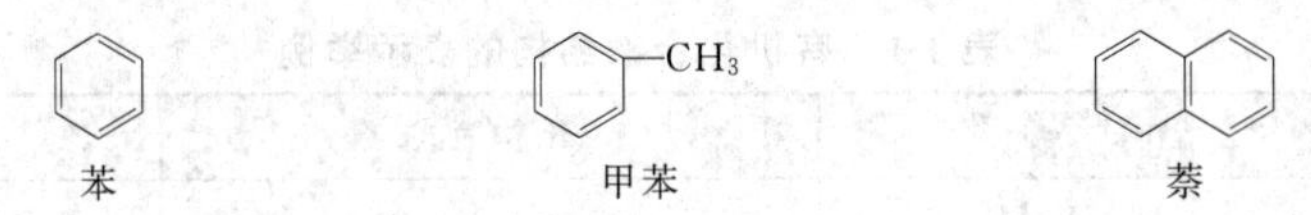

3. 杂环化合物

杂环化合物的分子中，组成环的原子除碳原子外，还有氧、硫、氮等杂原子。例如：

（二）按官能团分类

官能团是指决定有机化合物主要性质的原子或原子团。含有相同官能团的有机化合物具有相似的性质，将它们归于一类。一些常见的官能团及有机化合物的类别见表 1-2。

本书将这两种方法结合起来讨论各类有机化合物。

表 1-2　一些常见的重要官能团

化合物类型	化合物举例	官能团构造	官能团名称
烯烃	$CH_2{=}CH_2$	$>C{=}C<$	碳碳双键
炔烃	$CH{\equiv}CH$	$—C{\equiv}C—$	碳碳三键
卤代烃	$C_2H_5—X$	—X(F,Cl,Br,I)	卤基(卤原子)
醇和酚	C_2H_5OH,C_6H_5OH	—OH	羟基
醚	$C_2H_5—O—C_2H_5$	(C)—O—(C)	醚键
醛	$CH_3—\underset{\|\|}{C}—H$ (C=O)	$—\underset{\|\|}{C}—H$ (C=O)(—CHO)	醛基
酮	$CH_3—\underset{\|\|}{C}—CH_3$ (C=O)	$(C)—\underset{\|\|}{C}—(C)$ (C=O)	酮基
羧酸	$CH_3—\underset{\|\|}{C}—OH$ (C=O)	$—\underset{\|\|}{C}—OH$ (C=O)(—COOH)	羧基
胺	$CH_3—NH_2$	$—NH_2$	氨基
硝基化合物	$CH_3—NO_2$	$—NO_2$	硝基

五、有机化学与药学的关系

今天，作为基础学科的有机化学已经渗入到各个学科领域之中，医药科学由于其研究的药物绝大部分为有机化合物，因而更是和有机化学结下了不解之缘。早在几千年前，人们就大量应用天然药物，主要是植物药和动物药来治疗疾病。19 世纪以后，有机化学家除分离天然药物组分外，还将其中分出的有效成分进行结构测定并模拟合成新的药物。19 世纪末期合成了今天仍在广泛使用的消炎镇痛药阿司匹林。近半个世纪以来，合成出来的磺胺类药，抗生素青霉素、链霉素，甾体和非甾体抗炎药等解除了无数患者的病痛。近三四十年来出现的青蒿素类抗疟药物、紫杉醇抗癌药以及今天尤其关注的流感治疗药物达菲，无不凝结着有机化学的贡献。由于引起疾病的病原体（原虫、细菌、病毒等）会经常产生基因变异，以抵抗外来药物的作用，所以新药的研制成了永不间断的话题。药物（包括天然药物）的研究仍然是有机化学研究的一个重要领域，同时，在医药学研究工作中提出的新课题又必将推动有机化学的发展。

有机化学是研究有机化合物的组成、结构、性质、制备、应用和变化规律的一门科学。有机化合物的结构和性质关系一直是有机化学讨论的中心问题，认识有机化合物的结构是人们理解其性质的基础。掌握有机化合物的反应规律是人们学习的重点。有机化学与药物化学、中药化学、生物化学、药物分析和药物制剂等课程密不可分，学习并掌握有机化合物的结构和性质关系的知识和基本理论，以便能更好地理解药物的性质与其结构的关系，进一步为掌握药物的合成、分离、精制和检验等技术奠定基础。总之，有机化学是药学类专业的一门重要课程。

本章小结

一、基本概念

有机化合物是碳氢化合物及其衍生物；有机化学是研究有机物的科学。

二、有机化合物的特点

（一）化学组成特点　都含有碳元素，多数含有氢，其次含有氧、氮、硫、磷和卤素等元素。

（二）结构特点　有机分子中，碳原子的共价数总是4价的，碳原子的结合方式多样，同分异构现象普遍。

（三）性质特点　难溶于水，熔点较低，易燃烧，反应比较慢而且副反应多，稳定性较差。

三、有机化合物的表示方法

常用结构式、结构简式和键线式表示。

四、有机化合物的分类

按碳的骨架和官能团两种方法进行分类。

习题

1. 填空题

(1) 有机化合物在组成上都含有______元素。

(2) 与无机物相比，有机化合物一般具有________、________、________、________和________等特点。

(3) 造成有机化合物数目众多的主要原因是____________和____________。

(4) 按照碳的骨架形式，有机化合物可分为____________、____________和____________三大类。

(5) 在有机化合物中，碳原子的共价数总是________价的，两个碳原子之间的成键方式有三种，分别为碳碳________、碳碳________和碳碳________。

(6) 分子式相同，但________不同的化合物，互称为同分异构体。

2. 试写出下列化合物的结构简式

(1) $\begin{array}{c} H \\ | \\ H-C-H \\ | \\ H \end{array}$　　(2) $\begin{array}{c} H\ \ H \\ |\ \ \ | \\ H-C-C-H \\ |\ \ \ | \\ H\ \ H \end{array}$　　(3) $\begin{array}{c} H\ \ H \\ |\ \ \ | \\ H-C-C-OH \\ |\ \ \ | \\ H\ \ H \end{array}$

(4) $\begin{array}{c} H\ \ H \\ |\ \ \ | \\ H-C=C-H \end{array}$　　(5) $H-C\equiv C-H$　　(6) （环己烷，含12个H的键线结构式）

3. 指出下列化合物的官能团，它们各属于哪一类有机物?

(1) $CH_2{=}CH_2$ (2) $CH_3C{\equiv}CH$ (3) $CH_3{-}O{-}CH_3$

(4) $CH_3{-}\overset{\overset{\displaystyle O}{\|}}{C}{-}OH$ (5) $CH_3CH_2{-}OH$ (6) $CH_3{-}\overset{\overset{\displaystyle O}{\|}}{C}{-}CH_3$

第二章

链烃

学习目标

1. 了解烷烃、烯烃、二烯烃、炔烃的结构特点、通式、同分异构现象。
2. 掌握烷烃、烯烃、二烯烃、炔烃的命名。
3. 熟悉烷烃的卤代反应；烯烃的化学性质（包括加成反应、马氏规则及氧化反应）；炔烃的化学性质（包括加成反应、氧化反应和炔氢的反应）；共轭二烯烃的性质（共轭加成反应）；学会鉴别烃的方法。

有机物是指碳氢化合物及其衍生物。仅由碳、氢两种元素组成的化合物，叫做碳氢化合物，简称烃。烃是最简单的有机物，是其他有机化合物的母体。如甲醇（CH_3OH）可视为甲烷（CH_4）分子中的一个H原子被羟基（—OH）取代的产物。根据结构和性质，人们将分子中不含苯环的烃称为脂肪烃，分子中含苯环的烃称为芳香烃。此外，根据有机化合物分子中的碳原子是否连接成环，又可以将脂肪烃分为开链脂肪烃（或链烃）和脂环烃。具体分类见图2-1。

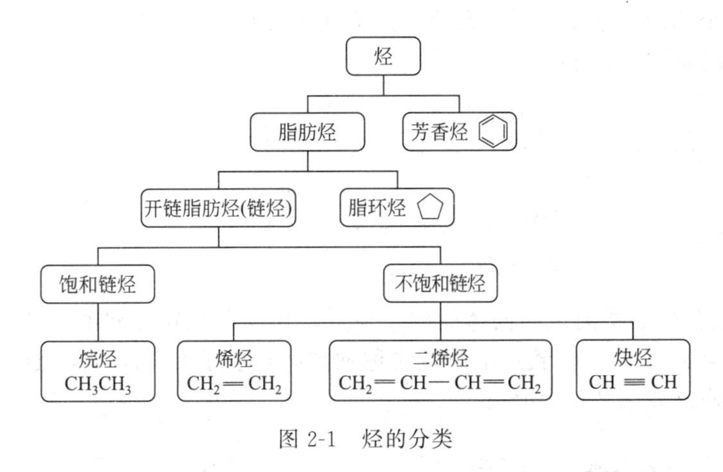

图2-1　烃的分类

知识链接

脂肪烃名称的由来

很久以前，人们便开始使用脂肪和碱性植物灰混合制取肥皂，形成的肥皂是长链羧酸的钠盐。长链羧酸由于来源于脂肪而被称为脂肪酸，因此扩展到所有的开链烃都被称为脂肪烃。

第一节　烷烃

一、烷烃的结构

1. 甲烷的结构

甲烷是最简单的有机化合物，是天然气、沼气、煤矿坑道气、油田气的主要成分。分子式是CH_4，碳原子以最外层的4个电子分别与氢原子的4个电子形成4个C—H共价键，可表示为：

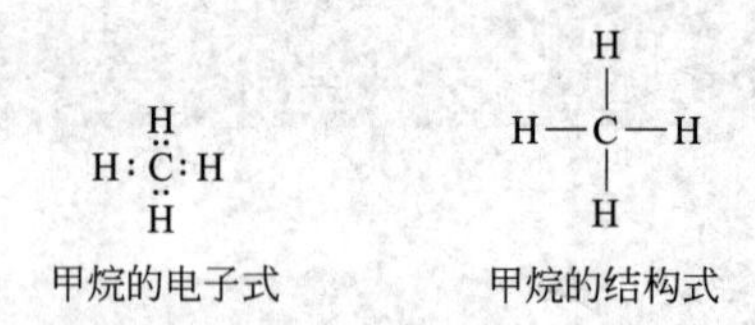

甲烷的电子式　　　甲烷的结构式

这种用短线来表示一对共用电子的图式叫结构式。但它只能说明分子中原子之间的连接顺序，而不能表示出原子在空间的相对位置。事实上，甲烷分子里，通过 4 个碳氢共价键，形成了以碳原子为中心、四个氢原子位于四个顶点的正四面体立体结构。科学实验表明：在甲烷分子里，四个碳氢键是等同的，键长均为 0.109nm，所有键角∠H—C—H 都是 109.5°，如图 2-2 所示。图 2-3 用模型表示了甲烷的分子形状。

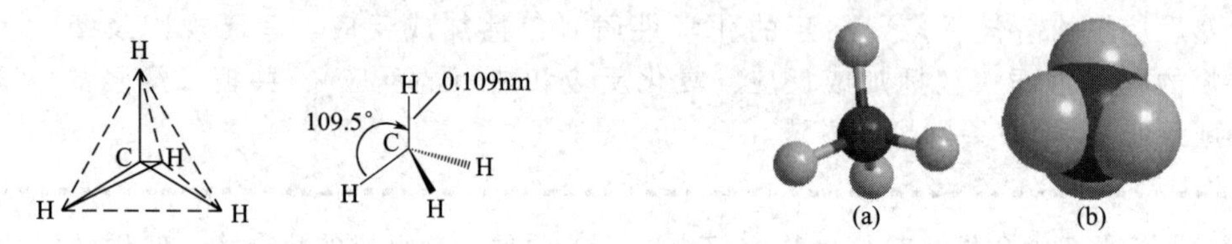

图 2-2　甲烷分子的四面体结构　　　图 2-3　甲烷分子的球棍模型（a）和比例模型（b）

2. 碳原子的 sp^3 杂化

碳原子的基态电子排布是（$1s^2$、$2s^2$、$2px^1$、$2py^1$、2pz），在碳原子里，核外的 6 个电子中 2 个电子占据了 1s 轨道，2 个电子占据了 2s 轨道，2 个电子占据了 2p 轨道。当碳原子跟 4 个氢原子形成甲烷分子时，碳原子的 1 个 2s 轨道和 3 个 2p 轨道会发生杂化，杂化后保持原有轨道总数不变，即得到 4 个相同的杂化轨道。杂化轨道形状类似葫芦，一头大，一头小，称为 sp^3 杂化轨道。杂化过程如图 2-4 所示。

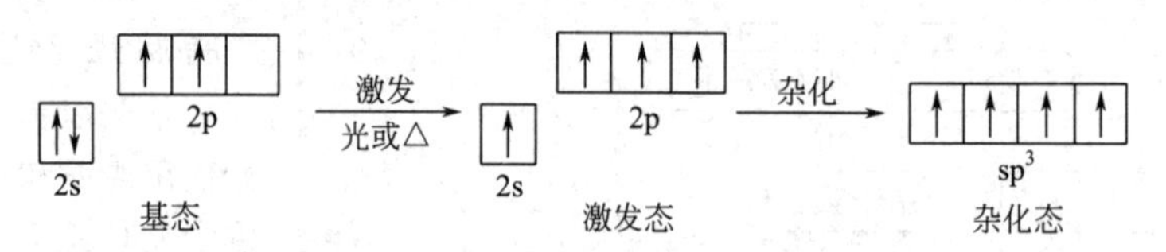

图 2-4　杂化过程

4 个 sp^3 杂化轨道以碳原子核为中心指向正四面体的四个顶点，相邻杂化轨道间的夹角都是 109.5°。碳原子的 sp^3 轨道与氢原子的 1s 轨道沿轨道对称轴重叠形成了 C—Hσ 键，这就构成了甲烷分子的正四面体结构。如图 2-5 所示。

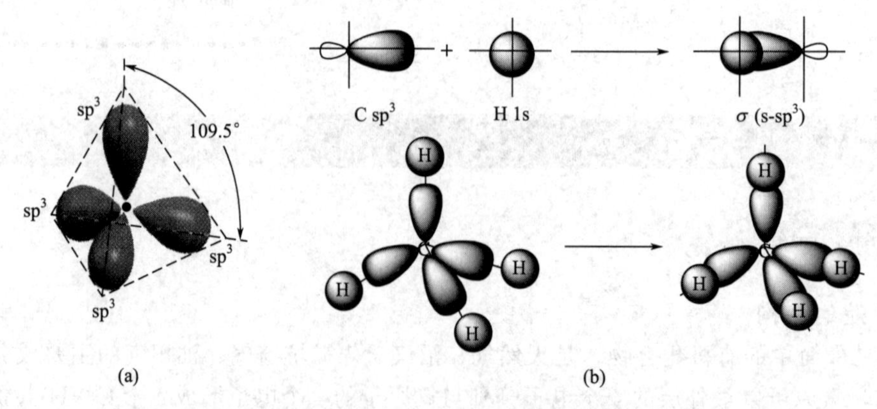

图 2-5　碳原子的 sp^3 杂化轨道（a）和 σ 键及甲烷分子的形成（b）

3. σ键

成键电子云沿键轴方向呈圆柱形对称重叠而形成的键叫做σ键。σ键的特点如下。

① 电子云沿键轴呈圆柱形对称分布。

② 组成σ键的两个原子可以围绕键轴旋转，不影响键的强度。

③ 结合较牢固。

4. 烷烃的结构

烷烃分子中，每个碳原子都是 sp^3 杂化的，其中碳原子与碳原子之间各以一个 sp^3 杂化轨道重叠形成C—C单键（也称C—Cσ键），其余剩下的未成键的 sp^3 杂化轨道都与氢原子的1s轨道重叠形成C-H单键（也称C—Hσ键），使每个碳原子的化合价都已充分利用，达到“饱和”，这样的链烃叫做饱和链烃，简称烷烃。如乙烷（$CH_3—CH_3$）分子中，由于碳原子为正四面体结构，虽然形成的C—Cσ键与C—Hσ键的排斥力略有不同，但分子中键角仍均为109.5°左右。例如，图2-6用模型分别表示了乙烷和丙烷的分子形状。因此，三个碳以上的烷烃分子中碳原子并不是在同一条直线上，而是呈锯齿形。例如，己烷的结构式及其立体模型见图2-7。

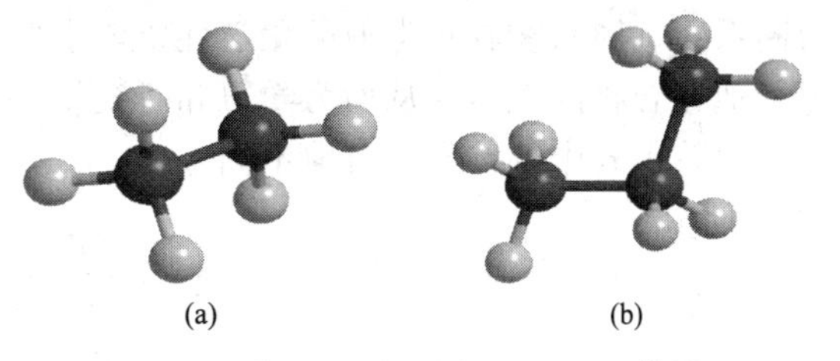

图2-6　乙烷（a）和丙烷（b）的立体模型

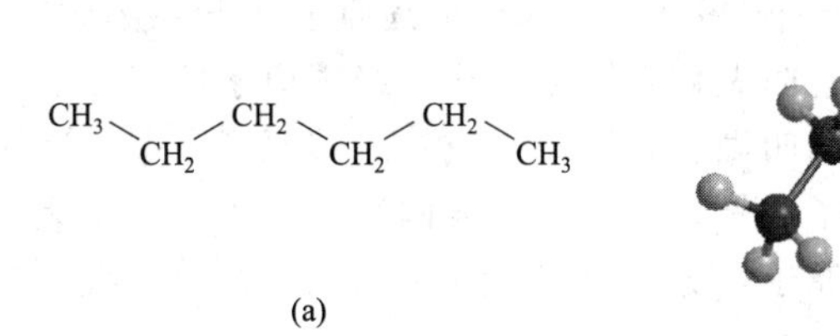

图2-7　己烷的结构式（a）和立体模型（b）

为了书写方便，通常都是写成直链形式，如 $CH_3CH_2CH_2CH_2CH_2CH_3$。

5. 烷烃的书写

有机化合物的分子结构可以用结构式、结构简式来表示，烷烃也是如此（表2-1）。

表2-1　烷烃的书写

烷烃	结构式	结构简式	烷烃	结构式	结构简式
甲烷 (CH_4)	H | H—C—H | H	CH_4	丁烷 (C_4H_{10})	H H H H | | | | H—C—C—C—C—H | | | | H H H H	$CH_3—CH_2—CH_2—CH_3$ 或 $CH_3CH_2CH_2CH_3$ 或 $CH_3(CH_2)_2CH_3$
丙烷 (C_3H_8)	H H H | | | H—C—C—C—H | | | H H H	$CH_3—CH_2—CH_3$ 或 $CH_3CH_2CH_3$	异戊烷 (C_5H_{12})	H H H H | | | | H—C—C—C—C—H | | | | H | H H H—C—H | H	$CH_3—CH—CH_2—CH_3$ | CH_3 或 $CH_3CHCH_2CH_3$ | CH_3

二、烷烃的通式、同系物和碳原子类型

观察下面几种常见烷烃的结构简式：

甲烷（分子式 CH_4）	CH_4	改写为	HCH_2H
乙烷（分子式 C_2H_6）	CH_3CH_3	改写为	HCH_2CH_2H
丙烷（分子式 C_3H_8）	$CH_3CH_2CH_3$	改写为	$HCH_2CH_2CH_2H$
丁烷（分子式 C_4H_{10}）	$CH_3CH_2CH_2CH_3$	改写为	$HCH_2CH_2CH_2CH_2H$
戊烷（分子式 C_5H_{12}）	$CH_3CH_2CH_2CH_2CH_3$	改写为	$HCH_2CH_2CH_2CH_2CH_2H$

从上面几种烷烃的结构简式可看出：

① 如果烷烃分子中的碳原子数为 n，氢原子数就为 $2n+2$，烷烃分子式可以用通式 C_nH_{2n+2} 表示。利用这个通式，只要知道烷烃分子中所含的碳原子数，就可以写出此烷烃的分子式。如含 10 个碳原子的烷烃分子式为 $C_{10}H_{22}$。

② 每相邻两个烷烃，在组成上都相差一个 CH_2。因此，这种结构相似、组成上相差一个或几个 CH_2 的一系列化合物称为同系列，CH_2 称为同系差，同系列中的各个化合物互称为同系物。同系物具有类似的化学性质，掌握其中某些典型化合物的性质，可以推测同系物中其他化合物的性质，从而为学习和研究提供了方便。

比较下式中的碳原子有何不同？

$$\overset{1°}{CH_3}-\overset{4°}{\underset{CH_3}{\overset{CH_3}{\overset{|}{\underset{|}{C}}}}}-\overset{2°}{CH_2}-\overset{3°}{\underset{CH_3}{\underset{|}{CH}}}-\overset{1°}{CH_3}$$

在烃分子中仅与一个碳原子直接相连的碳原子叫做伯碳原子（或一级碳原子，用 1°表示）。

与两个碳原子直接相连的碳原子叫做仲碳原子（或二级碳原子，用 2°表示）。

与三个碳原子直接相连的碳原子叫做叔碳原子（或三级碳原子，用 3°表示）。

与四个碳原子直接相连的碳原子叫做季碳原子（或四级碳原子，用 4°表示）。

与伯、仲、叔碳原子相连的氢原子，分别称为伯（1°）、仲（2°）、叔（3°）氢原子，不同类型的氢原子的反应性能有一定的差别。

● 课堂互动 ●

1. 为什么没有季（4°）氢原子？
2. 写出只有伯氢原子、分子式为 C_5H_{12} 烷烃的结构简式。

三、烷烃的同分异构现象

烷烃里，甲烷、乙烷、丙烷分子中的碳原子只有一种连接的方式，所以无异构体。而丁烷分子中的碳原子可以有两种连接方式，存在两种同分异构体（图 2-8）。这两种结构所对应的化合物的性质也有差异。像这种具有相同的分子式，但结构不同的现象称为同分异构现象，具有同分异构现象的化合物互称为同分异构体。随着碳原子数的增加，烷烃的同分异构体的数目也迅速增加。例如，戊烷有 3 种、己烷有 5 种、庚烷有 9 种，而癸烷有 75 种之多。同分异构现象在有机化合物中十分普遍，这也是有机化合物在自然界数目非常庞大的一个原因。

将分子中原子间相互连接的次序和方式称为构造。构造异构是指分子式相同、分子中原子间相互连接的次序和方式不同而产生的同分异构现象。仅由于碳原子的连接方式和顺序的不同而产生的异构现象称为碳链异构，碳链异构是构造异构中的一种。烷烃（C_5H_{12}）的构造异构体，见图 2-9。

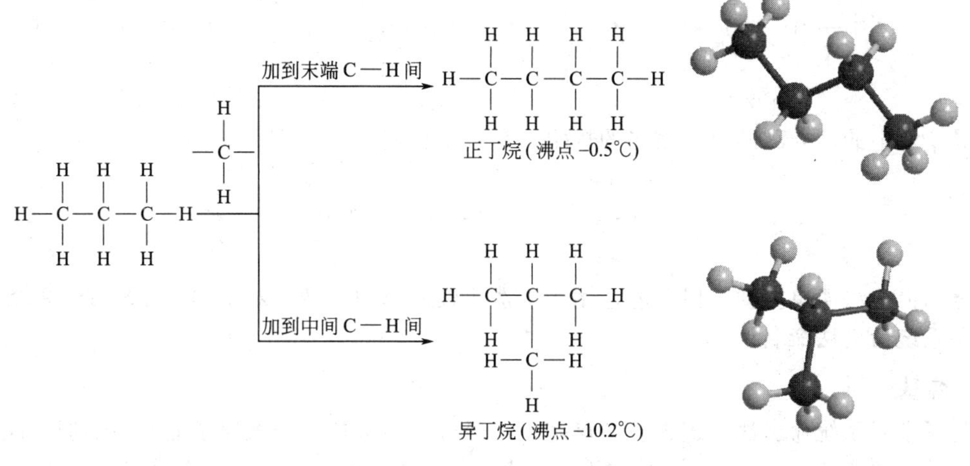

图 2-8　丁烷的同分异构体

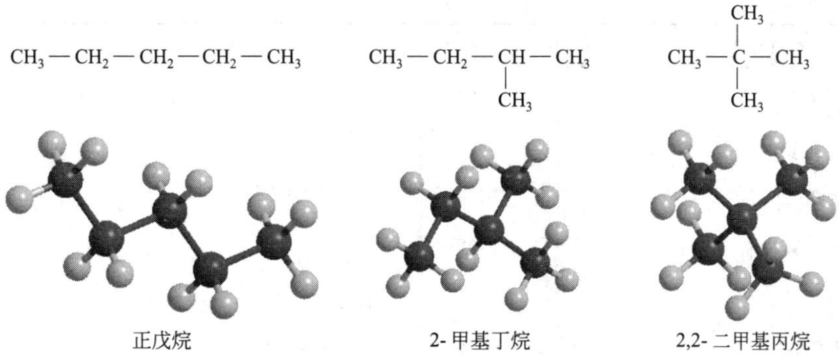

$CH_3-CH_2-CH_2-CH_2-CH_3$　　$CH_3-CH_2-\underset{\displaystyle CH_3}{\underset{|}{CH}}-CH_3$　　$CH_3-\overset{\displaystyle CH_3}{\overset{|}{\underset{\displaystyle CH_3}{\underset{|}{C}}}}-CH_3$

正戊烷　　2-甲基丁烷　　2,2-二甲基丙烷

图 2-9　烷烃（C_5H_{12}）的构造异构体

四、烷烃的命名

有机化合物命名的基本要求是必须能够反映出分子结构，使人们看到一个不很复杂的名称就能写出它的结构式，或是看到结构式就能叫出它的名称来。烷烃的命名是有机化合物命名的基础，其他有机物的命名原则是在烷烃命名原则的基础上延伸出来的。

烷烃常用的命名法有普通命名法和系统命名法。

(一) 普通命名法

普通命名法又称习惯命名法，在命名简单有机化合物时比较方便。其基本原则如下。

① 根据分子中碳原子数目称为“某烷”，碳原子数 10 个以内的依次用天干——甲、乙、丙、丁、戊、己、庚、辛、壬、癸表示。碳原子数 10 个以上的用汉字数字十一、十二等表示碳原子个数，例如：CH_4 甲烷；C_4H_{10} 丁烷；C_6H_{14} 己烷；$C_{10}H_{22}$ 癸烷；$C_{12}H_{26}$ 十二烷。

② 同分异构体用“正、异、新”作为词头来区分，“正”表示直链烷烃，如：$CH_3CH_2CH_2CH_2CH_3$ 正戊烷；“异”和“新”分别表示碳链一端具有 $CH_3-\underset{\displaystyle CH_3}{\underset{|}{CH}}-$ 和 $CH_3-\overset{\displaystyle CH_3}{\overset{|}{\underset{\displaystyle CH_3}{\underset{|}{C}}}}-$ 结构，此外，再无其他支链的烷烃。例如戊烷的三种同分异构体分别为：

$$CH_3-CH_2-CH_2-CH_2-CH_3$$

正戊烷

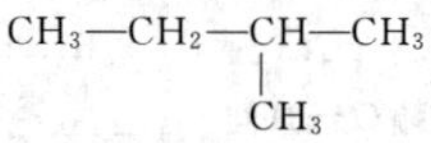

$$\begin{array}{ccccccc} CH_3 & - & CH_2 & - & CH & - & CH_3 \\ & & & & | & & \\ & & & & CH_3 & & \end{array}$$

异戊烷

$$\begin{array}{ccccc} & & CH_3 & & \\ & & | & & \\ CH_3 & - & C & - & CH_3 \\ & & | & & \\ & & CH_3 & & \end{array}$$

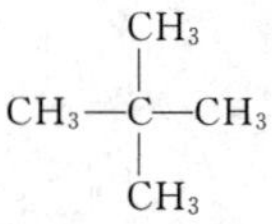

新戊烷

异辛烷中的“异”不符合命名的规定，是一个特例。

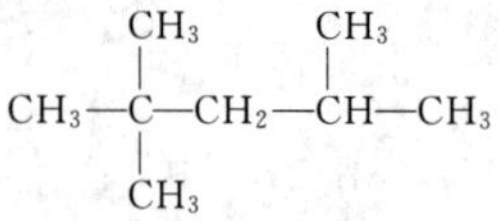

$$\begin{array}{ccccccccc} & & CH_3 & & & & CH_3 & & \\ & & | & & & & | & & \\ CH_3 & - & C & - & CH_2 & - & CH & - & CH_3 \\ & & | & & & & & & \\ & & CH_3 & & & & & & \end{array} \qquad \text{异辛烷}$$

普通命名法简单方便，但只能适用于构造比较简单的烷烃。对于构造比较复杂的烷烃必须使用系统命名法命名。

(二) 烷基

为了学习系统命名法，应先认识烷基。烷烃分子中去掉一个氢原子而剩下的原子团称为烷基，烷基的通式为 $C_nH_{2n+1}-$，常用 R—表示。常见烷基的结构式及名称见表 2-2。

表 2-2 常见烷基的结构式及名称

结构式	名 称	结构式	名 称
CH_3-	甲基	$\begin{array}{l} CH_3CHCH_2- \\ \quad\ \ | \\ \quad\ CH_3 \end{array}$ 或 $(CH_3)_2CHCH_2-$	异丁基
CH_3CH_2- 或 C_2H_5-	乙基		
$CH_3CH_2CH_2-$	正丙基	$\begin{array}{l} CH_3CH_2CHCH_3 \\ \qquad\qquad | \end{array}$	仲丁基
$\begin{array}{l} CH_3-CH- \\ \qquad\ \ | \\ \qquad CH_3 \end{array}$ 或 $(CH_3)_2CH-$	异丙基	$\begin{array}{ccc} & & CH_3 \\ & & | \\ CH_3 & - & C- \\ & & | \\ & & CH_3 \end{array}$ 或 $(CH_3)_3C-$	叔丁基
$CH_3CH_2CH_2CH_2-$	正丁基		

烃分子中去掉一个或几个氢原子后余下的原子团叫做烃基，也常用 R—表示。

(三) 系统命名法（IUPAC 命名法）

系统命名法是中国化学学会根据国际纯粹和应用化学联合会（IUPAC）制定的有机化合物命名原则，再结合我国汉字的特点而制定的。系统命名法规则如下。

对于直链烷烃的命名和普通命名法基本相同，仅不写上“正”字。例如：

$$CH_3CH_2CH_2CH_2CH_2CH_3$$

普通命名法　正己烷

系统命名法　己烷

对于有支链烷烃的命名，系统命名法的要点如下。

1. 选主链（母体）

① 选择含碳原子数目最多的碳链作为主链（母体），并根据碳原子数命名为“某烷”。主链以外的其他部分看作是支链（或叫取代基）。例如：

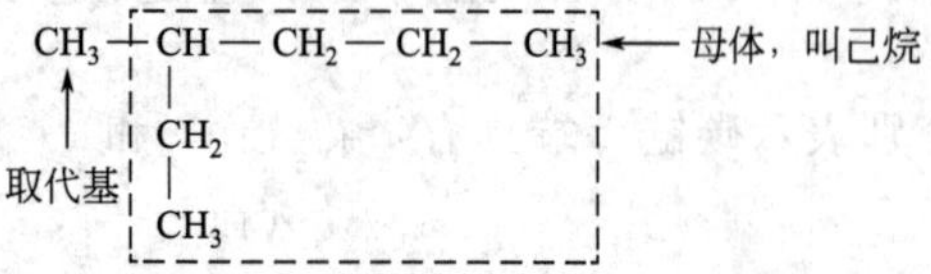

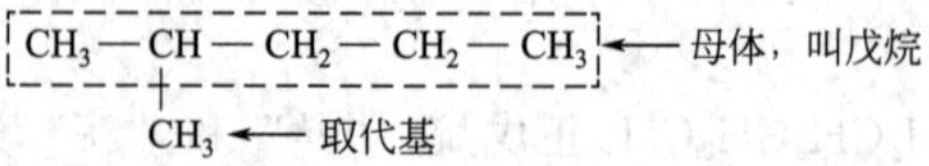

$$\begin{array}{ccccccccc} CH_3 & \vdots & CH & - & CH_2 & - & CH_2 & - & CH_3 \\ \uparrow & & | & & & & & & \\ \text{取代基} & & CH_2 & & & & & & \\ & & | & & & & & & \\ & & CH_3 & & & & & & \end{array} \leftarrow \text{母体，叫己烷}$$

$$\begin{array}{ccccccccc} CH_3 & - & CH & - & CH_2 & - & CH_2 & - & CH_3 \\ & & \vdots & & & & & & \\ & & CH_3 \leftarrow \text{取代基} & & & & & & \end{array} \leftarrow \text{母体，叫戊烷}$$

② 分子中有两条以上等长碳链时，则选择支链多的一条为主链。例如：

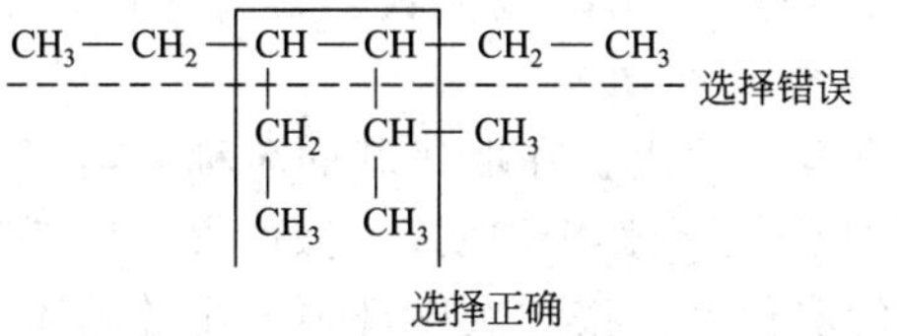

$CH_3—CH_2—CH—CH—CH_2—CH_3$

CH_2 (—CH_3)　CH(—CH_3)—CH_3

选择错误

选择正确

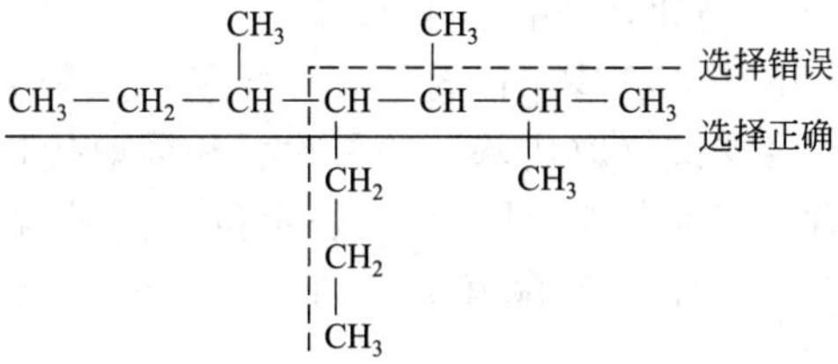

$CH_3—CH_2—CH(CH_3)—CH(CH_3)—CH—CH(CH_3)—CH_3$

$CH_2—CH_2—CH_3$

选择错误

选择正确

2. 主碳链编号

① 从最靠近取代基的一端开始，将主链碳原子用1、2、3……编号，称位次或位号，这样，取代基所在的位置就以它所连接的主链上的碳原子的号数表示。例如：

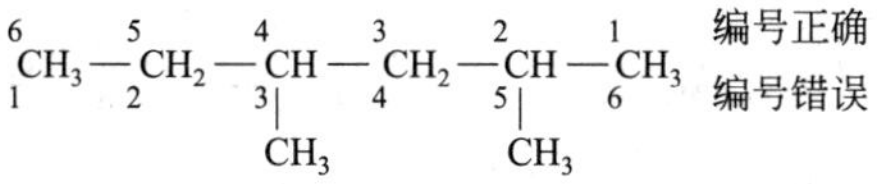

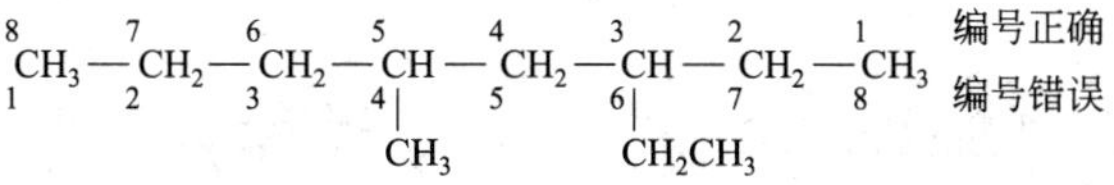

编号正确：6 5 4 3 2 1
$CH_3—CH_2—CH(CH_3)—CH_2—CH(CH_3)—CH_3$
编号错误：1 2 3 4 5 6

编号正确：8 7 6 5 4 3 2 1
$CH_3—CH_2—CH_2—CH(CH_3)—CH_2—CH(CH_2CH_3)—CH_2—CH_3$
编号错误：1 2 3 4 5 6 7 8

② 如果从碳链任何一端开始，第一个支链的位置相同时，则从较简单的（或较小的）取代基一端开始编号。例如：

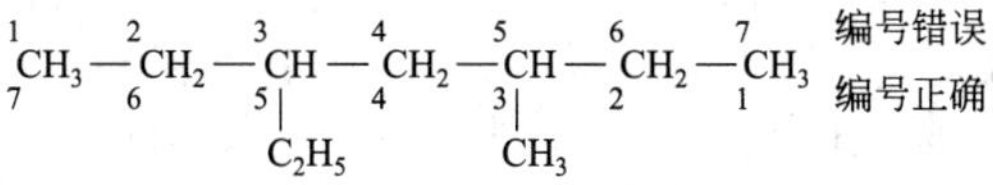

编号错误：1 2 3 4 5 6 7
$CH_3—CH_2—CH(C_2H_5)—CH_2—CH(CH_3)—CH_2—CH_3$
编号正确：7 6 5 4 3 2 1

③ 若第一个支链的位置相同，且是相同的取代基，则依次逐项比较第二、第三及以后各个取代基的位次，最先遇到位次较小者（或取代基较小者）那一端开始编号（通称“最低系列原则”）。例如，下列化合物主链编号有两种可能，自左至右编号时取代基位次组成的系列为2，4，6，7，自右至左编号时取代基位次组成的系列为2，3，5，7。后一系列先遇到位次较小的取代基，因此，自右至左编号才是正确的。

编号错误：1 2 3 4 5 6 7 8
$CH_3—CH(CH_3)—CH_3—CH(CH_3)—CH_2—CH(CH_3)—CH(CH_3)—CH_3$
编号正确：8 7 6 5 4 3 2 1

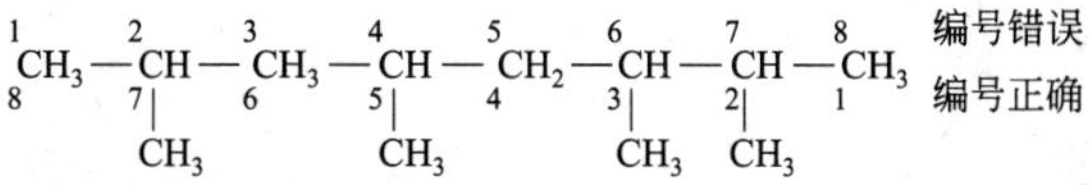

又如，下列化合物主链编号有两种可能，自左至右编号时取代基位次组成的系列为2，3，5，6，自右至左编号时取代基位次组成的系列也为2，3，5，6。很显然，后一系列先遇到较小的取代基，因此，自右至左编号才是正确的。

编号错误：1 2 3 4 5 6 7
$CH_3—CH(CH_3)—CH(CH_2CH_3)—CH_2—CH(CH_3)—CH(CH_3)—CH_3$
编号正确：7 6 5 4 3 2 1

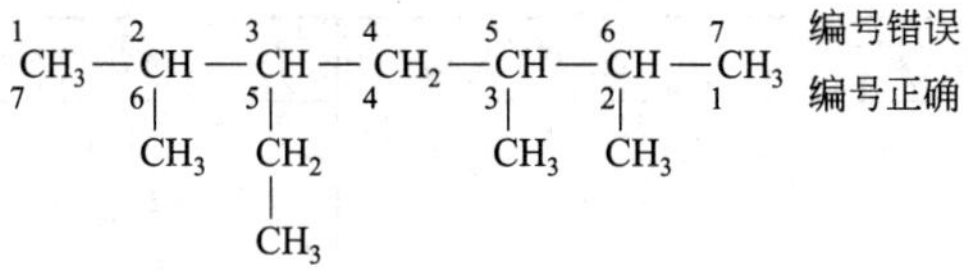

3. 写出名称

（1）取代基的表示

① 将支链（取代基）的位次（用阿拉伯数字）写在取代基名称之前，中间用半字线“-”隔开，例如，3-甲基。

② 如果含有相同基团则合并写出，在取代基的名称之前用中文数字二、三……标出相同基团的数目，但取代基的位次必须逐个注明。例如，2，2，5-三甲基。

③ 如果含有几个不同的取代基，按“次序规则”小的基团优先列出，较大的基团后列出，中间用半字线“-”隔开。例如，2-甲基-4-乙基。

常见烷基的大小次序：甲基＜乙基＜正丙基＜异丙基。

（2）烷烃的名称表示　将支链（取代基）的位次、相同取代基的数目、取代基名称，依次写在主链（或母体）名称的前面。特别注意，表示位次的阿拉伯数字间要用“,”隔开，阿拉伯数字和中文之间要用半字线“-”隔开。例如：

$$\overset{1}{CH_3}-\overset{2}{CH_2}-\overset{3}{CH}(CH_3)-\overset{4}{CH_2}-\overset{5}{CH_3}$$

3-甲基戊烷

$$\overset{1}{CH_3}-\overset{2}{CH_2}-\overset{3}{CH}(CH_3)-\overset{4}{CH_2}-\overset{5}{CH_2}-\overset{6}{CH_3}$$

3-甲基己烷

$$\overset{1}{CH_3}-\overset{2}{CH}(CH_3)-\overset{3}{CH_2}-\overset{4}{CH}(CH_3)-\overset{5}{CH_2}-\overset{6}{CH_3}$$

2,4-二甲基己烷

$$\overset{1}{CH_3}-\overset{2}{CH}(CH_3)-\overset{3}{CH_2}-\overset{4}{CH}(CH_2CH_3)-\overset{5}{CH_2}-\overset{6}{CH_3}$$

2-甲基-4-乙基己烷

$$\overset{1}{CH_3}-\overset{2}{C}(CH_3)_2-\overset{3}{CH}(CH_2CH_3)-\overset{4}{CH_2}-\overset{5}{CH}(CH_3)-\overset{6}{CH_3}$$

2,2,5-三甲基-3-乙基己烷

$$\overset{1\;\;2}{CH_3CH}(CH_3)-\overset{3\sim6}{(CH_2)_4}-\overset{7}{CH}(CH_3)-\overset{8\;\;9\;\;10}{CH(CH_3)CH_2CH_3}$$

2,7,8-三甲基癸烷

● 课堂互动 ●

1. 写出2,4-二甲基己烷的结构式。
2. 一化合物不正确的名称是2-乙基丙烷，写出结构简式，并更正该化合物的名称。

五、烷烃的性质

（一）烷烃的物理性质

物理性质对物质的鉴定、分离和提纯具有非常重要的意义，特别是在药物生产和药物分析领域有广泛的应用。一些正烷烃的物理常数见表2-3。

表2-3　部分正烷烃的物理常数

名称	分子式	熔点/℃	沸点/℃	相对密度/(g/cm^3)
甲烷	CH_4	−182.6	−161.7	0.424(−160℃)
乙烷	C_2H_6	−172.0	−88.6	0.546(−88℃)
丙烷	C_3H_8	−187.1	−42.2	0.582(−42℃)
丁烷	C_4H_{10}	−138.3	−0.5	0.597(−0℃)
戊烷	C_5H_{12}	−129.7	36.1	0.626(20℃)

续表

名称	分子式	熔点/℃	沸点/℃	相对密度/(g/cm³)
己烷	C_6H_{14}	−94.0	68.7	0.659(20℃)
庚烷	C_7H_{16}	−90.5	98.4	0.684(20℃)
辛烷	C_8H_{18}	−56.8	125.7	0.703(20℃)
壬烷	C_9H_{20}	−53.7	150.7	0.718(20℃)
癸烷	$C_{10}H_{22}$	−29.7	174.0	0.731(20℃)
十一烷	$C_{11}H_{24}$	−25.6	195.8	0.740(20℃)
十二烷	$C_{12}H_{26}$	−9.6	216.3	0.749(20℃)

室温下，C_1～C_4 的直链烷烃是气体，C_5～C_{16} 的直链烷烃是液体，C_{17} 以上的直链烷烃是无色固体。直链烷烃的沸点和熔点随碳原子数的增加而升高，偶数碳原子烷烃的熔点通常比奇数碳原子烷烃的熔点升高较多，构成两条熔点曲线，偶数居上，奇数在下。如图 2-10 所示。

烷烃异构体中，支链越多，沸点越低。这是因为随着支链的增多，分子的形状趋于球形，减小了分子间有效接触的程度，使分子间的作用力变弱而降低沸点。固体支链烷烃的熔点也比直链烷烃的熔点低。正烷烃的密度随着碳原子数的增加而增大，但在 0.8g/cm³ 左右趋于恒定。所有烷烃的密度都小于 1g/cm³，是所有有机物中相对密度最小的一类化合物。烷烃是非极性化合物，难溶于水而易溶于有机溶剂。

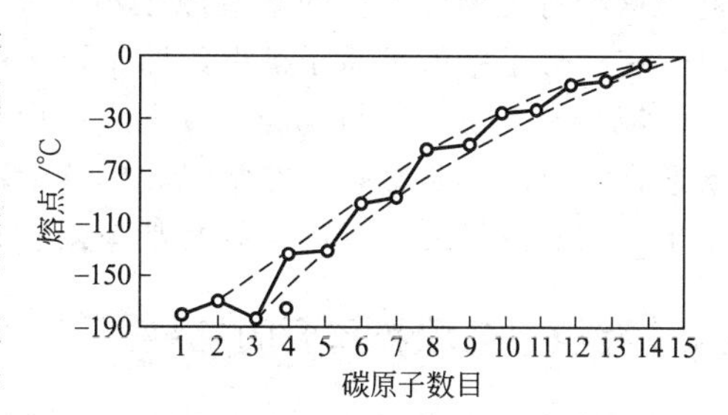

图 2-10　正烷烃的熔点与分子中碳原子数的关系

(二) 烷烃的化学性质

从结构上看，烷烃分子中只有牢固的 C—Cσ 键和 C—Hσ 键，所以在室温下，烷烃的化学性质稳定（特别是正烷烃）。在一般条件下（常温、常压），与大多数试剂如强酸、强碱、强氧化剂、强还原剂及金属钠等都不起反应，或反应速率极慢。

但烷烃的稳定性是相对的，在一定条件下（如高温、高压、光照、催化剂），烷烃中的 σ 键也可断裂而起一些化学反应。

1. 氧化反应

烷烃在空气中燃烧，生成二氧化碳和水，并放出大量的热能。如：

$$CH_4 + 2O_2 \xrightarrow{\triangle} CO_2 + 2H_2O \qquad \triangle H = -881kJ/mol$$

应用：烷烃因为燃烧相对缓和，而常被用作燃料，如汽油是 C_7～C_8 的烷烃，柴油是 C_{15}～C_{19} 的烷烃。天然气的主要成分甲烷燃烧后的产物可直接参与大气循环，且与一氧化碳或氢气相比，相同条件下等体积的甲烷释放出的热量较多。所以甲烷常被称为高效、较洁净的燃料。随着我国“西气东输”管线的全面贯通，越来越多的地区将使用天然气。

知识链接

辛烷值

燃油中含直链烷烃多时，爆震较强。可降低机器效率、损坏机器、浪费汽油。带有侧链或芳烃多的汽油爆震小。取爆震最小的异辛烷与爆震程度较大的正庚烷作为标准。规定正庚烷与异辛烷混合物中，异辛烷所占的百分比叫做此混合物的辛烷值。如某汽油的爆震相当于 90% 异辛烷与 10% 正庚烷混合物的爆震，该汽油为 90 号汽油。

2. 卤代反应

在热或光的条件下，甲烷和氯气的混合物可剧烈地发生反应。

$$H-\underset{\underset{H}{|}}{\overset{\overset{H}{|}}{C}}-H + Cl-Cl \xrightarrow{光或\triangle} H-\underset{\underset{H}{|}}{\overset{\overset{H}{|}}{C}}-Cl + H-Cl$$

甲烷生成的一氯甲烷与氯气进一步反应，依次又生成了难溶于水的油状液体：二氯甲烷，三氯甲烷（氯仿）和四氯甲烷（四氯化碳）。

$$CH_4 \xrightarrow[光或\triangle]{Cl_2} \underset{一氯甲烷}{CH_3Cl} \xrightarrow[光或\triangle]{Cl_2} \underset{二氯甲烷}{CH_2Cl_2} \xrightarrow[光或\triangle]{Cl_2} \underset{三氯甲烷}{CHCl_3} \xrightarrow[光或\triangle]{Cl_2} \underset{四氯甲烷}{CCl_4}$$

在上述反应中，甲烷分子中的四个氢原子可被氯原子逐一取代，生成四种不同的取代产物。这种有机物分子里的某些原子或原子团被其他原子或原子团所取代的反应叫做取代反应。烷烃分子中的氢原子被卤素原子取代的反应称为卤代反应。

氟、氯、溴、碘与烷烃反应生成一卤代烷和多卤代烷，其反应活性为：$F_2 > Cl_2 > Br_2$，碘通常不反应。除氟外，在常温和黑暗中不发生或极少发生卤代反应，但在紫外光漫射或高温下，氯和溴易发生反应，有时甚至剧烈到爆炸的程度。

六、烷烃的来源和重要的烷烃

烷烃的主要来源是天然气和石油。天然气是地层内的可燃性气体，它的主要成分是甲烷，有些天然气还含有乙烷、丙烷、二氧化碳及氮气等。石油是古代动、植物尸体在隔绝空气的情况下逐渐分解而产生的碳氢化合物，它是各种烃的混合物，是国民经济和国防建设的重要资源。

常见的烷烃有以下几种。

（1）石油醚　石油醚为低级烷烃的混合物。沸点范围在30～60℃的是戊烷和己烷的混合物；沸点范围在90～120℃的是庚烷和辛烷的混合物。石油醚为无色、透明液体，不溶于水而溶于有机溶剂和油脂中，为一常用的有机溶剂。由于极易燃烧并有毒性，使用和贮存时要特别注意安全。

（2）固体石蜡　固体石蜡为C_{20}～C_{24}的固体烃的混合物，熔点为47～65℃。医药上用作蜡疗、药丸包衣、封瓶、理疗等。工业上用作制造蜡烛的原料。

（3）液状石蜡　液状石蜡主要成分是C_{18}～C_{24}的液体烷烃的混合物，呈透明状液体，不溶于水和醇，能溶于醚和氯仿中，医药上常用作溶剂。因为在体内不被吸收，也常用作肠道润滑的缓泻剂。

（4）凡士林　凡士林为C_{18}～C_{24}的烷烃混合物，为软膏状半固体，熔点在38～60℃之间。不溶于水，溶于醚和石油醚。凡士林一般为黄色，经漂白或脱色得白凡士林。因为它不被皮肤吸收，而且化学性质稳定，不易与软膏中的药物起反应，所以在医药上常用作软膏基质。

拓展视野

可燃冰：有望成为21世纪的新能源

中国地质调查局所属的广州海洋地质调查局在中国南海发现194亿立方米可燃冰资源，让人们再次看到了我国接替能源未来的希望。

“可燃冰”，学名叫“天然气水合物”，因为主要成分是甲烷，因此也常称为“甲烷水合物”。在常温常压下它会分解成水与甲烷，“可燃冰”可以看成是高度压缩的固态天然气。“可燃冰”外表上看它像冰霜，从微观上看其分子结构就像一个一个“笼子”，由若干水分子组成一个笼子，每个笼子里“关”一个甲烷气体分子。

可燃冰存在于300～500m海洋深处的沉积物中和寒冷的高纬度地区，其储量是煤炭、石油和天然气总和的两倍，1m^3的它可释放出相当于天然气164倍的能量。在能源紧缺的当今发现它真可解燃眉之急，可燃冰有望取代煤、石油和天然气，成为21世纪的新能源。科学家估计，海底可燃冰分布的范围约占海洋总面积的10%，相当于4000万平方公里，是迄今为止海底最具价值的矿产资源，足够人类使用1000年。

第二节 烯烃

分子内含有碳碳双键（C═C）的链烃，称为烯烃，有单烯烃、二烯烃和多烯烃之分。含有一个C═C的链烃称为单烯烃，简称烯烃。烯烃比相对应的烷烃少了两个氢原子，是不饱和的，属于不饱和烃，通式为C_nH_{2n}。

脂肪族烯烃一般少量存在于自然界中。例如，乙烯可能就是树木自身产生的落叶剂，以使树叶得到更新；天然橡胶、植物中的某些色素、香精油中的某些成分为许多结构较复杂的烯烃。

一、烯烃的结构

1. 乙烯的结构

乙烯是最简单的烯烃，其分子式为C_2H_4，比同碳原子数的乙烷少了两个氢原子。乙烯的电子式和结构式如下所示：

$$\mathrm{H:\overset{H}{\underset{\cdot\cdot}{C}}::\overset{H}{\underset{\cdot\cdot}{C}}:H}$$

乙烯的电子式

$$\mathrm{H_2C{=}CH_2}$$

乙烯的结构式

甲烷分子是具有正四面体结构的立体分子，而现代物理方法证明：乙烯分子的所有原子在同一平面上，是平面结构，如图2-11所示。

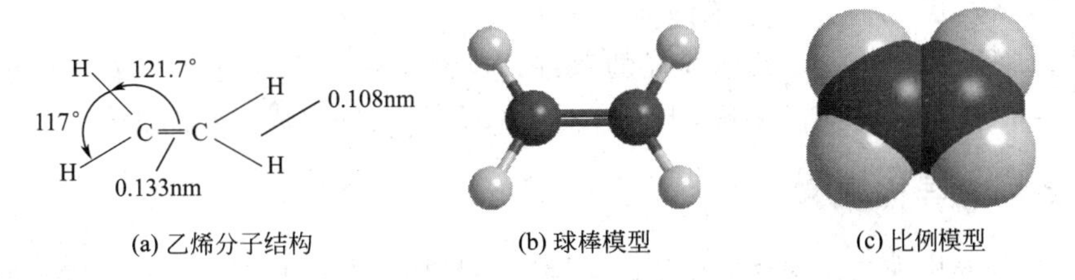

(a) 乙烯分子结构　(b) 球棒模型　(c) 比例模型

图2-11　乙烯分子的结构和模型

2. sp^2杂化

杂化轨道理论认为，碳原子在形成双键时是以另外一种轨道杂化方式进行的，这种杂化称为sp^2杂化。在乙烯分子里，碳原子的1个2s轨道和2个2p轨道进行了sp^2杂化，剩下的1个2p轨道仍保持原状，没有参加杂化，杂化过程如图2-12所示。杂化后的

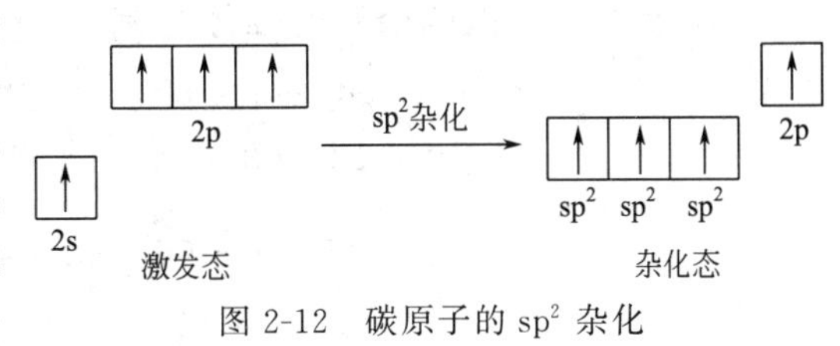

图2-12　碳原子的sp^2杂化

3 个 sp^2 杂化轨道呈平面正三角形，而剩下的未杂化的 2p 轨道垂直于 3 个 sp^2 杂化轨道构成的平面，如图 2-13(a)。在构成乙烯分子时，2 个碳原子各以 2 个 sp^2 杂化轨道与氢原子形成 2 个 C—Hσ 共价键，而 2 个碳原子之间又各以 1 个 sp^2 杂化轨道“头碰头”重叠形成 1 个 C—Cσ 共价键，这样形成的五个 σ 键均处同一平面上，如图 2-13(b)。除此之外，两个碳原子各剩余一个未参与杂化的 p 轨道，并垂直于该平面，且互相平行，从侧面重叠形成 π 键，如图 2-14。因此，乙烯分子中的 C—C 双键是由一个 σ 键和一个 π 键构成的。π 键不如 σ 键牢固，比较容易断裂，所以在反应时乙烯分子中的 π 键易断裂发生加成反应和氧化反应。

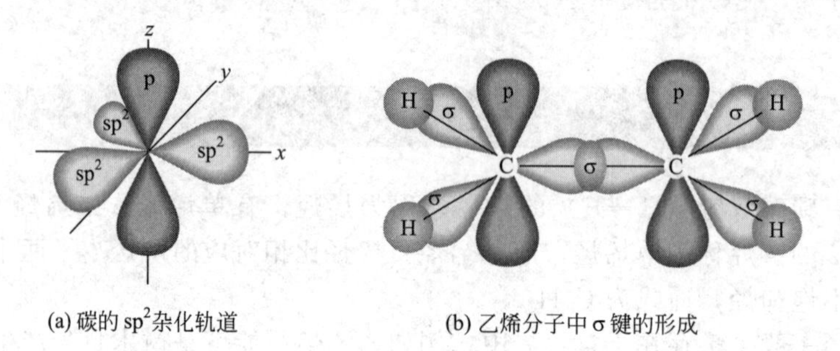

(a) 碳的 sp^2 杂化轨道　　(b) 乙烯分子中 σ 键的形成

图 2-13　乙烯分子中碳的 sp^2 杂化轨道（a）和乙烯分子中 σ 键的形成（b）

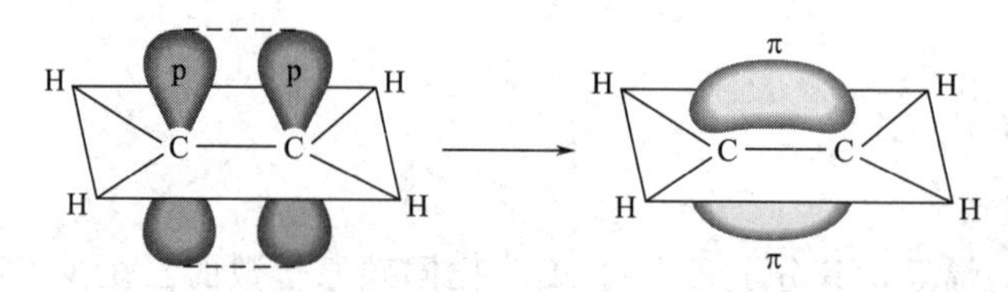

图 2-14　乙烯分子中的 π 键形成

3. π 键的特点

与 σ 键相比，π 键具有自己的特点，由此决定了烯烃的化学性质。

① 不如 σ 键牢固（因 p 轨道是侧面重叠的）。

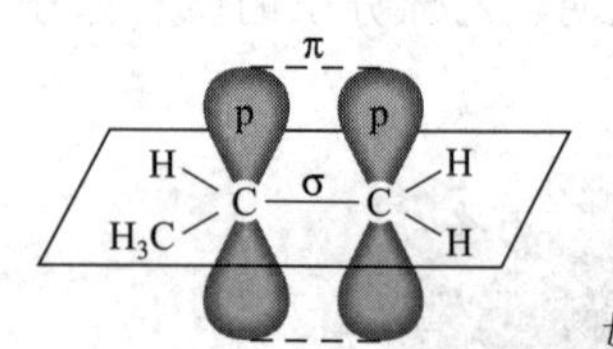

② 不能自由旋转（π 键没有轨道轴的重叠）。键的旋转会破坏键。

③ 电子云沿键轴上下分布，不集中，易极化，易发生反应。

④ 不能独立存在。

其他烯烃的双键，也都是由一个 σ 键和一个 π 键组成的。例如，丙烯 $CH_3—CH═CH_2$ 双键的组成如左图所示。

二、烯烃的同分异构现象

烯烃的同分异构现象比烷烃的要复杂，除碳链异构外，还有由于双键位置不同引起的官能团位置异构（二者都属于构造异构）及双键两侧的基团在空间位置不同而引起的顺反异构（属于构型异构）。

1. 构造异构（以四个碳的烯烃为例）

$CH_3—CH_2—CH═CH_2$　1-丁烯
$CH_3—CH═CH—CH_3$　2-丁烯
（1-丁烯与2-丁烯：官能团位置异构）

$CH_3—\underset{\displaystyle CH_3}{\underset{|}{C}}═CH_2$　2-甲基丙烯
（2-丁烯与2-甲基丙烯：碳链异构）

官能团位置异构、碳链异构 → 构造异构

2. 顺反异构

碳碳单键可以围绕键轴旋转而不影响键的强度，但是，碳碳双键不能旋转，否则就意味着键的断裂。而双键碳上所连接的四个原子或原子团是处在同一平面上的，当双键的两个碳原子各连接两个不同的原子或原子团时，就产生了顺反异构。两个相同的原子或原子团排列在双键同一侧的称为顺式结构（如顺-2-丁烯）；两个相同的原子或原子团分别排列在双键两侧的称为反式结构（如反-2-丁烯）。

例如：

H、H 在同侧；CH_3、CH_3 在同侧：$(H)(CH_3)C=C(H)(CH_3)$	顺-2-丁烯 bp 3.7℃	顺反异构体
H、CH_3 在上；H_3C、H 在下：$(H)(H_3C)C=C(CH_3)(H)$	反-2-丁烯 bp 0.88℃	

这种由于组成双键的两个碳原子上连接的原子或原子团在空间位置不同而形成的构型不同的现象称为顺反异构现象。

产生顺反异构体的必要条件：构成双键的任何一个碳原子上所连的两个原子或原子团不相同。

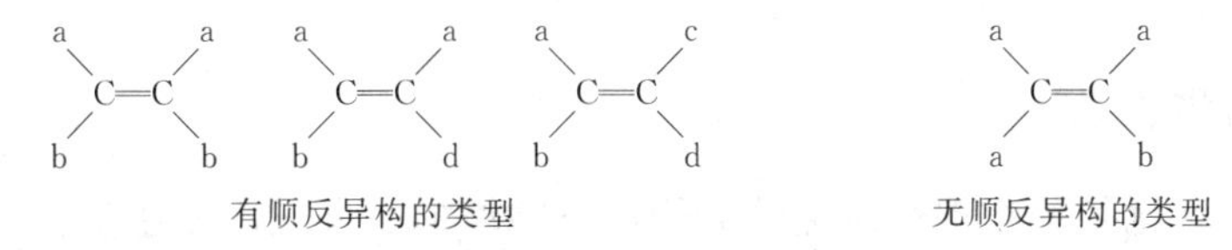

有顺反异构的类型　　　　无顺反异构的类型

三、烯烃的命名

1. 烯烃的系统命名法

原则上与烷烃的命名相似，其基本原则如下。

（1）选主链（或母体）　选择含碳碳双键的最长碳链为主链，根据主链碳原子数称为“某烯”。例如，下式划虚线的为主链，主链名称（或母体名称）为“戊烯”。

$$CH_2=C(-CH_2-CH_3)-CH_2-CH_2-CH_3$$

（2）主链碳原子编号　从距离双键最近的一端开始，给主链碳原子依次编号。双键的位次以双键碳原子上编号较小的数字表示，写在烯烃名称之前，中间用半字线“-”隔开，例如，2-己烯。

$$\overset{1}{C}H_3-\overset{2}{C}H=\overset{3}{C}(CH_3)-\overset{4}{C}H_2-\overset{5}{C}H(CH_3)-\overset{6}{C}H_3$$

上方编号 1 2 3 4 5 6：编号正确；下方编号 6 5 4 3 2 1：编号错误

（3）书写名称　取代基在前，母体在后。取代基名称之前标出取代基的位次、数目，母体（某烯）前面标出双键的位次。

例如：上述两个化合物的命名为2-乙基-1-戊烯和3，5-二甲基-2-己烯。

又如：

$CH_2=CHCH_3$　丙烯

$\overset{1}{C}H_3\overset{2}{C}H=\overset{3}{C}H\overset{4}{C}H_2\overset{5}{C}H_3$　2-戊烯

$$\overset{1}{C}H_3\overset{2}{C}H=\overset{3}{C}H\overset{4}{C}H(CH_3)\overset{5}{C}H_3$$

4-甲基-2-戊烯

$$\overset{6}{C}H_3\overset{5}{C}H_2\overset{4}{C}H=\overset{3}{C}H-\overset{2}{C}(CH_3)_2-\overset{1}{C}H_3$$

2,2-二甲基-3-己烯

2. 几个重要的烯基

烯基：烯烃从形式上去掉一个氢原子后剩下的一价基团。

$CH_2=CH-$	乙烯基
$CH_3CH=CH-$	丙烯基（1-丙烯基）
$CH_2=CH-CH_2-$	烯丙基（2-丙烯基）

3. 顺反异构体的命名

相同原子或原子团在双键同侧的，在名称前加一“顺”字；异侧的加一“反”字。

例如：

$$\begin{matrix} CH_3 & & CH_2-CH_3 \\ & C=C & \\ H & & H \end{matrix}$$

顺-2-戊烯

$$\begin{matrix} CH_3CH_2 & & H \\ & C=C & \\ H & & CH_2CH_3 \end{matrix}$$

反-3-己烯

四、烯烃的物理性质

与烷烃相似，烯烃的物理性质随碳原子数目的增加而有规律地递变。熔点、沸点、密度随分子量的增大而增大。在室温下，2～4个碳原子的烯烃为气体，5～18个碳原子的烯烃为液体，19个碳原子的烯烃为固体。单烯烃一般无色，相对密度都小于1，不溶于水，能溶于某些有机溶剂。液态烯烃有汽油味。顺反异构体中顺式的沸点高，但顺式比反式的对称性差，所以熔点顺式的比反式的低。

五、烯烃的化学性质

烯烃的化学性质很活泼，可以和很多试剂作用，主要发生在碳碳双键上，能起加成、氧化、聚合等反应。

1. 加成反应

烯烃双键中π键断裂，双键上两个碳原子与其他原子或原子团结合，形成两个σ键的反应称为加成反应。产物为不饱和度降低的化合物。

（1）与氢气加成　在Pd、Pt、Ni等催化剂作用下，烯烃与氢气发生加成反应，生成相应的烷烃。例如：

$$CH_2=CH_2 + H_2 \xrightarrow{Pt} CH_3-CH_3$$

$$CH_2=CHCH_3 + H_2 \xrightarrow{Pt} CH_3CH_2CH_3$$

（2）与卤素加成　烯烃与卤素（Br_2、Cl_2）在四氯化碳溶液中进行反应，生成邻二卤代烷。例如：

$$-\overset{|}{C}=\overset{|}{C}- + X_2 \longrightarrow -\underset{X}{\overset{|}{\underset{|}{C}}}-\underset{X}{\overset{|}{\underset{|}{C}}}-$$

反应活泼性：氯＞溴

$$CH_3CH=CH_2+Br_2 \longrightarrow \underset{\underset{Br}{|}}{CH_3CH}-\underset{\underset{Br}{|}}{CH_2}$$

1,2-二溴丙烷与丙烯相比，碳原子之间的键合方式发生了变化。丙烯双键中的一个键断裂，两个溴原子分别加到原碳碳双键的两个碳原子上。

烯烃与溴的加成产物二溴代烷为无色化合物，其反应现象为溴的四氯化碳溶液的棕红色褪去。通过烯烃与溴的加成使其褪色的性质，常用来判断双键的存在，可用于检验烯烃。

课堂互动

1. 为什么烷烃不能发生加成反应?
2. 如何利用化学性质区别丙烯和丙烷?

(3) 与卤化氢(HX)的加成　烯烃与卤化氢(HX)发生加成反应，生成一卤代烷。例如:

$$CH_2=CH_2+HCl \longrightarrow \underset{\text{1-氯乙烷}}{CH_3-CH_2Cl}$$

与卤化氢(HX)加成的活性顺序为：HI>HBr>HCl。

不对称烯烃的加成遵循马氏规则。结构不对称的烯烃(如丙烯)与卤化氢(HX)发生加成反应，通常生成两种不同的加成产物，但实验证实一般是以一种产物为主。1870年，俄国化学家马尔可夫尼可夫总结了不对称烯烃与卤化氢加成的规律：HX与不对称烯烃加成，HX中的H原子总是加到双键中含氢较多的碳原子上，带负电的X原子加到双键中含氢较少的碳原子上。此规律称为马氏规则。

例如:

$$CH_3CH=CH_2+HBr \longrightarrow \underset{\text{2-溴丙烷(80\%)}}{\underset{\underset{Br}{|}}{CH_3CH}-CH_3} + \underset{\text{1-溴丙烷(20\%)}}{CH_3CH_2-\underset{\underset{Br}{|}}{CH_2}}$$

$$(CH_3)_2C=CH_2+HCl \longrightarrow \underset{\text{2-甲基-2-氯丙烷}}{\underset{\underset{Cl}{|}}{(CH_3)_2C}-CH_3}$$

课堂互动

下列化合物与HI起加成反应，主要产物是什么?

(1) 1-戊烯　　(2) 2-甲基-2-丁烯

(4) 与水加成　烯烃可在酸的催化作用下直接与水作用生成醇。例如:

$$CH_3CH=CH_2+H_2O \xrightarrow[\triangle]{H_2SO_4} \underset{\text{异丙醇}}{\underset{\underset{OH}{|}}{CH_3CH}-CH_3}$$

2. 氧化反应

烯烃能被酸性高锰酸钾溶液氧化，氧化时，烯烃双键中的σ键和π键均发生断裂。例如:

$$CH_2=CH_2 \xrightarrow{KMnO_4/H^+} H_2O+CO_2$$

$$CH_3CH=CH_2 \xrightarrow{KMnO_4/H^+} \underset{\text{乙酸}}{CH_3COOH}+H_2O+CO_2$$

与此同时，酸性高锰酸钾溶液褪色。利用此性质，常用来判断双键的存在，可用于检验烯烃。

3. 聚合反应

与加成反应相似，在乙烯生成聚乙烯的反应中，乙烯双键中的一个键也发生了断裂，相互间通过碳碳单键结合，形成了具有很长碳链的高分子化合物。这类反应叫做聚合反应，也叫加聚反应。聚合生成的产物叫聚合物。例如：

$$nCH_2{=}CH_2 \xrightarrow[150\sim250℃]{少量引发剂} {\vphantom{|}}\!\!\left[\!\!-CH_2-CH_2-\!\!\right]_n$$

乙烯(单体)　150～300MPa　聚乙烯(高分子)

聚乙烯是一个电绝缘性能好、耐酸碱、抗腐蚀、用途广的高分子材料（塑料）。医药上用来制作输液容器、各种医用导管、整形材料等。

又如，丙烯通过聚合反应生成聚丙烯，用于生产各种塑料制品。

$$nCH_3CH{=}CH_2 \xrightarrow[50℃,10MPa]{TiCl_4\text{-}Al(C_2H_5)_3} \left[\!\!-\underset{\displaystyle CH_3}{\underset{|}{CH}}-CH_2-\!\!\right]_n$$

聚丙烯

六、重要的烯烃

乙烯为无色、略有甜味的气体。在医药上，乙烯与氧的混合物可作麻醉剂。农业上，乙烯可作为未成熟果实的催熟剂。工业上，乙烯可以用来制备乙醇，也可氧化制备环氧乙烷，环氧乙烷是有机合成中的一种重要物质。此外，还可由乙烯制备苯乙烯，苯乙烯是制造塑料和合成橡胶的原料。而乙烯聚合后生成的聚乙烯，具有良好的化学稳定性。

丙烯也是重要的化学原料，用于制备甘油、异丙醇、丙烯腈、环氧丙烷、丙酮等重要化工产品。这些产品又都是用于工业、农业、国防及日常生活品的重要原料。以丙烯为原料制备的聚丙烯，是一种新型的塑料，它不仅有良好的机械性能和绝缘性能，而且耐热、耐腐蚀。丙烯还可以用来合成异丙苯、丙烯醛、乙丙橡胶等。

拓展视野

白色污染与健康

自2008年6月1日起，所有商品零售场所实行塑料购物袋有偿使用制度，吹响了治理白色污染的“集结号”。购买东西时最好自备工具，减少塑料制品的使用，降低白色污染的危害。白色污染最严重的就是一次性难降解的塑料包装物。比如一次性泡沫快餐具，还有人们常用的塑料袋等。它对环境污染很严重，埋在土壤中很难分解，会导致土壤透气能力下降，长期这样会使土壤环境恶化，严重影响农作物对水分、养分的吸收，抑制农作物的生长发育，造成农作物的减产。如果焚烧会导致大气污染。

塑料主要由聚乙烯（PE）、聚氯乙烯（PVC）、聚丙烯（PP）、聚苯乙烯（PS）树脂等原料制成。在生产过程中，还加入了增塑剂、发泡剂、热稳定剂、抗氧化剂等。由于聚乙烯等塑料原料都是人工合成的高分子化合物，分子结构非常稳定，很难被自然界的光和热及生物降解，所以塑料制品埋在土壤里可能二三百年都不会腐烂。日常生活中常用的塑料制品有很多种，使用不当还会对人体造成严重的危害。

矿泉水瓶的底部都有一个带箭头的三角形，三角形里面有一个数字。一般矿泉水瓶子，底部标示1；泡茶的塑料耐热杯，底部标示5等。

♳ PET 聚对苯二甲酸乙二醇酯　常见矿泉水瓶、碳酸饮料瓶等。耐热至70℃易变形，有对人体有害的物质溶出。1号塑料品用了10个月后，可能释放出致癌物DEHP。不能放在汽车内晒太阳；不要装酒、油等物质。

♳2 HDPE 高密度聚乙烯　常见白色药瓶、清洁用品、沐浴产品。不要用来作为水杯，或者用来做贮物容器装其他物品。清洁不彻底，不要循环使用。

♳3 PVC 聚氯乙烯　常见雨衣、建材、塑料膜、塑料盒等。可塑性优良，价钱便宜，故使用很普遍，只能耐热81℃，高温时容易有不良物质产生，很少被用于食品包装。难清洗易残留，不要循环使用。若装饮品不要购买。

♳4 PE 聚乙烯　常见保鲜膜、塑料膜等。高温时有有害物质产生，有毒物随食物进入人体后，可能引起乳腺癌、新生儿先天缺陷等疾病。保鲜膜别进微波炉。

♳5 PP 聚丙烯　常见豆浆瓶、优酪乳瓶、果汁饮料瓶、微波炉餐盒。熔点高达167℃，是唯一可以放进微波炉的塑料盒，可在小心清洁后重复使用。需要注意，有些微波炉餐盒，盒体以5号PP制造，但盒盖却以1号PET制造，由于PET不能耐受高温，故不能与盒体一并放进微波炉。

♳6 PS 聚苯乙烯　常见碗装泡面盒、快餐盒。不能放进微波炉中，以免因温度过高而释出化学物质。装酸（如柳橙汁）、碱性物质后，会分解出致癌物质。避免用快餐盒打包滚烫的食物。别用微波炉煮碗装方便面。

♳7 PC 其他类　常见水壶、太空杯、奶瓶。百货公司常用这样材质的水杯当赠品。很容易释放出有毒的物质双酚A，对人体有害。使用时不要加热，不要在阳光下直晒。

七、二烯烃

分子中含有两个碳碳双键的烯烃称为二烯烃。比同碳原子数的烯烃多了一个碳碳双键，所以比相应烯烃少两个氢原子，其通式为 C_nH_{2n-2}。

（一）二烯烃的分类及命名

1. 分类

根据二烯烃中两个碳碳双键的相对位置不同，将其分为如下三类：

二烯烃
- 累积二烯烃　如丙二烯 $CH_2=C=CH_2$
- 共轭二烯烃　如1,3-丁二烯 $CH_2=CH-CH=CH_2$
- 孤立二烯烃　如1,4-戊二烯 $CH_2=CHCH_2CH=CH_2$

孤立二烯烃的性质和单烯烃相似。累积二烯烃很活泼，易异构为炔烃。共轭二烯烃中由于两个双键的相互影响，表现出其特有的性质。本小节主要讨论共轭二烯烃。

2. 命名

二烯烃的命名与烯烃类似，只是要选择含有2个双键的最长碳链作为主链，编号从离双键较近的一端开始，双键的位置由小到大排列，写在母体前面，用一短线“-”与母体相连。根据主链碳原子数称为某二烯。例如：

$CH_2=CH-CH=CH_2$

1,3-丁二烯

$CH_2=C=CH-CH_2-CH_3$

1,2-戊二烯

$\overset{5}{C}H_3-\overset{4}{C}H=\overset{3}{C}H-\overset{2}{C}(CH_3)=\overset{1}{C}H_2$

2-甲基-1,3-戊二烯

$\overset{1}{C}H_2=\overset{2}{C}(CH_3)-\overset{3}{C}H=\overset{4}{C}H_2$

2-甲基-1,3-丁二烯（或异戊二烯）

（二）共轭二烯烃的结构

最简单的共轭二烯烃是1,3-丁二烯，1,3-丁二烯分子的4个碳原子和6个氢原子处于同一平面，其分子中两个双键仅被一个单键隔开，因此，两个双键中的四个π电子不是分别固定在两个双键碳原子之间，而是扩展到四个碳原子之间，形成π电子的离域，称为大π键。含大π键的体系称为共轭体系。这样任何一个原子受到外界的影响，均会影响到分子的其余部分。这种电子通过共轭体系传递的现象，称为共轭效应。共轭体系的电子云密度趋于平均化，体系能量降低，体系更加稳定。如图2-15。

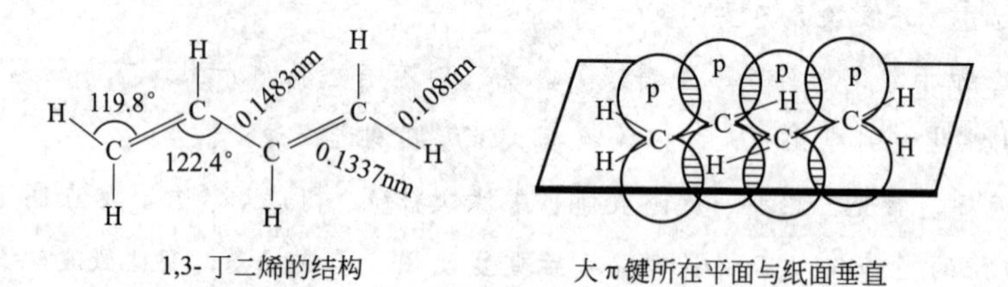

1,3-丁二烯的结构　　大π键所在平面与纸面垂直

图2-15　1,3-丁二烯的结构与大π键的形成（4个未杂化的p轨道从侧面重叠形成）

（三）共轭二烯烃的化学性质

共轭二烯烃具有烯烃的通性，如都能发生加成、氧化、聚合反应等。但由于共轭体系结构的特殊性，故又具有共轭二烯烃的特有性质。

共轭二烯烃加成时有两种可能。试剂不仅可以加到一个双键上，而且也可以加到共轭体系两端的碳原子上，前者称为1,2-加成，产物在原来的位置上保留一个双键；后者称为1,4-加成，原来的两个双键消失了，而在2，3两个碳原子间生成一个新的双键。

$$CH_2=CH-CH=CH_2+HCl \longrightarrow \underbrace{CH_2=CH-\underset{\displaystyle Cl}{\underset{|}{CH}}-\underset{\displaystyle H}{\underset{|}{CH_2}}}_{\text{1,2-加成产物}}+\underbrace{\underset{\displaystyle Cl}{\underset{|}{CH_2}}-CH=CH-\underset{\displaystyle H}{\underset{|}{CH_2}}}_{\text{1,4-加成产物}}$$

$$CH_2=CH-CH=CH_2+Br_2 \longrightarrow \underbrace{CH_2=CH-\underset{\displaystyle Br}{\underset{|}{CH}}-\underset{\displaystyle Br}{\underset{|}{CH_2}}}_{\text{1,2-加成产物}}+\underbrace{\underset{\displaystyle Br}{\underset{|}{CH_2}}-CH=CH-\underset{\displaystyle Br}{\underset{|}{CH_2}}}_{\text{1,4-加成产物}}$$

	1,2-加成产物	1,4-加成产物
－15℃	55％	45％
60℃	10％	90％

1,2-加成和1,4-加成是同时发生的，哪一反应占优势，决定于反应的温度、反应物的结构、产物的稳定性和溶剂的极性。一般来说，极性溶剂、较高温度有利于1,4-加成；非极性溶剂、较低温度有利于1,2-加成。室温下以1,4-加成为主。

第三节　炔烃

炔烃是分子中含有 —C≡C— 的不饱和烃，其通式和二烯烃的相同，为 C_nH_{2n-2}，它们是同分异构体。

一、炔烃的结构

甲烷是立体分子，乙烯是平面分子，炔烃中最简单的是乙炔，现代物理方法证明：乙炔分子中，所有四个原子都在一条直线上，是直线形分子。如图2-16所示。

杂化轨道理论认为在乙炔分子中每个碳原子是以1个2s轨道和1个2p轨道进行杂化

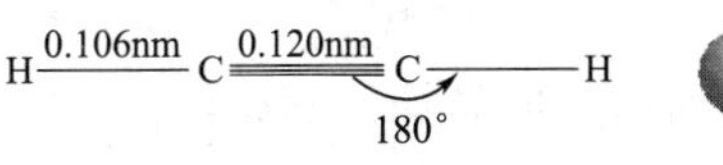

(a) 乙炔分子的直线结构

(b) 乙炔的球棍模型

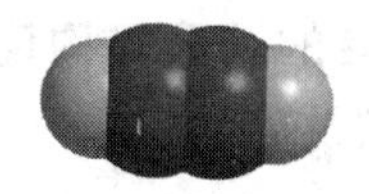

(c) 乙炔的比例模型

图 2-16　乙炔分子的结构

的，形成了 2 个 sp 杂化轨道，如图 2-17。这 2 个 sp 杂化轨道在同一条直线上，每个碳原子都剩下 2 个 p 轨道没有参加杂化。在形成乙炔分子时，2 个碳原子各以 1 个 sp 杂化轨道与氢原子形成 1 个碳氢 σ 共价键，同时又各以其另 1 个 sp 杂化轨道形成 1 个碳碳 σ 共价键。除此之外，每个碳原子通过 2 个未参加杂化的 p 轨道互相平行重叠形成 2 个互相垂直且都垂直于 sp 杂化轨道轴所在直线的 π 键。如图 2-18。

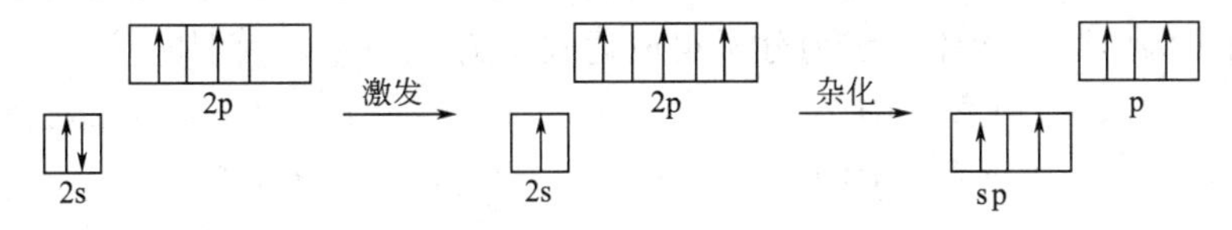

图 2-17　碳原子的 sp 杂化

因此，乙炔分子中的碳碳三键是由 1 个 σ 键和 2 个相互垂直的 π 键构成的，2 个碳原子和 2 个氢原子处在一条直线上。如图 2-19。乙炔的 π 键也较易发生断裂，易发生加成反应和氧化反应。

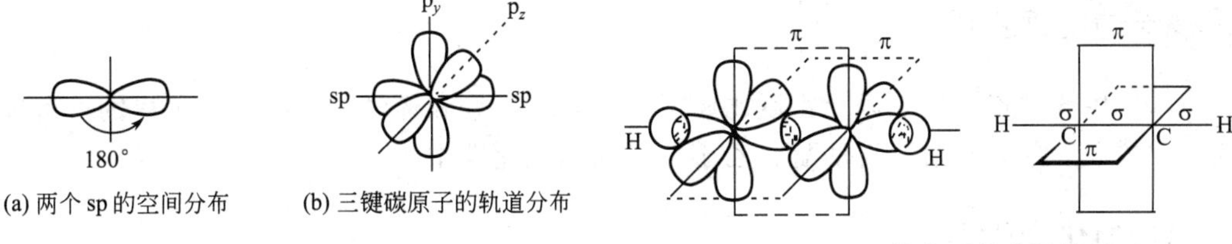

(a) 两个 sp 的空间分布　(b) 三键碳原子的轨道分布

图 2-18　两个 sp 的空间分布及三键碳原子的轨道分布

图 2-19　乙炔分子的成键情况

二、炔烃的命名和同分异构现象

1. 炔烃的命名

炔烃的系统命名法和烯烃相似，只是将“烯”字改为“炔”字。

$$\overset{1}{CH}\equiv\overset{2}{C}-\overset{3}{CH_2}-\overset{4}{CH_3}$$

1-丁炔

$$\overset{1}{CH_3}-\overset{2}{C}\equiv\overset{3}{C}-\overset{4}{CH_3}$$

2-丁炔

$$\overset{1}{CH_3}-\overset{2}{C}(CH_3)_2-\overset{3}{C}\equiv\overset{4}{C}-\overset{5}{CH}(CH_3)-\overset{6}{CH_3}$$

2,2,5-三甲基-3-己炔

若分子中同时含有双键和叁键，可用烯炔作词尾，给双键和叁键以尽可能小的编号，如果位号有选择时，使双键位号比叁键小。

$$\overset{5}{CH_3}-\overset{4}{CH}=\overset{3}{CH}-\overset{2}{C}\equiv\overset{1}{CH}$$

3-戊烯-1-炔

$$\overset{5}{CH}\equiv\overset{4}{C}-\overset{3}{CH_2}-\overset{2}{CH}=\overset{1}{CH_2}$$

1-戊烯-4-炔

2. 炔烃的同分异构现象

(1) 碳链异构　在分子中由于支链的位置不同而产生的异构。例如：

$$CH\equiv C-\underset{\displaystyle CH_3}{\underset{|}{CH}}-CH_2-CH_3 \qquad CH\equiv C-CH_2-\underset{\displaystyle CH_3}{\underset{|}{CH}}-CH_3$$

3-甲基-1-戊炔（分子式 C_6H_{10}）　　4-甲基-1-戊炔（分子式 C_6H_{10}）

(2) 位置异构　在分子中由于不饱和键（$-C\equiv C-$）碳碳叁键位置不同而产生的异构。例如：

$$CH\equiv C-CH_2-CH_3 \qquad CH_3-C\equiv C-CH_3$$

1-丁炔（分子式 C_4H_6）　　2-丁炔（分子式 C_4H_6）

(3) 官能团异构　分子式相同但属于不同类有机物而产生的异构现象。碳原子相同的二烯烃与炔烃间互为同分异构体，因为分子组成通式均为 C_nH_{2n-2}。例如：

$$CH\equiv C-CH_2-CH_3 \qquad CH_2=CH-CH=CH_2$$

1-丁炔（分子式 C_4H_6）　　1,3-丁二烯（分子式 C_4H_6）

● 课堂互动 ●

1. 写出炔烃 C_5H_8 的所有构造式。
2. 炔烃是否有顺反异构？为什么？

三、炔烃的物理性质

简单炔烃的沸点、熔点以及密度比原子数相同的烷烃和烯烃高一些。在水里的溶解度也比烷烃和烯烃大些。易溶于石油醚、乙醚、苯和四氯化碳中。

四、炔烃的化学性质

炔烃是不饱和烃，具有生成烷烃或不饱和程度减小的趋势，可以发生加成、氧化、聚合等反应。

1. 加成反应

(1) 与氢气加成　在 Pd、Pt、Ni 等催化剂作用下，炔烃与氢气发生加成反应，生成相应的烷烃。例如：

$$CH_3C\equiv CH \xrightarrow[Pt]{H_2} CH_3CH=CH_2 \xrightarrow[Pt]{H_2} CH_3CH_2CH_3$$

(2) 与卤素加成　炔烃与卤素的加成在常温下迅速发生。

$$CH_3C\equiv CH \xrightarrow{Br_2} CH_3\overset{\displaystyle Br}{\overset{|}{C}}=\underset{\displaystyle Br}{\underset{|}{CH}} \xrightarrow{Br_2} CH_3\overset{\displaystyle Br}{\overset{|}{\underset{\displaystyle Br}{\underset{|}{C}}}}-\overset{\displaystyle Br}{\overset{|}{\underset{\displaystyle Br}{\underset{|}{CH}}}}$$

1,2-二溴丙烯　　1,1,2,2-四溴丙烷

炔烃与溴水或溴的四氯化碳溶液反应，可看到溴的红棕色迅速消失，此法可鉴定炔烃及炔烃不饱和键的存在。

(3) 与 HX（HI、HBr、HCl）加成　炔烃与卤化氢的加成不如烯烃活泼，不对称炔烃加成时遵循马氏规则。

$$CH_3C\equiv CH \xrightarrow{HBr} CH_3\underset{}{\overset{Br}{\overset{|}{C}}}=CH_2 \xrightarrow{HBr} CH_3\underset{\underset{Br}{|}}{\overset{Br}{\overset{|}{C}}}-CH_3$$

2. 氧化反应

炔烃与烯烃一样，也能被酸性高锰酸钾溶液氧化。例如：

$$CH\equiv CH \xrightarrow{KMnO_4/H^+} H_2O+CO_2\uparrow$$

$$CH_3C\equiv CH \xrightarrow{KMnO_4/H^+} CH_3COOH+CO_2\uparrow$$

与此同时，高锰酸钾溶液的紫红色立即褪去。可用于鉴别炔烃。

3. 与硝酸银的氨溶液和氯化亚铜的氨溶液的作用

乙炔和含有末端叁键（$-C\equiv CH$）的炔烃三键上的氢原子，可被铜、银等金属离子取代，分别生成金属炔化物炔银和炔亚铜。如将乙炔或含有末端叁键的炔烃分别通入硝酸银或氯化亚铜的氨溶液中，则生成炔银或炔亚铜沉淀。

$$HC\equiv CH+2[Ag(NH_3)_2]NO_3 \longrightarrow \underset{\text{乙炔银(白色)}}{AgC\equiv CAg\downarrow}+2NH_3+2NH_4NO_3$$

$$CH_3CH_2C\equiv CH+[Ag(NH_3)_2]NO_3 \longrightarrow \underset{\text{丁炔银}}{CH_3CH_2C\equiv CAg\downarrow}+NH_3+2NH_4NO_3$$

$$HC\equiv CH+[Cu_2(NH_3)_4]Cl_2 \longrightarrow \underset{\text{乙炔亚铜(棕色)}}{CuC\equiv CCu\downarrow}+2NH_3+2NH_4Cl$$

干燥的银或亚铜的炔化物受热或震动时易发生爆炸，所以，试验完毕后，应立即加稀硝酸把炔化物分解，以免发生危险。生成炔银、炔亚铜的反应很灵敏，现象明显，可用来鉴定乙炔及含有末端叁键（$-C\equiv CH$）的炔烃。

4. 聚合反应

炔烃与烯烃相似，也能通过自身加成发生聚合反应。但与烯烃不同的是，炔烃一般不聚合成高分子化合物，而是只在不同催化剂作用下发生几个分子的低聚反应。例如：

$$2HC\equiv CH \xrightarrow{Cu_2Cl_2/NH_4Cl} \underset{\text{1-丁烯-3-炔}}{CH_2=CH-C\equiv CH}$$

工业上已利用乙炔二聚制备1-丁烯-3-炔。它是生产氯丁橡胶以及甲醇胶等黏合剂的原料。

本章小结

一、烃的定义

仅含碳和氢两种元素的有机物称为碳氢化合物，也称为烃。

二、同系物、同分异构体

概念	同系物	同分异构体
定义	结构相似、在分子组成上相差一个或若干个 CH_2 原子团的物质	分子式相同而结构式不同的化合物的互称
分子式	不同	相同
结构	相似	不同

三、系统命名

(1) 命名步骤

① 找主链——最长的碳链（确定母体名称）。

② 编号——靠近支链（小、多）的一端。

③ 写名称——先简后繁，相同基合并。

(2) 名称组成：取代基位置-取代基名称母体名称。

(3) 阿拉伯数字表示取代基位置，汉字数字表示相同取代基的个数。

四、比较同类烃的沸点

① 一看：碳原子数多沸点高。

② 二看：碳原子数相同，支链多沸点低。

常温下，碳原子数 1～4 的烃都为气体。

五、几种烃的结构及性质比较

项目 \ 分类			饱和链烃	不饱和链烃		
			烷烃	烯烃	二烯烃	炔烃
代表物			CH_4（甲烷）	C_2H_4（乙烯）	C_4H_6（1,3-丁二烯）	C_2H_2（乙炔）
分子式组成通式			C_nH_{2n+2} $n\geqslant1$	C_nH_{2n} $n\geqslant2$	C_nH_{2n-2} $n\geqslant3$	C_nH_{2n-2} $n\geqslant2$
结构特点			碳碳单键呈链状	碳碳双键呈链状	两个碳碳双键呈链状	碳碳叁键呈链状
代表物构型			CH_4 正四面体型 键角 109.5°	$CH_2=CH_2$ 平面结构 键角约为 120°	$CH_2=CH-CH=CH_2$	$CH\equiv CH$ 线形结构 键角 180°
化学性质	取代反应		甲烷在光照条件下与卤素单质(气态)反应生成卤代烃	—	—	—
	加成反应		—	与 H_2、X_2（卤素单质）、H_2O、HX（卤化氢）发生加成反应	与烯烃同 （1,2-加成） （1,4-加成）	与烯烃同
	氧化反应	可燃性	火焰呈蓝色	火焰明亮有烟	火焰明亮有浓烟	火焰明亮有浓烟
		高锰酸钾溶液（H^+）	不褪色	褪色	褪色	褪色
	聚合反应		—	生成高分子化合物	生成高分子化合物	—

习题

1. 填空题

(1) 烷烃的通式________，常温下烷烃很不活泼，与________、________、________和还原剂等都不反应，只有在特殊条件（例如________、________）下能反应。其主要化学性质有________________，其特征反应是________________。

(2) 烯烃的通式____________。最简单的烯烃为____________，比烷烃活泼，其主要化学性质有____________________。其特征反应是____________。烯烃与酸性高锰酸钾溶液反应的氧化产物的对应关系为：____________________。

(3) 炔烃的通式____________。最简单的炔烃为____________，比烷烃活泼，其主要化学性质有____________________。其特征反应是____________。

(4) 烷烃、烯烃和炔烃具有相似的物理性质，它们均为________物质，不溶于水而易溶于________等有机溶剂，密度________于水。含有 1～4 个碳原子的开链脂肪烃在室温下均为________，随着分子中碳原子数的增加，开链脂肪烃逐渐变为____________。

(5) 有机物①CH_3CH_3，②$CH_2=CH_2$，③$CH_3CH_2C\equiv CH$，④$CH_3C\equiv CCH_3$，⑤C_6H_{12}，⑥$CH_3CH=CH_2$ 中，一定互为同系物的是________________，一定互为同分异构体的是________________。

(6) 有机化合物的命名有________和________两种，对碳原子较少的烃，常用天干记碳原子数，用正、异、新表示不同结构的同分异构体，如正戊烷的结构简式为____________；异戊烷为________；新戊烷为________。

(7) 某烯烃与氢气在一定条件下发生加成反应生成2,2,3-三甲基戊烷，则该烯烃可能的结构简式：________，________，________。

2. 选择题

(1) 下列有机物的名称肯定错误的是（　　）。

A. 2-甲基-1-丁烯　　B. 2,2-二甲基丙烷

C. 5,5-二甲基-3-己烯　　D. 4-甲基-2-戊炔

(2) 某烯烃与氢气加成后得到2,2-二甲基丁烷，则该烯烃的名称是（　　）。

A. 2,2-二甲基-3-丁烯　　B. 2,2-二甲基-2-丁烯

C. 2,2-二甲基-1-丁烯　　D. 3,3-二甲基-1-丁烯

(3) 下列各有机物中，按系统命名法命名正确的是（　　）。

A. 3-乙基-1-戊烯　　C. 二氯乙烷

B. 2,2-二甲基-3-戊烯　　D. 新戊烷

(4) 下列说法中错误的是（　　）。

① 化学性质相似的有机物是同系物

② 分子组成相差一个或几个 CH_2 原子团的有机物是同系物

③ 若烃中碳、氢元素的质量分数相同，它们必定是同系物

④ 互为同分异构体的两种有机物的物理性质有差别，但化学性质必定相似

A. ①②③④　　B. 只有②③　　C. 只有③④　　D. 只有①②③

(5) 在下列有机物中，能跟溴水发生加成反应，又能被酸性高锰酸钾溶液氧化的是（　　）。

A. 乙炔　　B. 苯　　C. 甲苯　　D. 乙烷

(6) 某烃与氢气发生反应后能生成 $(CH_3)_2CHCH_2CH_3$，则该烃不可能是（　　）。

A. 2-甲基-2-丁烯　　B. 3-甲基-1-丁烯

C. 2,3-二甲基-1-丁烯　　D. 3-甲基-1 丁炔

(7) 在光照下，将等物质的量 CH_4 和 Cl_2 充分反应，得到产物的物质的量最多的是（　　）。

A. CH_3Cl　　B. CH_2Cl_2　　C. CCl_4　　D. HCl

(8) 同分异构体现象是有机化学中的一种普遍现象，下列有关同分异构体叙述中正确的是（　　）。

A. 分子式相同而结构式不同的化合物互称同分异构体

B. 组成元素相同而结构式不同的物质互称同分异构体

C. 互为同分异构体的物质性质相同

D. 互为同分异构体的物质性质相异

(9) 下列说法不正确的是（　　）。

A. C_2H_6 和 C_4H_{10} 一定是同系物　　B. C_2H_4 和 C_4H_8 一定是同系物

C. C_3H_6 不只表示一种物质　　D. 烯烃中各同系物中碳的质量分数相同

(10) 下列关于烯烃和烷烃相比较的说法，不正确的是（　　）。

A. 含元素种类相同，但通式不同

B. 烯烃含双键而烷烃不含

C. 烯烃分子含碳原子数≥2，烷烃分子含碳原子数≥1

D. 碳原子数相同的烯烃分子和烷烃分子互为同分异构体

3. 下列烷烃命名是否正确，若有错误请加以改正，把正确的名称写在横线上。

(1) $CH_3—CH_2—CH—CH_3$（CH 上连 C_2H_5）　2-乙基丁烷 ________________________________。

(2) $CH_3—CH—CH—CH_3$（两个 CH 上分别连 CH_3、C_2H_5）　3,4-二甲基戊烷 ________________________________。

(3) $CH_3—CH—CH_2—C—CH_3$（CH 上连 CH_3；C 上、下各连 CH_3）　2,4,4-三甲基戊烷 ________________________________。

4. 用系统命名法命名下列化合物

(1) $CH_3—CH—CH_2—CH_3$（CH 上连 CH_3）

(2) $CH_3—CH—CH_2—CH_3$（CH 上连 CH_2CH_3）

(3) $CH_3—C{=}CH—CH_3$（C 上连 CH_3）

(4) $CH_3—CH—CH{=}CH_2$（CH 上连 CH_3）

(5) $CH_3CH_2C{\equiv}CH$

(6) $CH_3CHC{\equiv}CH$（CH 上连 CH_3）

5. 写出下列物质的结构简式

① 2-甲基丁烷　② 新戊烷　③ 2,4-二甲基己烷

④ 3-甲基-1-戊烯　⑤ 3-乙基-1-辛烯　⑥ 3,5-二甲基-3-庚烯

⑦ 3,4,4-三甲基-1-戊炔　⑧ 3-甲基-1-丁炔

6. 有下列几种有机化合物的结构简式或名称：

① $CH_3CH{=}CHCH_2CH_3$　② $CH_3—CH—CH_2—CH{=}CH_2$（第一个 CH 上连 CH_3）　③ 环己烷

④ $CH_3—C{\equiv}C—CH_3$　⑤ $CH_3CH_2C{\equiv}CH$　⑥ $CH_2{=}CHCH_2CH_2CH_3$

属于同分异构体的是______________________________。

属于同系物的是________________________________。

官能团位置不同的同分异构体的是________________________。

官能团类型不同的同分异构体的是________________________。

7. 写出下列反应的化学方程式并将反应归类。

① 由乙炔制氯乙烯

② 乙烷在空气中燃烧

③ 乙烯使溴的四氯化碳溶液褪色

④ 乙烯使酸性高锰酸钾溶液褪色

⑤ 由乙烯制聚乙烯

⑥ 甲烷与氯气在光照的条件下反应

其中属于取代反应的是____________；属于氧化反应的是____________；

属于加成反应的是____________；属于聚合反应的是____________。

8. 用化学方法区别下列化合物

(1) 2-甲基丁烷，3-甲基-1-丁炔，3-甲基-1-丁烯

(2) 1-戊炔，2-戊炔

9. 推断

(1) 有A、B两种烃，它们的组成相同，都约含86%的碳，烃A对氢气的相对密度是28；烃B式量是烃A的一半，烃A、B都能使溴的四氯化碳溶液褪色，根据以上实验事实回答问题。

① 推断A、B两烃的化学式。

A ____________________；B ____________________。

② A、B中______（填A、B的结构简式）存在同分异构体，同分异构体的名称是____________、____________、____________、____________。(有多少写多少)

③ 写出B与溴的四氯化碳溶液反应的化学方程式：

____。

(2) A、B、C、D、E为五种气态烃，其中A、B、C都能使酸性$KMnO_4$褪色，1mol C与2mol Br_2完全加成，生成物分子中每个碳原子都有一个溴原子，A与C通式相同，A与H_2加成可得到B，B与N_2密度相同，D是最简单的有机物，E为D的同系物，完全燃烧等摩尔B、E，生成CO_2相同，试确定A、B、C、D、E的结构简式。

第三章

环烃

学习目标

1. 了解脂环烃的定义、分类和命名。
2. 熟悉苯及其同系物的分类和命名。
3. 掌握苯及其同系物的化学性质。

仅由碳和氢两种元素组成的环状化合物叫做环烃，环烃包括脂环烃和芳香烃两大类。环烃及其衍生物广泛存在于自然界，例如石油中含有多种脂环烃和芳香烃，一些植物的挥发油、萜类和甾体等天然化合物都是环烃的衍生物，很多药物也都含有环烃的结构。

第一节 脂环烃

性质与脂肪烃相似的环烃称为脂环烃。饱和的脂环烃称为环烷烃，含碳碳双键和三键的则分别称为环烯烃和环炔烃。脂环烃按分子中碳环的数目，又可分为单环脂环烃和多环脂环烃。

一、脂环烃的命名和异构现象

环烷烃通式为 C_nH_{2n}（$n \geqslant 3$），它与烯烃互为同分异构体。命名与烷烃相似，在相应烷烃名称前加上“环”字，称为环某烷。例如：

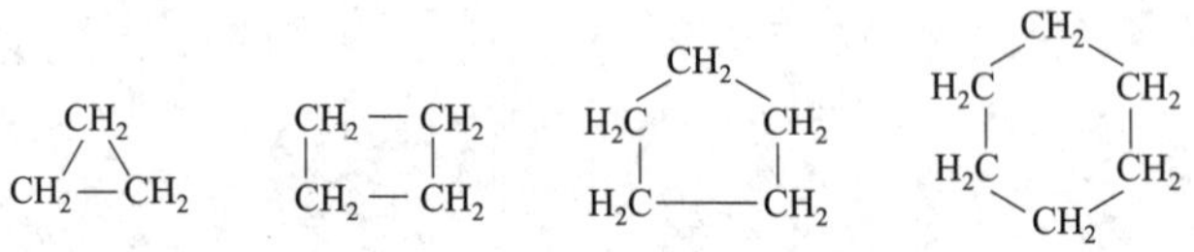

CH_2 / $CH_2—CH_2$　　$CH_2—CH_2$ / $CH_2—CH_2$　　CH_2 / H_2C CH_2 / $H_2C—CH_2$　　CH_2 / H_2C CH_2 / H_2C CH_2 / CH_2

简写为：

环丙烷　　环丁烷 　　环戊烷 　　环己烷

环上连有一个取代基时，以环烷烃为母体进行命名。例如：

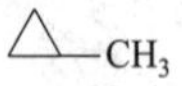

CH_3　　CH_2CH_3

甲基环丙烷 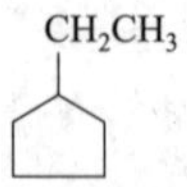　　乙基环戊烷

环上连有多个取代基时，从含碳原子最少的取代基开始的顺序，以使环上取代基的位次尽可能小的原则进行编号。例如：

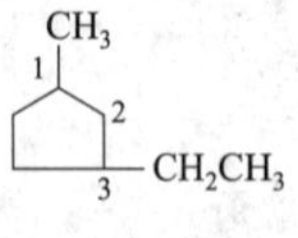

CH_3 1 2 3 CH_2CH_3　　CH_3 1 2 3 4 5 6 CH_2CH_3

1-甲基-3-乙基环戊烷 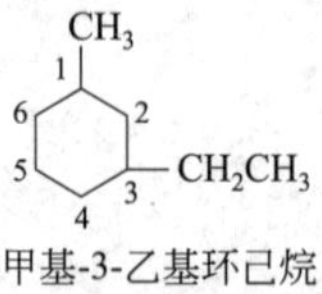　　1-甲基-3-乙基环己烷

环烯的命名：在相应的烯烃名称前面加一“环”字，编号时从不饱和碳原子开始，使所有不饱和键编号位次最小。例如：

环戊烯　1-甲基环戊烯　3,4-二甲基环己烯　1,3-环戊二烯　2-甲基-1,3-环己二烯

● 课堂互动 ●

命名下列脂环烃：

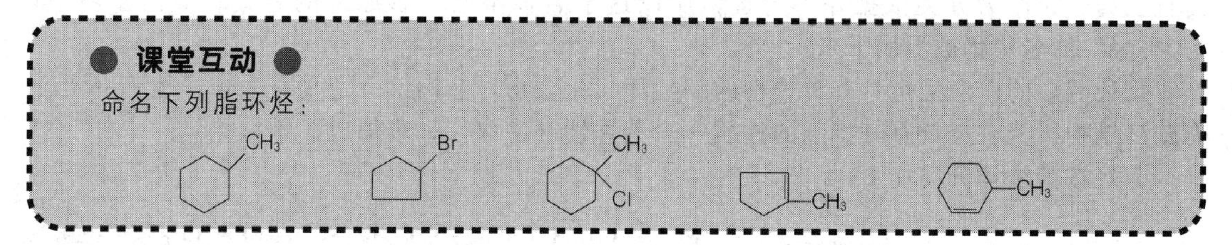

二、脂环烃的性质

1. 物理性质

环烷烃的分子结构比链状烷烃排列紧密，所以，沸点、熔点、密度均比链状烷烃高。均不溶于水。

2. 化学性质

三元、四元环烷烃与烯烃相似，易开环加成。五元、六元环烷烃的化学性质和链状烷烃相似，易取代，难加成。

（1）开环加成反应　三元、四元环烷烃与氢、卤素都可以发生开环加成反应，因此小环可以比作一个双键。不过，随着环的增大，它的反应性能逐渐减弱，五元、六元环烷烃，即使在相当强烈的条件下也难开环。

① 催化氢化　在催化剂铂、钯、镍的存在下，环丙烷、环丁烷在较低的温度下就能开环加氢生成相应的烷烃；而环戊烷等大环的环烷烃则需要在加压和较高的温度下才能起反应。

$$\triangle + H_2 \xrightarrow[80℃]{Ni} CH_3CH_2CH_3$$

$$\square + H_2 \xrightarrow[200℃]{Ni} CH_3CH_2CH_2CH_3$$

$$⬠ + H_2 \xrightarrow[>300℃]{Pd} CH_3CH_2CH_2CH_2CH_3$$

② 与卤素反应　环丙烷在室温下易与溴发生开环加成反应，环丁烷在室温下不能与溴发生加成反应，需经加热才能发生开环加成反应。环戊烷、环己烷不能与溴发生加成反应。

$$\triangle \xrightarrow{Br_2/CCl_4} \underset{Br}{CH_2}—CH_2—\underset{Br}{CH_2}$$

$$\square \xrightarrow[\triangle]{Br_2/CCl_4} \underset{Br}{CH_2}—CH_2—CH_2—\underset{Br}{CH_2}$$

（2）氧化反应　在常温下，环烷烃与氧化剂（如高锰酸钾等）不发生反应，即使是环丙烷，在常温下也不能使高锰酸钾溶液褪色，依此鉴别环烷烃和烯烃。

第二节 芳香烃

芳烃，也叫芳香烃，一般是指分子中含苯环结构的碳氢化合物。“芳香”二字的由来最早是指那些从天然树脂、香精油中提取而来并具有芳香气味的物质。但随着研究的深入，人们发现这些物质中大多数含有苯环结构。目前已知的很多芳香类化合物并不具有芳香气味，而且仅凭气味作为分类依据并不合适，所以这个名称早已失去原来的意义。但由于习惯，“芳香烃”的名称仍被沿用下来。

现代芳烃的概念是指具有芳香性的一类环状化合物，它们不一定具有香味，也不一定含有苯环结构。芳香烃具有其特殊的性质——芳香性（易取代，难加成，难氧化）。

芳烃按其结构分类如下：

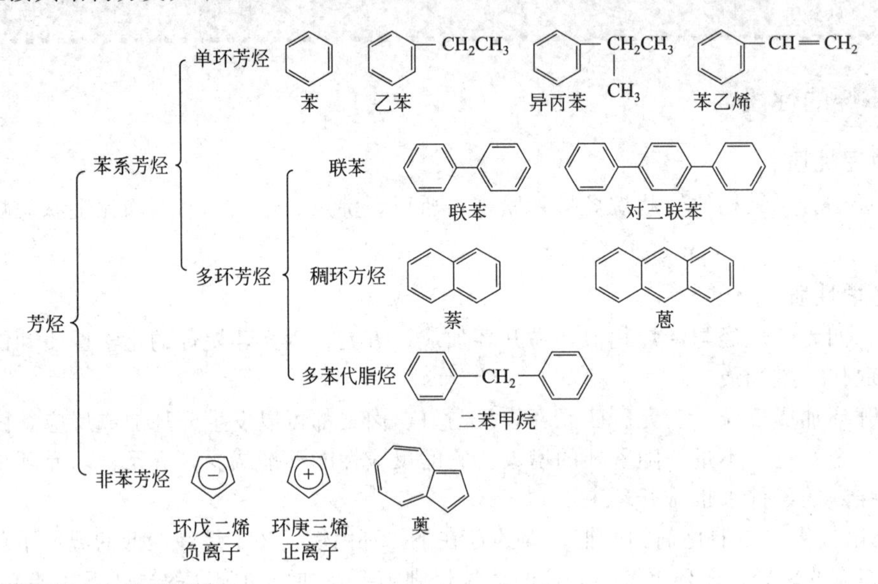

本节主要讨论苯系芳烃。

一、苯的结构

在芳香烃中，苯的结构最简单，苯环是芳香类化合物最基本的结构单元。1865 年凯库勒从苯的分子式 C_6H_6 出发，根据苯的一元取代物只有一种，说明苯分子中的六个氢原子是等同的，提出苯是由 6 个碳原子组成六元环，碳原子间以单双键交替相连，每一个碳原子上都连接一个氢原子，称为苯的凯库勒结构式，如图 3-1。

按照凯库勒式苯分子应具有不饱和烃的性质。但实验表明苯不能使高锰酸钾酸性溶液和溴的四氯化碳溶液褪色。由此可知，苯在化学性质上与烯烃和炔烃明显不同。也就是说，苯分子并不是单双键交替的环状结构，但凯库勒式能从碳的四价结构表示出分子中各原子的排列情况，所以仍普遍采用凯库勒式表示苯及苯环的结构。

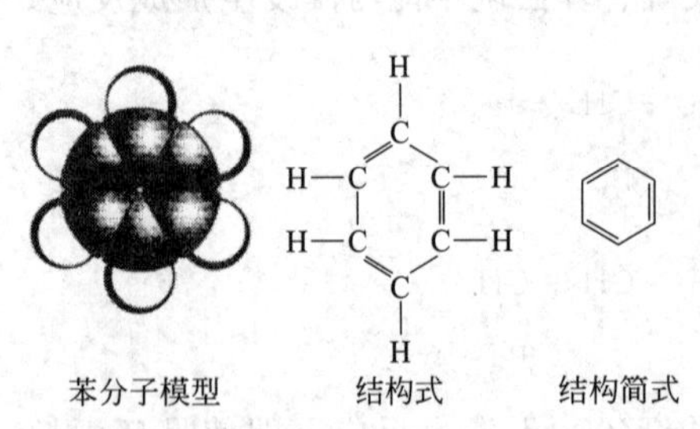

图 3-1 苯分子模型、结构式及结构简式

现代物理方法证明，苯分子中的 6 个碳原子和 6 个氢原子都在同一平面内，为平面正六边形结构。6 个碳碳键长完全相等，而且介于碳碳单键和碳碳双键

之间，C—C 键长均为 0.1397nm，C—H 键长均为 0.110nm。键角都是 120°（图 3-2）。

杂化轨道理论认为，苯分子中每个碳原子都是以 sp^2 杂化方式分别与 2 个碳原子、1 个氢原子形成 σ 键。由于碳原子是 sp^2 杂化，所以键角是 120°，并且所有原子均在同一平面内。另外，6 个碳原子除了通过 6 个 σ 键连接成环外，还各有一个未参加杂化的 2p 轨道，它们都垂直于环的平面，相互平行重叠形成大 π 键，如图 3-3。由于大 π 键的存在，使电子云完全平均化，每个碳碳键的键长相等，无单双键之分，所以苯的结构稳定，难于发生加成和氧化反应。通常状况下，它不与高锰酸钾、溴水等反应。也正是由于大 π 键使苯分子中 6 个碳原子结合得很牢固，使与碳相连的氢原子活动性增强，即在一定条件下，苯分子中的 C—H 键可以断裂，氢原子易被其他的原子或原子团取代。芳香烃的这种易取代、难加成、难氧化的性质称为芳香性。基于苯环的成键特点，苯环的结构又常用 表示。

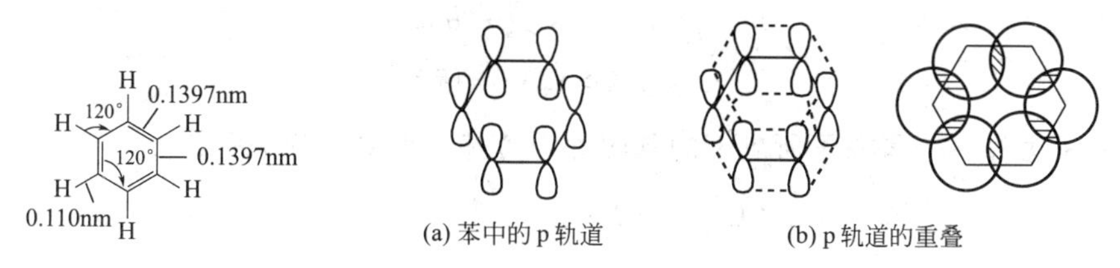

图 3-2　苯的平面结构

图 3-3　苯分子中的 p 轨道及轨道的重叠

二、苯的同系物的命名

苯是最简单的单环芳烃，苯环上的氢原子被烷基取代的衍生物称为苯的同系物，也称为烷基苯，烷基苯的通式为 C_nH_{2n-6}（$n\geqslant6$）。按苯环上连接烷基的数目，可分为一元烷基苯、二元烷基苯和多元烷基苯。

一元烷基苯命名时，以苯为母体，烷基为取代基，称为“某基苯”，常把“基”字省略，称为“某苯”。例如：

$-CH_3$　　甲苯

$-CH_2CH_3$　　乙苯

$-\underset{CH_3}{CHCH_3}$　　异丙苯

当苯环上连接结构复杂或不饱和碳链时，常把苯环做取代基，侧链为母体进行命名。例如：

$\overset{2\ \ 3\ \ \ 4}{CHCH_2CH_3}$，$\overset{1}{CH_3}$　　2-苯基丁烷

$-CH{=}CH_2$　　苯乙烯

$-CH{\equiv}CH$　　苯乙炔

二元烷基苯由于两个烷基的相对位置不同，有三种异构体。命名时可分别用“邻”、“间”和“对”来表示，也可用阿拉伯数字来标注位次（注意应使位次总和最小为原则）。例如二甲苯的三种异构体：

CH_3，CH_3　　邻二甲苯（1,2-二甲苯）

CH_3，CH_3　　间二甲苯（1,3-二甲苯）

CH_3，CH_3　　对二甲苯（1,4-二甲苯）

具有三个相同烷基的三元烷基苯也有三种异构体。例如三甲苯的三种异构体：

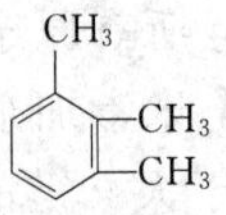

连三甲苯（1,2,3-三甲苯）　　偏三甲苯（1,2,4-三甲苯）　　均三甲苯（1,3,5-三甲苯）

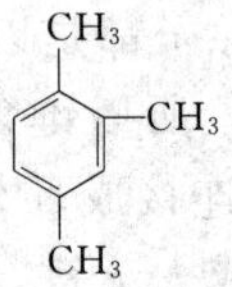

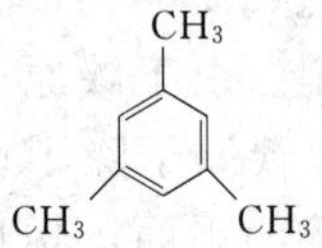

如果苯环上连接不同的烷基时，可用系统命名法给苯环上的 6 个碳原子编号（注意应使位次总和最小），按照链烃的命名方式命名。例如：

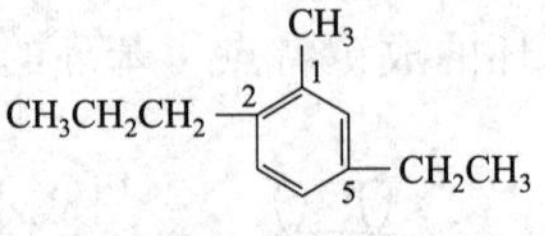

CH_3, $CH_3CH_2CH_2$, CH_2CH_3

1-甲基-5-乙基-2-丙基苯

芳烃分子去掉一个氢原子所剩下的基团称为芳基。重要的芳基有：

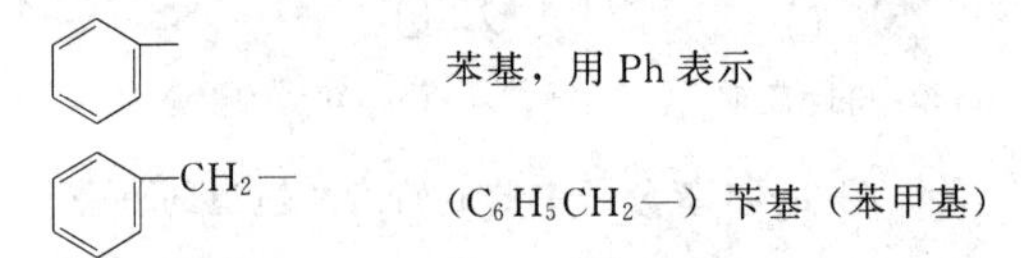

苯基，用 Ph 表示

（$C_6H_5CH_2-$）苄基（苯甲基）

● 课堂互动 ●

以下物质可能属于芳香烃的是（　　）

A. $C_{17}H_{32}$　　B. C_8H_{12}　　C. C_8H_{10}　　D. $C_{20}H_{36}$

三、单环芳烃的物理性质

苯及其同系物多为液体，不溶于水，易溶于乙醚、四氯化碳和石油醚等有机溶剂。它们几乎都比水轻；沸点随分子量的升高而升高，易燃烧，火焰带有黑烟。一般都有毒性，长期吸入它们的蒸气，会损害造血器官及神经系统。

四、单环芳烃的化学性质

芳烃的化学性质主要是芳香性，即易进行取代反应，而难进行加成和氧化反应。

（一）取代反应

1. 卤代反应

在三卤化铁或铁粉作催化剂时，苯与氯、溴的单质可发生取代反应，生成卤代苯。例如：

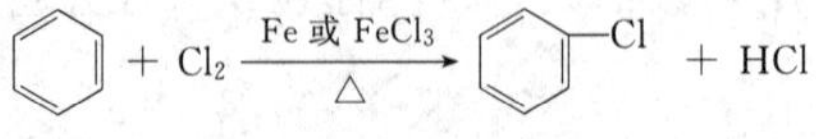

$$C_6H_6 + Cl_2 \xrightarrow[\triangle]{Fe 或 FeCl_3} C_6H_5Cl + HCl$$

氯苯

$$C_6H_6 + Br_2 \xrightarrow[\triangle]{Fe 或 FeBr_3} C_6H_5Br + HBr$$

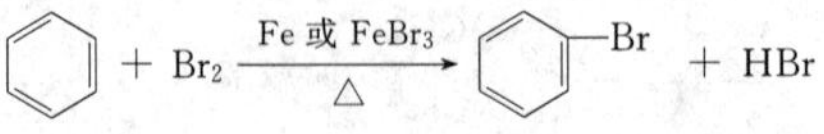

溴苯

烷基苯的卤代反应比苯容易进行，主要生成邻、对位产物。但在光照或高温条件下，则卤代反应发生在侧链烷基 α-氢原子上。例如：

$$2\ C_6H_5CH_3 + 2Cl_2 \xrightarrow{FeCl_3} o\text{-}ClC_6H_4CH_3 + p\text{-}ClC_6H_4CH_3 + 2HCl$$

邻氯甲苯　　对氯甲苯

$$C_6H_5CH_3 + Cl_2 \xrightarrow{光照或加热} C_6H_5CH_2Cl + HCl$$

苯氯甲烷（氯化苄）

2. 硝化反应

苯与浓硝酸和浓硫酸的混合物（混酸）在 60℃时生成一取代产物硝基苯。例如：

$$C_6H_6 + 浓\ HNO_3 \xrightarrow[55\sim60℃]{浓\ H_2SO_4} C_6H_5NO_2 + H_2O$$

硝基苯　98%

（浅黄色液体，有毒，能与血液中的血红素作用）

硝基苯继续硝化比苯困难，生成间二硝基苯和极少量三硝基苯。例如：

$$C_6H_5NO_2 \xrightarrow[浓\ H_2SO_4，95℃]{发烟\ HNO_3} m\text{-}C_6H_4(NO_2)_2 \xrightarrow[发烟\ H_2SO_4]{发烟\ HNO_3，110℃} 1,3,5\text{-}C_6H_3(NO_2)_3$$

间二硝基苯（88%）　　三硝基苯（极少量）

烷基苯比苯易硝化，反应过程及主要产物如下式：

$$C_6H_5CH_3 \xrightarrow[30℃]{混酸} o\text{-}NO_2C_6H_4CH_3 \ (或\ p\text{-}NO_2C_6H_4CH_3) \xrightarrow[60℃]{混酸} 2,4\text{-}(NO_2)_2C_6H_3CH_3 \xrightarrow[110℃]{混酸} 2,4,6\text{-}(NO_2)_3C_6H_2CH_3$$

2,4,6- 三硝基甲苯
(TNT)

2,4,6-三硝基甲苯简称三硝基甲苯，又叫 TNT。是一种淡黄色的针状晶体，不溶于水。它是一种烈性炸药，广泛用于国防、开矿、筑路、兴修水利等。

3. 磺化反应

苯与浓硫酸或发烟硫酸（含三氧化硫的浓硫酸）作用，生成苯磺酸。反应可逆，生成的水使 H_2SO_4 变稀，磺化速率变慢，水解速率加快，故常用发烟硫酸进行磺化，以减少可逆反应的发生。

$$C_6H_6 + 浓\ H_2SO_4 \overset{80℃}{\rightleftharpoons} C_6H_5SO_3H + H_2O$$

$$C_6H_6 \xrightarrow[30\sim50℃]{H_2SO_4，SO_3} C_6H_5SO_3H$$

烷基苯比苯易磺化，主要生成邻、对位产物。

$$C_6H_5CH_3 + H_2SO_4 \longrightarrow o\text{-}CH_3C_6H_4SO_3H + p\text{-}CH_3C_6H_4SO_3H$$

邻甲基苯磺酸　对甲基苯磺酸

磺化反应是可逆的，苯磺酸与稀硫酸共热时可水解脱下磺酸基。

$$C_6H_5SO_3H + H_2O \xrightarrow{180℃} C_6H_6 + H_2SO_4$$

此反应常用于有机合成上控制环上某一位置不被其他基团取代，或用于化合物的分离和提纯。

（二）加成反应

苯环易发生取代反应而难发生加成反应，但并不是绝对的，在特定条件下，也能发生某些加成反应。

1. 加氢

$$C_6H_6 + 2H_2 \xrightarrow[180\sim250℃]{Ni或Pt} C_6H_{12}$$

2. 加氯

$$C_6H_6 + 3Cl_2 \xrightarrow{紫外线} C_6H_6Cl_6$$

六六六

（对人畜有害，世界禁用，我国从1983年禁用）

（三）氧化反应

苯环一般不易氧化，但在某些条件下，苯环也可被氧化。

$$2C_6H_6 + 15O_2 \xrightarrow{点燃} 12CO_2 + 6H_2O$$

如果与苯环直接相连的碳原子上连有氢原子（α-H）时，则侧链易被氧化成羧酸，该苯的同系物就能使酸性高锰酸钾褪色。

$$\left.\begin{array}{l} C_6H_5CH_2CH_3 \\ C_6H_5CH(CH_3)_2 \\ C_6H_5CH_2CH_2CH_2CH_3 \end{array}\right\} \xrightarrow{KMnO_4/H^+} C_6H_5COOH$$

（不论烃基的长短，氧化产物都为羧酸）

若两个烃基处在邻位，氧化的最后产物是酸酐。例如：

$$o\text{-}C_6H_4(CH_2CH_3)(CH(CH_3)_2) \xrightarrow[350\sim450℃]{O_2, V_2O_5} \text{邻苯二甲酸酐}$$

邻苯二甲酸酐

当与苯环相连的侧链碳（α-C）上无氢原子（α-H）时，该侧链不能被氧化。例如：

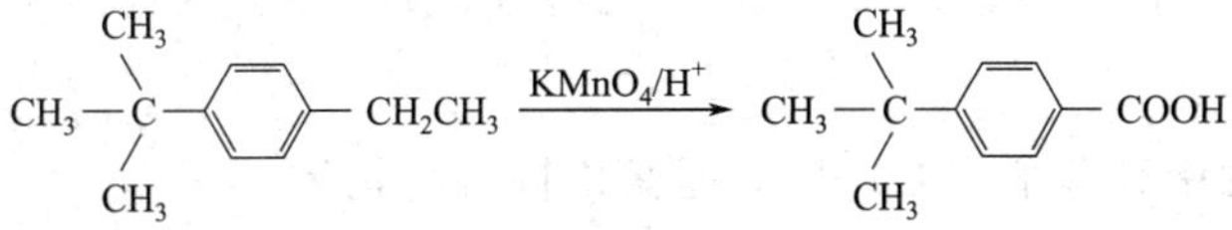

利用这个性质可以检验含 α-H 的烷基苯。

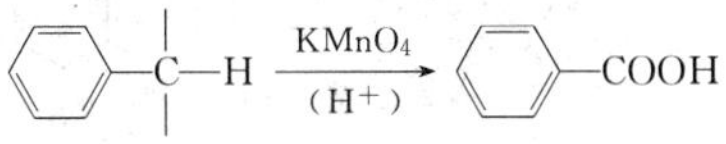

五、稠环芳烃

有些芳烃分子中含有多个苯环，这样的芳烃称为多环芳烃。多环芳烃中的苯环有些通过脂肪烃基连接在一起的，称为多苯代脂肪烃；有些是苯环之间通过碳碳单键直接连接的，称为联苯或联多苯；还有一些则是共用苯环的若干条边而形成的，称为稠环芳烃。稠环芳烃存在于煤焦油的高沸点分馏产物中，许多稠环芳烃有致癌作用。重要的稠环芳烃有萘、蒽、菲，它们是合成染料、药物的重要原料。

1. 萘

存在于煤焦油中，白色闪光状晶体，熔点 80.6℃，沸点 218℃，有特殊气味，能挥发并易升华，不溶于水。萘是重要的化工原料。也常用作防蛀剂（如卫生球）。

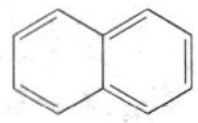

萘分子中 10 个碳原子不是等同的，为了区别，对其编号如下：

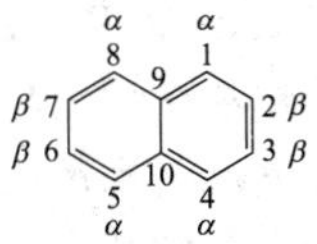

1、4、5、8 位又称为α位；
2、3、6、7 位又称为β位。

萘的一元取代物只有两种，命名时可用阿拉伯数字或 α、β 来标明取代基的位置。例如：

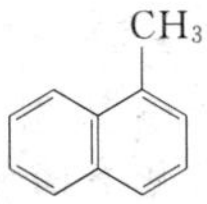

1-甲基萘或 α-甲基萘 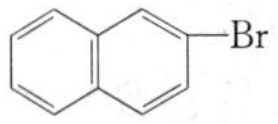　　　2-溴萘或 β-溴萘

萘与苯相似，容易发生取代反应，反应主要发生在 α 位。例如，在三氯化铁催化作用下，将氯气通入萘的苯溶液中，主要生成 α-氯萘。

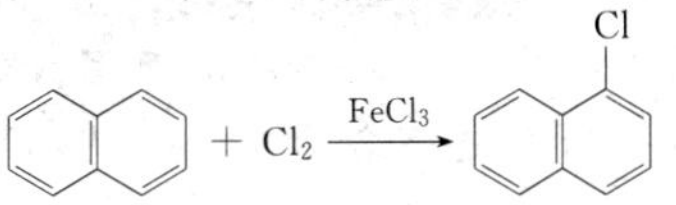

α-氯萘（95%）

2. 蒽

主要存于煤焦油中，分子式 $C_{14}H_{10}$，是菲的同分异构体。

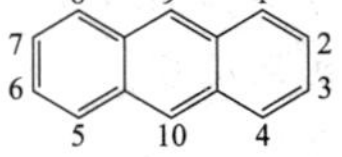

线形结构

9、10位置称γ位；1、4、5、8位置称α位；2、3、6、7位置称β位。

3. 菲

主要存于煤焦油中，分子式$C_{14}H_{10}$，是蒽的同分异构体。

角形结构

1和8位置相同；2和7位置相同；3和6位置相同；4和5位置相同；9和10位置相同。

拓展视野

苯的来源与危害

据有关统计资料显示，我国每年因建筑涂料引起的急性中毒（主要是苯中毒）约400起，1.5万余人中毒。半数装修房存在苯污染。苯是什么物质？苯是一种无色具有芳香气味的液体，所以专家们把它称为“芳香杀手”。

苯的来源？

苯主要来自室内装修用的涂料、木器漆、胶黏剂及各种有机溶剂里。主要成分是苯系物。它包括毒性相当大的纯苯和甲苯，还包括毒性稍弱的二甲苯。加入了苯系物溶剂的油漆会散发出一种芳香的气味，它的可怕之处在于让你失去警觉的同时悄悄地中毒。

苯的危害

国际卫生组织已经把苯定为强烈致癌物质，苯可以引起白血病和再生障碍性贫血也被医学界公认。人在短时间内吸入高浓度的甲苯或二甲苯，会出现中枢神经麻醉的症状，轻者头晕、恶心、胸闷、乏力，严重的会出现昏迷甚至因呼吸循环衰竭而死亡；慢性苯中毒会对皮肤、眼睛和上呼吸道有刺激作用，长期吸入苯能导致再生障碍性贫血，若造血功能完全破坏，可发生致命的颗粒性白细胞消失症，并引起白血病。苯对女性的危害比对男性更大些，育龄妇女长期吸入苯会导致月经失调，孕期的妇女接触苯时，妊娠并发症的发病率会显著增高，甚至会导致胎儿先天缺陷。

由于苯属芳香烃类，使人一时不易警觉其毒性，如果在散发着苯的气味的密封房间里，人可在短时间内出现头晕、胸闷、恶心、呕吐等症状，若不及时脱离现场，便会导致死亡。苯及苯化合物主要来自于合成纤维、塑料、燃料、橡胶等，隐藏在油漆、各种涂料的添加剂以及各种胶黏剂、防水材料中，还可来自燃料和烟叶的燃烧。

本章小结

一、脂环烃可以看作开链烃首尾碳原子连接成环而形成的，其性质与开链烃相似。单环脂环烃的名称是在相同数目碳原子的开链烃名称前加一“环”字。环烷烃编号时要注意使取代基的位次之和最小。

二、单环芳烃的命名一般以苯环为母体，烷基作为取代基，称为“某苯”；二元取代物用数字标出各取代基的位置或用“邻”、“间”、“对”等词头表示；三元取代物用数字标出各取代基的位置或用“连”、“偏”、“均”等词头表示。

三、苯环中大π键的存在使苯的化学性质稳定，很难发生加成反应。在一定条件下，苯环易发生取代反应，苯环的侧链易发生氧化反应。

四、各类烃与溴及高锰酸钾的反应比较

烃	液溴	溴水	溴的四氯化碳溶液	酸性高锰酸钾溶液
烷烃	溴蒸气光照下取代	不反应，但液态烷烃可以萃取	不反应，互溶不褪色	不反应
烯烃	常温加成褪色	常温加成褪色	常温加成褪色	氧化褪色
炔烃	常温加成褪色	常温加成褪色	常温加成褪色	氧化褪色
环烷烃	5环、6环高温或光照下取代	3环、4环可加成褪色	3环、4环可加成褪色	均不反应
苯	一般不反应，催化条件可取代	不反应，发生萃取而使溴水褪色	不反应，互溶不褪色	不反应
苯的同系物	一般不反应，光照发生侧链上的取代，催化发生苯环上的取代	不反应，发生萃取而使溴水层褪色	不反应，互溶不褪色	氧化褪色

习题

1. 填空题

（1）苯是______液体，有______，不溶于______，能溶解许多物质，是良好的______。

（2）苯分子中所有的C、H原子都处于________上（具有________形结构），苯分子中不存在一般的C═C键。苯环中所有的碳原子间的键完全相同，是一种介于C—C和C═C之间的独特的键，键间的夹角为________。苯和甲烷、乙烯、乙炔都属于________性分子。

（3）脂环烃可按照分子中碳环的数目分为________和________。按组成环的碳原子数又可分为________、________、________、________等。单环脂环烃又可按成环的碳碳键是否饱和，分为________和________两类。

2. 选择题

（1）苯环结构中不存在C—C与C═C的简单交替结构，可以作为证据的事实是（　　）。

①苯不能使酸性$KMnO_4$溶液褪色　②苯不能使溴水因化学反应而褪色　③经实验测定只有一种结构的邻二甲苯　④苯能在加热和催化剂条件下氢化成环己烷　⑤苯中相邻C、C原子间的距离都相等

A. 只有①②　　B. 只有④⑤　　C. 只有①②⑤　　D. 只有①②③⑤

（2）下列说法正确的是（　　）。

A. 芳香烃都符合通式C_nH_{2n-6}（$n\geqslant 6$）　B. 芳香烃属于芳香族化合物

C. 芳香烃都有香味，因此得名　　D. 分子中含苯环的化合物都是芳香烃

（3）某烃的分子式为C_8H_{10}，它不能使溴水褪色，但能使酸性高锰酸钾溶液褪色。该有机化合物苯环上的一氯取代物只有一种，则该烃是（　　）。

A. $-CH_3$, CH_3　　B. CH_3- $-CH_3$　　C. $-C_2H_5$　　D. $-CH═CH_2$

（4）下列物质中由于发生化学反应，既能使酸性$KMnO_4$溶液褪色，又能使溴水褪色的是（　　）。

A. 戊炔　　B. 苯　　C. 甲苯　　D. 己烷

（5）下列各类烃中，碳氢两元素的质量比为定值的是（　　）。

A. 烷烃　　B. 环烷烃　　C. 二烯烃　　D. 苯的同系物

（6）在烧焦的鱼、肉中，含有强烈的致癌物质3,4-苯并芘，其结构简式为　　，它是一种稠环香烃，其分子式为（　　）。

A. $C_{20}H_{12}$　　B. $C_{20}H_{34}$　　C. $C_{22}H_{12}$　　D. $C_{20}H_{36}$

3. 用化学方法区别下列各组化合物

(1) 丙烷、丙烯、环丙烷

(2) 环丙烷、环戊烷、戊烯

(3) 环己烷、环己烯

(4) 苯、甲苯

4. 命名下列化合物

(1)　　(2) —CH_3　　(3) CH_3　　(4) CH_3 —CH_3

5. 甲苯可看作是苯分子中的一个氢原子被甲基（—CH_3）取代后的产物，但由于甲基的存在，使其某些性质与苯不同，如甲苯能被酸性 $KMnO_4$ 溶液氧化成苯甲酸（—COOH），与硝酸发生取代反应可生成 TNT（2,4,6-三硝基甲苯），TNT 是一种烈性炸药。请回答：

(1) 甲苯及 TNT 的结构简式分别为________________、________________。

(2) 甲苯与苯的物理性质相似，如何鉴别苯和甲苯？

6. 分子式为 C_8H_{10} 的芳香烃，苯环上的一氯取代物只有 1 种，该芳香烃的结构简式为________，名称是__________________。

若芳香烃 C_9H_{12} 的苯环上的一氯取代物只有：①1 种结构时，则其结构简式为____________；②2 种结构时，则其结构简式可能为____________；③3 种结构时，其结构简式可能为____________。

7. 下列有机物中：(1) 属于开链脂肪烃的是__________，(2) 属于芳香烃的是________，(3) 属于苯的同系物的是________，(4) 属于脂环烃的是________。

① —OH　　② —CH═CH$_2$　　③ —CH_3　　④

⑤ CH_3 —C—CH_3 CH_3　　⑥ CH_3 CH_3—C—CH_3 CH_3

第四章

卤代烃

学习目标

1. 了解卤代烃的分类。
2. 掌握卤代烃命名，熟悉卤代烷的化学性质，理解水解反应和消去反应。
3. 了解一些重要的卤代烃的用途，了解合理使用化学物质的重要意义。

烃分子中的氢原子被卤素原子取代后生成的化合物称为卤代烃。可用通式 R—X（X 为卤原子）表示，其中卤原子就是卤代烃的官能团。

卤代烃的性质比烃活泼得多，能发生多种化学反应转化成各种其他类型的化合物。引入卤原子，是改造分子性能的第一步，所以卤代烃是有机合成的重要中间体，在有机合成中起着桥梁的作用。广泛应用于农业、化工、药物生产及日常生活中。但其在自然界中存在极少，绝大多数是人工合成的。

一、卤代烃的分类

① 按分子中所含卤原子的数目，分为一卤代烃（如 CH_3Cl）和多卤代烃（如 $CHCl_3$）。

② 按分子中卤原子所连烃基类型，分为：

卤代烷烃　$R—CH_2—X$

卤代烯烃　$R—CH═CH—X$　　$R—CH═CH—CH_2—X$

卤代芳烃　$C_6H_5—X$　　$C_6H_5—CH_2X$

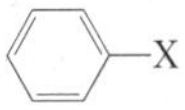

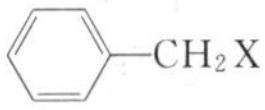

③ 按卤素所连碳原子的类型，分为：

$R—CH_2—X$	$R_2CH—X$	$R_3C—X$
伯卤代烃	仲卤代烃	叔卤代烃
一级卤代烃（1°）	二级卤代烃（2°）	三级卤代烃（3°）

二、卤代烃的命名

简单的卤代烃用普通命名法或俗名（称为卤某烃或某基卤）。

CH_3CH_2Br	$CHCl_3$	$CH_2═CH—CH_2Br$	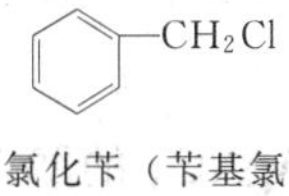 $C_6H_5—CH_2Cl$
溴乙烷	三氯甲烷（氯仿）	烯丙基溴	氯化苄（苄基氯）

复杂的卤代烃用系统命名法命名，选择连有卤原子的碳原子在内的最长碳链作为主链，把卤原子和支链均作为取代基。编号一般从离取代基近的一端开始，如果卤素和烃基有相同的编号时，应使烃基的编号最小。取代基的列出按“次序规则”小的基团先列出。其他遵循烷烃的命名原则。例如：

$$\overset{3}{C}H_3—\overset{2}{C}H(CH_3)—\overset{1}{C}H_2—Cl$$

2-甲基-1-氯丙烷

$$\overset{7}{C}H_3\overset{6}{C}H_2—\overset{5}{C}H(Br)—\overset{4}{C}H_2—\overset{3}{C}H(CH_3)—\overset{2}{C}H_2\overset{1}{C}H_3$$

3-甲基-5-溴庚烷

$$\overset{1}{CH_3}-\overset{2}{CH}(Cl)-\overset{3}{CH_2}-\overset{4}{CH}(CH_3)-\overset{5}{CH_2}\overset{6}{CH_3}$$

4-甲基-2-氯己烷

$$\overset{1}{CH_3}\overset{2}{CH_2}-\overset{3}{CH}(Cl)-\overset{4}{CH}(Br)-\overset{5}{CH_2}\overset{6}{CH_3}$$

3-氯-4-溴己烷

卤代烯烃命名时，以烯烃为母体，支链和卤原子均作为取代基，使双键位次最小为原则进行编号来命名。例如：

$$\overset{1}{CH_2}=\overset{2}{CH}-\overset{3}{CH}(CH_3)-\overset{4}{CH}(Cl)-\overset{5}{CH_3}$$

3-甲基-4-氯-1-戊烯

4-甲基-5-氯环己烯

卤代芳烃命名时，以芳烃为母体，卤原子为取代基，然后按照芳烃的命名原则命名。侧链卤代芳烃命名时，卤原子和芳环都作为取代基，以侧链链烃为母体来命名。例如：

C_6H_5-Cl　　C_6H_5-I　　$C_6H_5-\overset{2}{CH}(\overset{3}{CH_3})\overset{1}{CH_2}Cl$

氯苯　　碘苯　　2-苯基-1-氯丙烷

三、卤代烃的物理性质

卤代烃（氟代烃除外）中，只有氯甲烷、氯乙烷、溴甲烷、氯乙烯和溴乙烯是气体，其余均为无色液体，不溶于水，可溶于有机溶剂。卤代烷的蒸气有毒，应避免吸入。沸点较相应的烷烃高，随碳原子数的增加呈升高的趋势；氯代烷的密度大于相同碳的烷烃，随碳原子数的增加呈减小的趋势。

四、卤代烃的化学性质

在卤代烃分子中，卤素原子是官能团。由于卤素原子吸引电子的能力较强，使共用电子对偏移，C—X 键具有较强的极性，因此卤代烃的化学性质活泼，且主要发生在 C—X 键上。

（一）取代反应

1. 水解反应

卤代烷与 NaOH 水溶液共热，则卤原子被羟基（—OH）取代生成醇，称为卤代烷的水解反应。例如：

$$CH_3CH_2Br + NaOH \xrightarrow[\triangle]{H_2O} CH_3CH_2OH + NaBr$$

卤代烷水解反应条件：与过量的强碱（如 NaOH）水溶液加热，目的是为了加快反应的进行。

2. 与 $AgNO_3$ 的醇溶液反应

卤代烷与 $AgNO_3$ 的醇溶液反应，生成卤化银沉淀，同时生成硝酸酯。例如：

$$CH_3CH_2Cl + AgNO_3 \xrightarrow[\triangle]{C_2H_5OH} \underset{\text{硝酸乙酯}}{CH_3CH_2ONO_2} + AgCl\downarrow$$

此反应可用于鉴别卤代烷。卤原子或烷基不同的卤代烷，其取代反应活性不同。卤代烷的反应活性为：

R—I ＞ R—Br ＞ R—Cl　　（烷基 R 相同时）

R_3C—X ＞ R_2CH—X ＞ RCH_2—X　　（卤原子 X 相同时）

（二）消除反应

如果将溴乙烷与强碱（NaOH 或 KOH）的乙醇溶液共热，溴乙烷不再像在 NaOH 的水溶液中那样发生取代反应，而是从溴乙烷分子中脱去 HBr，生成乙烯：

$$\underset{H\quad\ \ Br}{CH_2-CH_2} + NaOH \xrightarrow[\triangle]{乙醇} CH_2=CH_2\uparrow + NaBr + H_2O$$

或 $$CH_3-CH_2Br \xrightarrow[\triangle]{NaOH，乙醇} CH_2=CH_2\uparrow + HBr$$

有机物在一定条件下，从一个分子中脱去一个小分子（如 H_2O、HBr 等）生成不饱和化合物的反应，叫做消除反应。卤代烷的消除反应中，卤代烷除失去卤原子 X 外，还从连接卤素原子的碳原子邻近的碳原子（称为 β-碳原子）上脱去一个 H 原子生成 1 分子 HX 和烯烃。

与伯卤代烷不同，仲和叔卤代烷可能有两种或三种不同的氢原子供消除，主要消除哪一种氢原子？实验证明，卤代烷脱卤化氢时，消除的氢原子主要来自含氢原子较少的 β-碳原子上，即主要产物是生成双键碳上连接烃基最多的烯烃。这一规律称为扎依采夫规则，也可概括为“氢少失氢”。例如：

$$CH_3-\underset{H}{\underset{|}{CH}}-\underset{Br}{\underset{|}{CH}}-\underset{H}{\underset{|}{CH_2}} \xrightarrow[\triangle]{NaOH，C_2H_5OH} \underset{81\%（主要产物）}{CH_3CH=CHCH_3} + \underset{19\%}{CH_3CH_2CH=CH_2}$$

$$CH_3-\underset{H}{\underset{|}{CH}}-\overset{CH_3}{\overset{|}{\underset{Br}{\underset{|}{C}}}}-\underset{H}{\underset{|}{CH_2}} \xrightarrow[\triangle]{NaOH，C_2H_5OH} \underset{80\%（主要产物）}{CH_3CH=\overset{CH_3}{\overset{|}{C}}-CH_3} + \underset{20\%}{CH_3CH_2-\overset{CH_3}{\overset{|}{C}}=CH_2}$$

● 课堂互动 ●

比较不对称烯烃加成的马氏规则和扎依采夫规则，二者有何异同？

五、重要的卤代烃

1. 氯乙烷

氯乙烷（CH_3CH_2Cl）是带有甜味的气体，沸点是 12.2℃，低温时可液化为液体。工业上用作冷却剂，在有机合成上用以进行乙基化反应。施行小型外科手术时，用作局部麻醉剂，将氯乙烷喷洒在要施行手术的部位，因氯乙烷沸点低，很快蒸发，吸收热量，温度急剧下降，局部暂时失去知觉。

2. 三氯甲烷

三氯甲烷（$CHCl_3$）俗名氯仿，为无色具有甜味的液体，沸点 61℃，不能燃烧，也不溶于水。工业上用作溶剂，在医药上也曾用作全身麻醉剂，因毒性较大，现已很少使用。

3. 二氟二氯甲烷

二氟二氯甲烷（CF_2Cl_2）俗名氟里昂，为无色气体，加压可液化，沸点−29.8℃，不能燃烧，无腐蚀和刺激作用，高浓度时有乙醚气味，但遇火焰或高温金属表面时，放出有毒物质。氟里昂可用作冷冻剂。

4. 四氟乙烯

四氟乙烯（$CF_2=CF_2$）为无色气体，沸点−76℃，四氟乙烯聚合得到聚四氟乙烯：

$$nCF_2=CF_2 \longrightarrow [CF_2-CF_2]_n$$

聚四氟乙烯有耐热性，化学性能非常稳定，有"塑料王"之称。

本章小结

一、烃分子中的氢原子被卤素原子取代后生成的化合物，称为卤代烃，简称卤烃。

卤代烃的通式（Ar）R—X，官能团卤原子（X）。最常见的卤代烃是氯代烃、溴代烃和碘代烃。

卤代烃可按照烃基类型、碳原子类型分类，也可按照取代卤原子数目、种类分类。结构简单的卤代烃可以按卤原子相连的烃基的名称来命名，称为卤代某烃或某基卤。较复杂的卤代烃按系统命名法命名。卤代烷异构除了碳链异构外，还有卤原子在碳链上的位置不同引起的位置异构。

二、室温下，氯甲烷、溴甲烷和氯乙烷为气体，低级的卤代烷为液体，15个碳以上的高级卤代烃为固体。许多卤代烃具有强烈的气味。卤代烃均不溶于水，溶于大多数有机溶剂。卤代烃的沸点和相对密度都大于相应的烃。卤代烃的化学性质比较活泼，能和许多物质发生反应，如发生取代反应、消除反应等。

卤代烃水解反应和消除反应的对比如下：

项　目	水解反应	消除反应
卤代烃结构特点	一般是一个碳原子上只有一个X	与X相连的碳原子的邻位碳原子上必须有氢原子
反应实质	一个—X被—OH取代	从碳链上脱去HX分子
反应条件	强碱的水溶液，常温或加热	强碱的醇溶液，加热
反应特点	有机物的碳架结构不变，—X变为—OH，无其他副反应	有机物碳架结构不变，产物中有碳碳双键或碳碳叁键生成，可能有其他副反应发生

习题

1. 命名下列各化合物

（1）CH_3CH_2Cl　（2）CH_3I　（3）$CH_3CH_2-C(CH_3)(Cl)-CH_3$　（4）溴苯结构式（苯环上连Br）

2. 填空题

（1）溴乙烷与NaOH水溶液反应，主要产物是__________，化学反应方程式是________________；该反应属于__________反应（反应类型）。

（2）溴乙烷与NaOH乙醇溶液共热，主要产物是__________，化学反应方程式是________________；该反应属于__________反应（反应类型）。消去反应（概念）________________。

3. 选择题

（1）溴乙烷与氢氧化钠溶液共热，既可生成乙烯又可生成乙醇，其区别是（　　）。

A. 生成乙烯的是氢氧化钠的水溶液　　B. 生成乙醇的是氢氧化钠的水溶液

C. 生成乙烯的是氢氧化钠的醇溶液　　D. 生成乙醇的是氢氧化钠的醇溶液

(2) 下列反应中，属于消除反应的是（　　）。

A. 乙烷与溴水的反应　　B. 一氯甲烷与 KOH 的乙醇溶液混合加热

C. 氯苯与 NaOH 水溶液混合加热　　D. 溴丙烷与 KOH 的乙醇溶液混合加热

(3) 下列卤代烃中，能发生消除反应且能生成两种单烯烃的是（　　）。

A. $CH_3CH(Cl)CH_3$　　B. CH_3CH_2Cl　　C. $CH_3CH(Cl)CH_2CH_3$　　D. $CH_3CH_2CH_2Cl$

4. 某一卤代烷 1.85g，与足量的氢氧化钠水溶液混合后加热，充分反应后，用足量的硝酸酸化，向酸化的溶液中加入 20mL 1mol/L $AgNO_3$ 溶液时，不再产生沉淀。

(1) 通过计算确定该一卤代烷的分子式；

(2) 写出这种一卤代烷的各种同分异构体的结构简式。

第五章

醇酚醚

学习目标

1. 掌握醇、酚、醚的结构、分类和命名法。
2. 熟悉醇、酚、醚的重要化学性质。
3. 了解重要的醇、酚、醚。

醇、酚、醚都是烃的含氧衍生物，从结构上可看作是水分子中的氢原子被烃基取代而成的化合物。

醇和酚都含有相同的官能团——羟基（—OH）。羟基和脂肪烃、脂环烃或芳香烃侧链的碳原子相连的化合物称为醇；羟基直接连在芳环上的化合物称为酚。醚可以看作是醇或酚分子中羟基上的氢原子被烃基取代的化合物。

醇、酚、醚的通式如下：

	R—OH	Ar—OH	（Ar）R—O—R′（Ar′）
化合物类别	醇	酚	醚
官能团结构式	—OH	—OH	—C—O—C—
官能团名称	醇羟基	酚羟基	醚键

第一节 醇

一、醇的定义、分类、异构、命名

（一）醇的定义

羟基和脂肪烃、脂环烃或芳香烃侧链的碳原子相连的化合物称为醇。饱和脂肪一元醇的通式是 $C_nH_{2n+1}OH$，或简写为 R—OH。结构最简单的醇是甲醇（CH_3OH），它是羟基与甲基直接相连；其次是乙醇，它是羟基与乙基直接相连。图 5-1 是乙醇的结构模型。

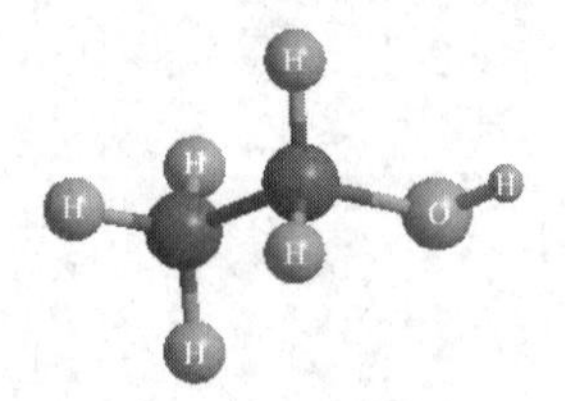

图 5-1　乙醇的结构

（二）醇的分类

根据羟基所连烃基的不同，醇可分为脂肪醇（饱和醇和不饱和醇）、脂环醇及芳香醇等。例如：

$CH_3CH_2—OH$	$CH_2=CH—CH_2—OH$	（环戊基）—OH	（苯基）—CH_2OH
饱和醇 （乙醇）	不饱和醇 （2-丙烯-1-醇）	脂环醇 （环戊醇）	芳香醇 （苯甲醇）

根据所含羟基数目，醇又可分为一元醇、二元醇及三元醇等（二元醇以上的醇称为多元醇）。例如：

$CH_3—CH_2—OH$　　$CH_2(OH)—CH_2(OH)$　　$CH_2(OH)—CH(OH)—CH_2(OH)$

一元醇（乙醇）　　二元醇（乙二醇）　　三元醇（丙三醇）

根据羟基所连碳原子的类型不同，醇可分为伯醇（1°醇）、仲醇（2°醇）或叔醇（3°醇）。例如：

$CH_3—CH_2—OH$　　$CH_3—CH(CH_3)—OH$　　$(CH_3)_3C—OH$

伯醇（乙醇）　　仲醇（2-丙醇）　　叔醇（2-甲基-2-丙醇）

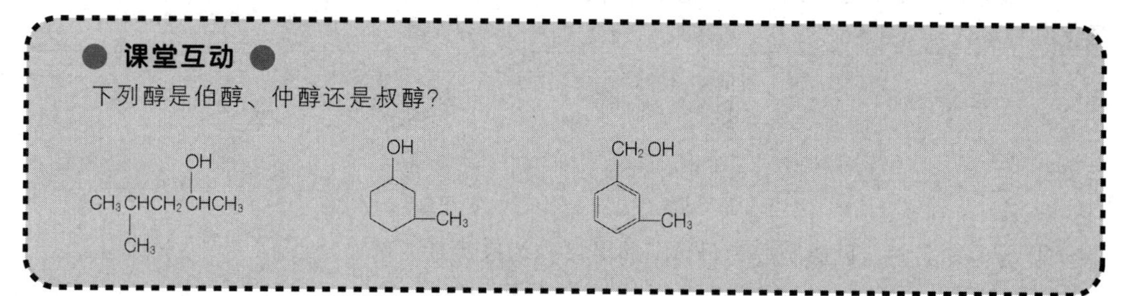

（三）醇的构造异构

由于醇分子的官能团是—OH，因此，醇的构造异构与烯烃、炔烃相似，既有碳链异构又有羟基在碳链上的位置不同而引起的位置异构。

例如：丁醇有四种同分异构体。

$CH_3CH_2CH_2CH_2OH$（1）　　$CH_3CH(CH_3)CH_2OH$（2）　　$CH_3CH(OH)CH_2CH_3$（3）　　$CH_3C(OH)(CH_3)CH_3$（4）

其中（1）与（2）为碳链异构，（1）与（3）为官能团位置异构。

（四）醇的命名

1. 普通命名法

普通命名法主要适用于结构较简单的醇。命名时在所连接的烃基名称后面加上“醇”字，称“某（基）醇”例如：

$CH_3CH_2CH_2OH$　　$CH_3—CH(OH)—CH_3$　　$C_6H_5—CH_2—OH$

正丙醇　　异丙醇　　苯甲醇（苄醇）

2. 系统命名法

对于结构较复杂的醇，则采用系统命名法。其命名原则如下。

① 选择连有羟基的碳原子在内的最长碳链为主链，按主链的碳原子数目称作“某醇”，从靠近羟基的一端依次编号，并在“某醇”的前面标明羟基所在位置。如有支链或取代基，则将支链或取代基的位次、名称写在“某醇”的前面。例如：

$$\overset{4}{C}H_3-\overset{3}{C}H_2-\overset{2}{C}H_2-\overset{1}{C}H_2-OH$$

1-丁醇

$$\overset{4}{C}H_3-\overset{3}{C}H(CH_3)-\overset{2}{C}H(OH)-\overset{1}{C}H_3$$

3-甲基-2-丁醇

② 不饱和醇命名时，应选择包含羟基和不饱和键碳原子在内的最长碳链作为主链，按主链的碳原子数目称作“某烯（或炔）醇”，并从靠近羟基的一端开始编号，在不饱和键和羟基前标明其位置。例如：

$$\overset{4}{C}H_2=\overset{3}{C}H-\overset{2}{C}H_2-\overset{1}{C}H_2-OH$$

3-丁烯-1-醇

$$\overset{3}{C}H\equiv\overset{2}{C}-\overset{1}{C}H_2-OH$$

2-丙炔-1-醇

③ 脂环醇的命名也是以醇为母体，并从羟基所连的环碳原子开始编号，编号时尽量使环上其他取代基处于较小位次。例如：

3- 甲基环戊醇

1- 甲基环己醇

④ 芳醇命名时，以脂肪醇为母体，将芳基作为取代基，例如：

$$C_6H_5-\overset{1}{C}H_2-\overset{2}{C}H(OH)-\overset{3}{C}H_3$$

1-苯基-2-丙醇

⑤ 多元醇命名时，应尽可能选择包括多个羟基所连碳原子在内的最长碳链作为主链，按主链碳原子和羟基的数目称作“某二醇”或“某三醇”，标明支链或取代基的位次、名称及羟基的位次。例如：

$$\overset{1}{C}H_2(OH)-\overset{2}{C}H_2(OH)$$

乙二醇(甘醇)

$$\overset{1}{C}H_2(OH)-\overset{2}{C}H(CH_3)-\overset{3}{C}H_2-\overset{4}{C}H(OH)-\overset{5}{C}H_3$$

2-甲基-1,4-戊二醇

$$\overset{1}{C}H_2(OH)-\overset{2}{C}H(OH)-\overset{3}{C}H_2(OH)$$

丙三醇(甘油)

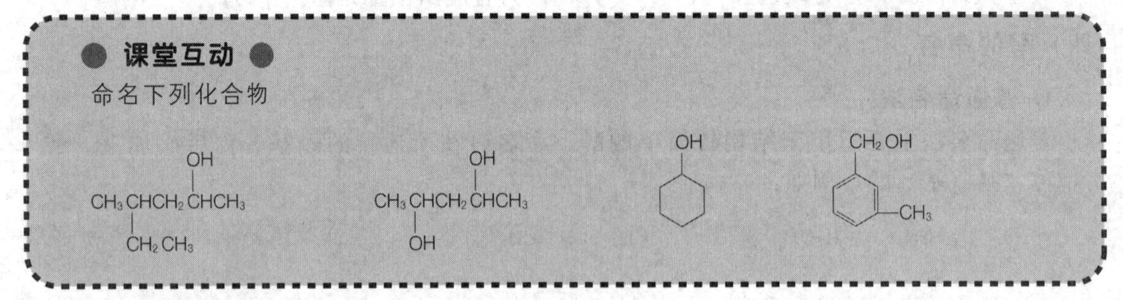

二、醇的物理性质

低级的一元醇为无色液体，具有特殊的气味；高于 11 个碳原子的醇在室温下为固体，多数无臭无味。直链饱和一元醇的沸点随着碳原子数目的增加而上升；碳原子数相同的醇，含支链愈多者沸点愈低。此外，由于醇-醇、醇-水分子间都可以形成氢键，因此，醇的物理性质还有以下两个重要的特征。

① 低分子量的醇的沸点比分子量相近的烷烃高得多。

② 低级醇能与水无限混溶，随分子量增大溶解度降低。

例如：甲醇、乙醇、丙醇能以任何比例与水混溶。自正丁醇开始随着醇分子中烃基（R—）部分增大，羟基在分子中所占比例就减小，醇分子与水分子间形成氢键的能力也就减小，从而水溶性降低。高级醇几乎不溶与水。

知识链接

乙醇，俗称酒精，被吸收到体内后会先转换成乙醛，一般造成喝酒后会脸红的其实就是乙醛，因为乙醛会刺激血管，让血管扩张，血管一扩张就会让皮肤看起来比较红，所以有的人喝了酒之后，不只是会脸红，甚至连耳朵、脖子、身体都会红通通的。由于每个人的基因不同，乙醛代谢的速度也不一样，如果乙醛的代谢速度比较慢，同时喝酒喝得太快，就会出现面红耳赤的情况。

三、醇的化学性质

羟基是醇的官能团，醇分子中的C—O键和O—H键都是较强极性键，容易断键而发生反应。如下所示：

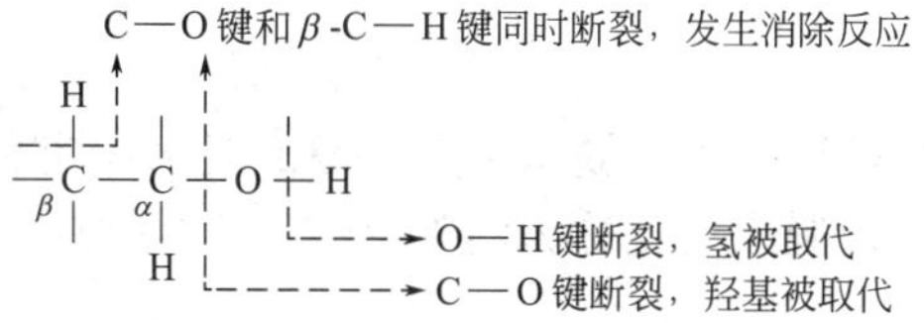

C—O键和β-C—H键同时断裂，发生消除反应

H（β-C上）—C（β）—C（α）—O—H，α-C上连H

O—H键断裂，氢被取代

C—O键断裂，羟基被取代

（一）与活泼金属反应

在醇分子中，O—H键容易断裂而解离出氢原子，因此，醇可以与活泼金属反应，放出氢气。但醇与活泼金属反应要比水与活泼金属反应缓慢得多。因此，可以把醇看作是比水还弱的酸。

$$2HOH + 2Na \longrightarrow 2NaOH + H_2\uparrow \quad 剧烈$$

$$2R{-}OH + 2Na \longrightarrow 2RONa + H_2\uparrow \quad 缓慢$$

● 课堂互动 ●

实验室中有两瓶失去标签的试剂，分别为环己醇和环己烷，如何用化学方法区别它们？

（二）与氢卤酸的反应

醇与氢卤酸反应生成卤代烃和水，实验室常用此反应制备卤代烃。

$$R{-}OH + HX \rightleftharpoons R{-}X + H_2O$$

不同类型的醇与氢卤酸反应的速率不同，因此可以用来区别伯、仲、叔三种醇。浓盐酸和无水氯化锌配制成的溶液称为卢卡斯试剂，常用这种试剂来鉴别伯、仲、叔醇。

$$\underset{叔醇}{(CH_3)_3COH} + HCl \xrightarrow[20℃，1min]{ZnCl_2} (CH_3)_3C{-}Cl + H_2O \quad 立即出现浑浊$$

$$\underset{仲醇}{CH_3\underset{OH}{\underset{|}{C}}HCH_2CH_3} + HCl \xrightarrow[20℃，10min]{ZnCl_2} CH_3\underset{Cl}{\underset{|}{C}}HCH_2CH_3 + H_2O \quad 置片刻才变浑浊或分层$$

$$CH_3CH_2CH_2CH_2OH + HCl \xrightarrow[\text{加热数小时}]{ZnCl_2} CH_3CH_2CH_2CH_2Cl + H_2O$$ 加热数小时后才有反应

伯醇

● 课堂互动 ●

如何鉴别下面的三种物质：

$CH_3CH_2CH_2OH$　　$(CH_3)_2CHOH$　　$(CH_3)_3C—OH$

（三）醇与硝酸反应

醇与硝酸反应生成硝酸酯。硝酸是一元酸，因此只形成一种酯。例如：

$$CH_3CH_2OH + HONO_2 \longrightarrow CH_3CH_2ONO_2 + H_2O$$

硝酸乙酯

$$\begin{array}{l} CH_2OH \\ | \\ CHOH \\ | \\ CH_2OH \end{array} + 3HONO_2 \xrightarrow{H_2SO_4} \begin{array}{l} CH_2ONO_2 \\ | \\ CHONO_2 \\ | \\ CH_2ONO_2 \end{array} + 3H_2O$$

三硝酸甘油酯

多元醇的硝酸酯中，某些可以作药用，例如三硝酸甘油酯有扩张冠状动脉的作用，临床上可以用来治疗心绞痛。此外，它还具有可燃性、爆炸性（多元酸的硝酸酯受热或震动后发生爆炸，是猛烈的炸药）。

（四）脱水反应

醇在浓硫酸存在下，加热可以发生脱水反应。醇的脱水反应有两种方式，一种是分子间脱水生成醚，另一种是分子内脱水（也称为消除反应）生成烯烃。例如：

分子间脱水

$$CH_3CH_2—O\boxed{H + HO}—CH_2CH_3 \xrightarrow[140℃]{\text{浓 }H_2SO_4} CH_3CH_2—O—CH_2CH_3 + H_2O$$

分子内脱水

$$\begin{array}{cc} CH_2 — & CH_2 \\ | & | \\ OH & H \end{array} \xrightarrow[170℃]{\text{浓 }H_2SO_4} CH_2 = CH_2 + H_2O$$

仲醇、叔醇的分子内脱水遵守扎依采夫规则，即从含氢较少的 β-碳原子上脱去氢原子，生成双键碳原子上连有最多烃基的烯烃。如：

$$CH_3CH_2—\overset{\displaystyle CH_3}{\underset{\displaystyle OH}{\overset{|}{\underset{|}{C}}}}—CH_3 \xrightarrow[87℃]{46\%\ H_2SO_4} CH_3CH=C(CH_3)_2 + H_2O$$

三种醇脱水生成烯烃的难易程度是：叔醇最易脱水，仲醇次之，伯醇最难脱水。

● 课堂互动 ●

实验室用乙醇脱水法制备乙烯，加热温度是迅速升高到170℃好，还是缓慢升到170℃好？为什么？

（五）氧化反应

醇分子中由于羟基的影响，α-H 原子较活泼而易被氧化。常用的氧化剂是重铬酸盐或高锰酸钾等。不同结构的醇氧化产物不同。

伯醇首先被氧化成醛，醛继续被氧化生成酸。

$$CH_3CH_2OH \xrightarrow{KMnO_4/H^+} CH_3CHO \xrightarrow{KMnO_4/H^+} CH_3COOH$$

乙醇　　　　乙醛　　　　乙酸

仲醇氧化可以得到含相同数目碳原子的酮，因为酮较稳定，不易继续被氧化。

$$CH_3-\underset{\underset{OH}{|}}{CH}-CH_3 \xrightarrow{KMnO_4/H^+} CH_3-\underset{\underset{O}{\|}}{C}-CH_3$$

异丙醇　　　　丙酮

叔醇 α-碳原子上无氢原子，在以上条件下不被氧化。

● 课堂互动 ●

取 4 支试管，各加入 1mL 0．5%重铬酸钾酸性溶液，然后往 1 号试管中加入 3 滴正丁醇，2 号试管加入 3 滴仲丁醇，3 号试管加入 3 滴叔丁醇，4 号试管加 3 滴蒸馏水。振摇试管，有什么现象?

当用重铬酸钾或高锰酸钾作氧化剂氧化醇时，由于反应前后有明显的颜色变化，且叔醇不反应，所以此法可以用于鉴别伯醇、仲醇与叔醇。

(六) 邻二醇的特性反应

两个羟基连在相邻 2 个碳原子上的多元醇叫做邻二醇。邻二醇除能发生一元醇的反应外，还可以与新配制的氢氧化铜反应生成蓝色的甘油铜配合物，此反应可用来鉴别含有邻二羟基结构的多元醇。例如：

$$\begin{array}{l} CH_2OH \\ | \\ CHOH \\ | \\ CH_2OH \end{array} + Cu(OH)_2 \longrightarrow \begin{array}{l} CH_2-O \\ |\quad\quad \diagdown Cu \\ CH-O \diagup \\ | \\ CH_2OH \end{array}$$

甘油铜（蓝色）

四、重要的醇

1. 甲醇

甲醇俗称木醇或木精，沸点 64.5℃，最早从木材的干馏液中提取到。甲醇是无色挥发性液体，能与水和大多数有机溶剂混溶。甲醇有剧毒，饮用 10mL 可以致眼睛失明，30mL 可以致死。

2. 乙醇

乙醇俗称酒精，是无色透明挥发性液体，沸点 78.5℃，易燃烧，与水、乙醚、氯仿可以任意混合。能与水和大多数有机溶剂混溶。

20%的乙醇有抑菌作用，若同时含有甘油、挥发油等抑菌性物质时，稍低浓度也可以抑菌。液体药剂中单独添加乙醇为抑菌剂的不多见，医药上用 70%～75%的酒精作消毒杀菌剂，用于皮肤和器械的消毒。

3. 乙二醇

乙二醇俗称甘醇，是最简单的重要二元醇。乙二醇是无色黏稠液体，味甜，与水无限混溶。用于制造化妆品、炸药、树脂、增塑剂、合成纤维等，也用作配制汽车发动机防冻剂的溶剂。

4. 丙三醇

丙三醇俗称甘油，为无色透明黏稠液体，沸点290℃，无臭，味甜，有很强的吸湿性，能任意同水及乙醇混合。稀释的甘油刺激性缓和，能润滑皮肤，常用作溶剂、赋形剂和润滑剂，用于制取医药软膏、牙膏、化妆品等。甘油可以用于合成治疗心绞痛的药物硝酸甘油。

5. 苯甲醇

苯甲醇又名苄醇，是最简单的芳香醇，为无色液体，有芳香气味，相对密度1.04～1.05，沸点203～208℃，水溶液中性，与乙醇、氯仿、脂肪油等任意混合。苯甲醇为局部止痛剂，有抑菌作用，用于偏碱性溶液，常用浓度为1%～3%。有的产品在水中澄明度不好，主要是含不溶性氯化苄杂质的缘故。

6. 甘露醇和山梨醇

甘露醇和山梨醇都是具有甜味的粉末状结晶，广泛存在于植物及梨、苹果、葡萄等果实中。医药上用作渗透性利尿药，以降低颅内压，预防和减轻脑水肿。山梨醇因代谢时转化为果糖，不受胰岛素的控制，可以作为糖尿病患者的甜味剂。

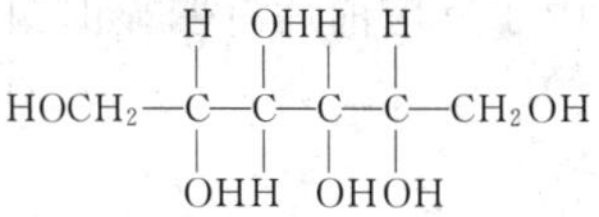

```
      H  OHH  H                       OHOHH  H
      |  |  |  |                       |  |  |  |
HOCH2—C—C—C—C—CH2OH            HOCH2—C—C—C—C—CH2OH
      |  |  |  |                       |  |  |  |
      OHH  OHOH                        H  H  OHOH
```

甘露醇 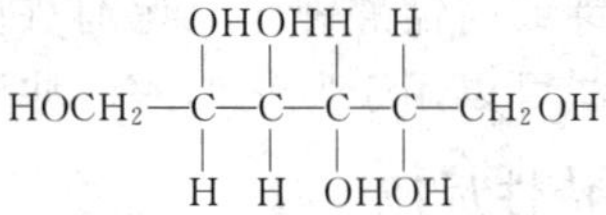　　　　山梨醇

第二节　酚

一、酚的定义、分类、命名

羟基与芳环直接相连的化合物称为酚，可用通式Ar—OH表示。最简单的酚是苯酚。

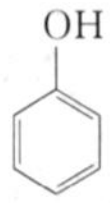

苯酚 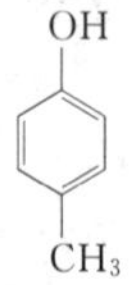　　4-甲基苯酚 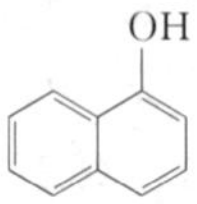　　α-萘酚 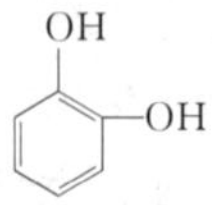　　1,2-苯二酚

酚的分类：根据芳环的不同，可分为苯酚类和萘酚类等。其中萘酚类，因羟基位置不同，有α和β之分。根据芳环上含羟基的数目，可分为一元酚、二元酚和三元酚等。含有两个以上酚羟基的酚统称为多元酚。

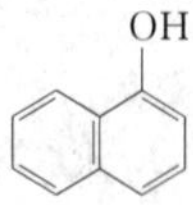

α-萘酚 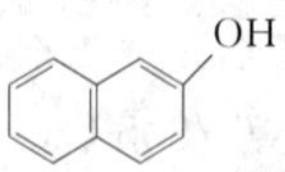　　β-萘酚 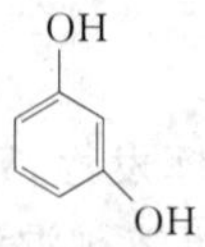　　二元酚 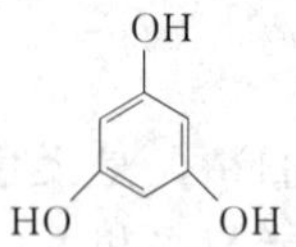　　三元酚

酚的命名：一般是在芳环名称后面加上“酚”字。当芳环上连有取代基时，编号从芳环上连有酚羟基的碳原子开始，可用阿拉伯数字或用邻、间、对表示取代基的位置，以酚作为母体，将取代基的位置、数目、名称标在酚前面。

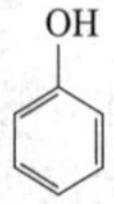

苯酚 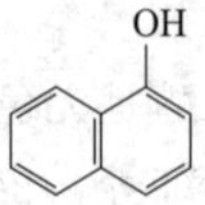　　α-苯酚 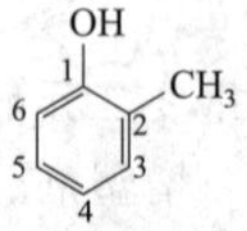　　2-甲基苯酚 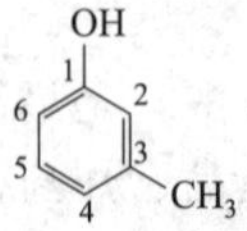　　3-甲基苯酚

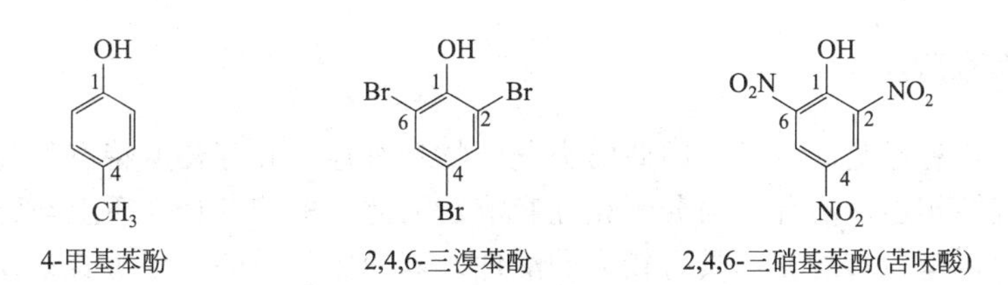

4-甲基苯酚　　2,4,6-三溴苯酚　　2,4,6-三硝基苯酚(苦味酸)

二元酚命名时以“二酚”为母体，两个酚羟基的位置可用阿拉伯数字或用邻、间、对标明。

1,2-苯二酚（邻苯二酚）　　1,3-苯二酚（间苯二酚）　　1,4-苯二酚（对苯二酚）

三元酚命名时以“三酚”为母体，三个酚羟基的位置可用阿拉伯数字或用连、偏、均标明。

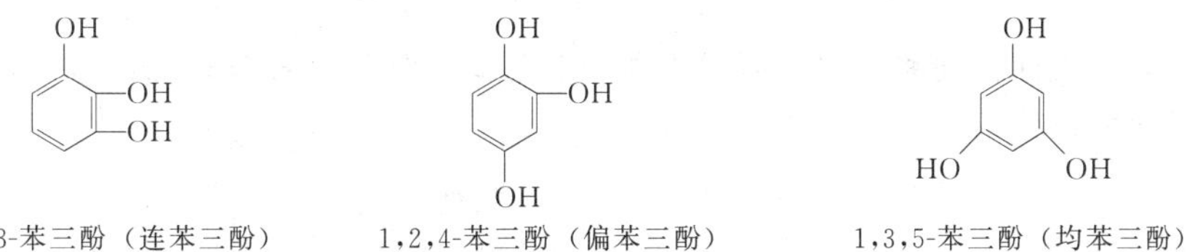

1,2,3-苯三酚（连苯三酚）　　1,2,4-苯三酚（偏苯三酚）　　1,3,5-苯三酚（均苯三酚）

若芳环上同时连有多个官能团时，则以最优先的官能团作为主官能团，由主官能团决定母体的名称，其余的官能团作为取代基来命名，常见的官能团优先次序为：—COOH，$—SO_3H$，—CHO，$—\overset{\displaystyle O}{\overset{\|}{C}}—$，—OH，$—NH_2$，—OR。

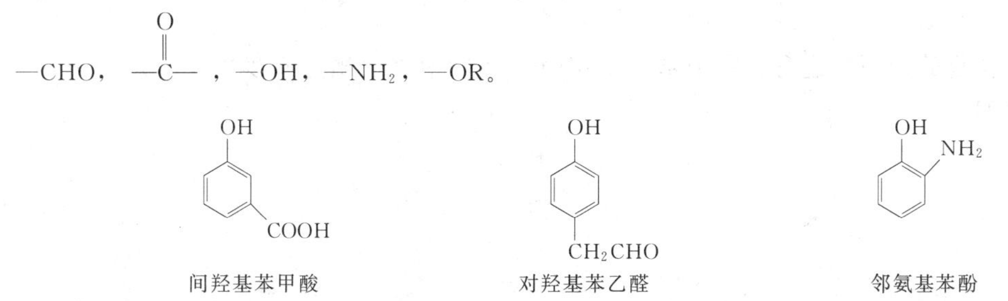

间羟基苯甲酸　　对羟基苯乙醛　　邻氨基苯酚

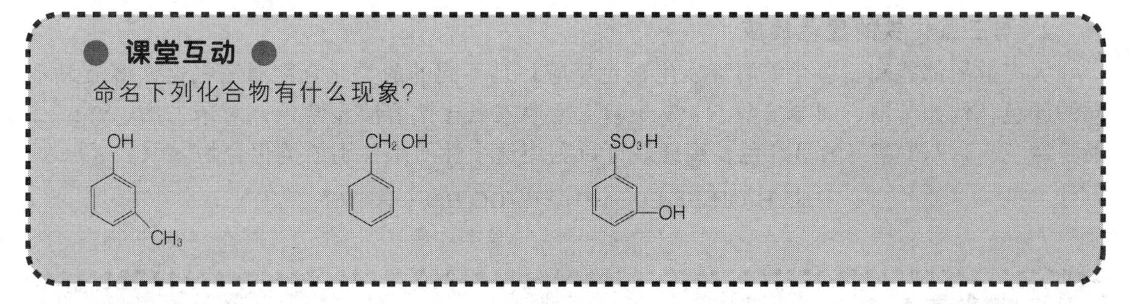

课堂互动
命名下列化合物有什么现象?
OH
CH_3
CH_2OH
SO_3H

二、酚的物理性质

大多数酚为无色结晶固体，少数烷基酚为高沸点液体，有特殊的气味。因酚易在空气中氧化，故一般呈不同程度的黄色或红色。由于酚分子间能形成氢键，因此沸点、熔点比相对分子质量相近的芳烃要高。酚分子与水分子间也能形成氢键，在水中也有一定的溶解度。酚能溶于乙醇、乙醚、苯等有机溶剂。多元酚随羟基数目增多，水溶性相应增大。

三、酚的化学性质

酚类分子中含有羟基和芳环，因此酚类化合物具有羟基和芳环所特有的性质。但是由于酚羟基与芳环直接相连，酚羟基与芳环相互影响，因此，酚羟基在性质上与醇羟基又有着明显的差异。例如，苯酚与醇相比具有较大的酸性，苯酚比相应的芳烃更容易发生苯环上的取代反应等。

（一）羟基的反应

1. 弱酸性

苯酚是一种弱酸。苯酚的水溶液俗名石炭酸。苯酚的酸性比水强但比碳酸弱，苯酚可以与氢氧化钠溶液反应生成盐。

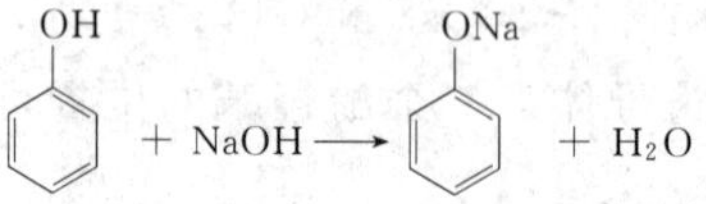

$$C_6H_5OH + NaOH \longrightarrow C_6H_5ONa + H_2O$$

苯酚钠（溶于水）

由于苯酚的酸性比碳酸要弱，所以不能与碳酸氢钠作用生成盐，而向苯酚钠水溶液中通入二氧化碳却可以使苯酚游离出来。

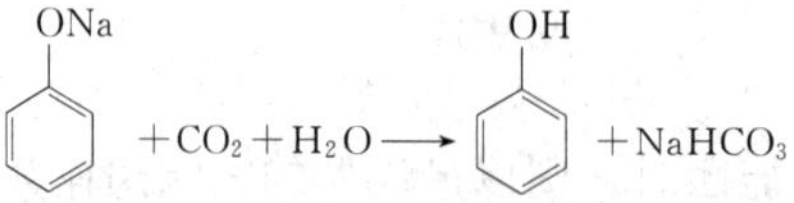

$$C_6H_5ONa + CO_2 + H_2O \longrightarrow C_6H_5OH + NaHCO_3$$

由于酚盐溶于水，而绝大部分酚类化合物不溶或微溶于水。利用这种性质，可以提纯和分离酚。

当酚类化合物的芳环上连有吸电子基如硝基时，酸性增强。当连有供电子基如甲基时，酸性减小。例如：

酸性 对硝基苯酚（OH，NO_2） > 苯酚（OH） > 对甲基苯酚（OH，CH_3）

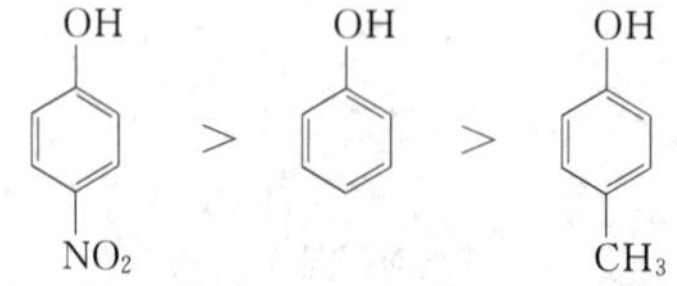

2. 与三氯化铁的显色反应

大多数酚都能和三氯化铁溶液发生显色反应，且不同的酚类化合物遇三氯化铁溶液显不同的颜色。例如苯酚、间苯二酚、1,3,5-苯三酚遇三氯化铁溶液显紫色；对苯二酚、邻苯二酚呈绿色；1,2,3-苯三酚呈红色。因此，可以利用这个性质来鉴别酚类化合物。

$$6C_6H_5OH + FeCl_3 \longrightarrow H_3[Fe(OC_6H_5)_6] + 3HCl$$

紫色

● 课堂互动 ●

如何鉴别下列两个化合物？

间甲基苯酚（OH，CH_3）　　苯甲醇（CH_2OH）

（二）芳环上的取代反应

1. 卤代反应

苯酚与溴水作用立即生成2，4，6-三溴苯酚白色沉淀，反应非常灵敏。因此，此反应常用于酚类化合物的定性检验和定量测定。如果用于定量测定，则称为溴量法。溴量法反应快、操作简便、终点明显。

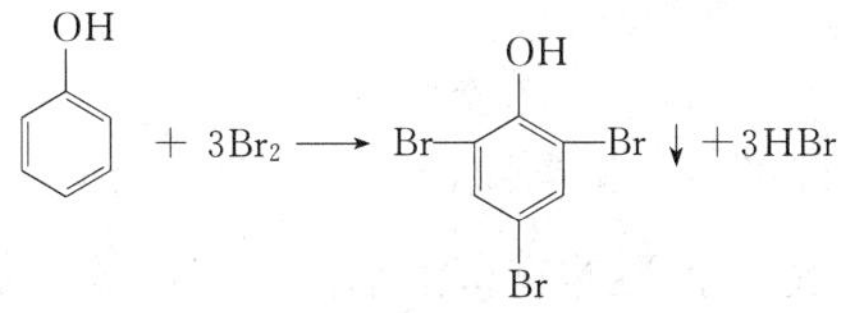

$$C_6H_5OH + 3Br_2 \longrightarrow C_6H_2Br_3OH \downarrow + 3HBr$$

2. 硝化反应

苯酚比苯容易发生硝化反应，与冷的稀硝酸在室温下作用，生成邻硝基酚和对硝基酚的混合物。

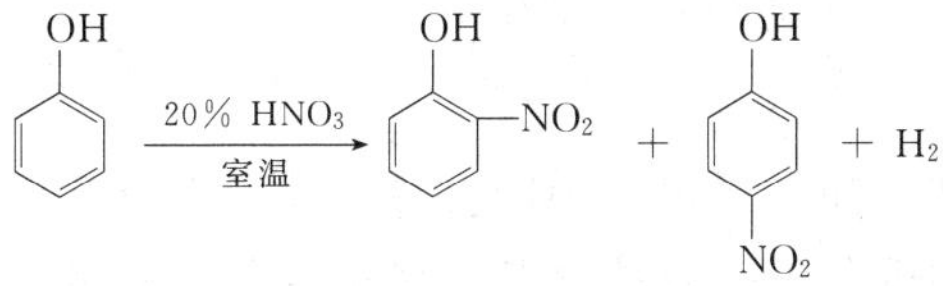

$$C_6H_5OH \xrightarrow[\text{室温}]{20\%\ HNO_3} o\text{-}O_2NC_6H_4OH + p\text{-}O_2NC_6H_4OH + H_2O$$

3. 磺化反应

酚类化合物的磺化反应比苯容易。将酚与浓硫酸一起作用，可以在苯环上引入磺酸基，一般在低温时磺酸基主要进入邻位，高温时磺酸基主要进入对位。例如：

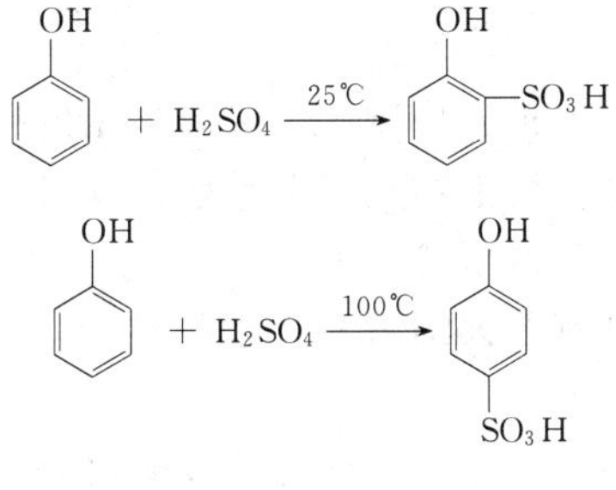

$$C_6H_5OH + H_2SO_4 \xrightarrow{25℃} o\text{-}HOC_6H_4SO_3H$$

$$C_6H_5OH + H_2SO_4 \xrightarrow{100℃} p\text{-}HOC_6H_4SO_3H$$

（三）氧化反应

酚类化合物很容易被氧化，如长时间与空气接触可被空气中的氧所氧化而生成醌。这就是苯酚在空气中久置后颜色逐渐加深的原因。

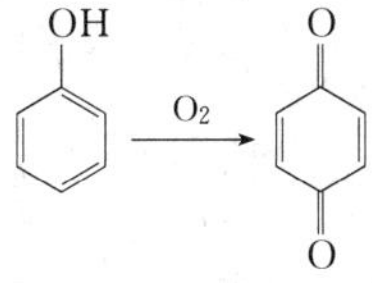

$$C_6H_5OH \xrightarrow{O_2} O{=}C_6H_4{=}O$$

对苯醌

知识链接

削皮后的苹果为什么会变色？发生变色反应主要是这些植物体内存在着酚类化合物。例如：多元酚类、儿茶酚等。酚类化合物易被氧化成醌类化合物，即发生变色反应变成黄色，随着反应的量的增加，颜色逐渐加深，最后变成深褐色。氧化反应的发生是由于与空气中氧的接触和细胞中酚氧化酶的释放。

因此酚类化合物可以用作抗氧剂被添加到化学试剂中。空气中的氧首先与酚类作用，这样可以防止化学试剂因被氧化而变质。例如：2,6-二叔丁基-4-甲基苯酚就是一个常用的抗氧剂，俗称“抗氧246”。连苯三酚（又称焦性没食子酸）也是一个常用的抗氧剂。在医药上一些含酚类结构的药物在存贮时要注意防氧化。

四、重要的酚

（一）苯酚

苯酚（C_6H_5-OH）俗称石炭酸。无色针状结晶，熔点40.8℃，微溶于水，68℃以上可以与水任意混溶。苯酚易溶于乙醇、乙醚等有机溶剂。在固体苯酚中加入10%的水叫液化酚。

苯酚能凝固蛋白质，有杀菌作用，有毒性。在医药上苯酚用作外用消毒剂和防腐剂，3%～5%的苯酚用于手术器械消毒，苯酚的浓溶液对皮肤有严重的腐蚀性。苯酚还是重要的化工和制药的原料，可以用于制造水杨酸、苦味酸和酚醛树脂等。

苯酚遇光和空气易氧化，宜避光密闭保存。

（二）甲苯酚

甲苯酚俗称煤酚，是邻、间、对位三种同分异构体的混合物。由于三者沸点接近不易分离，常用三者的混合物。间甲苯酚是液体，其余两种为低熔点的固体。甲苯酚难溶于水，易溶于肥皂溶液。煤酚的肥皂水溶液称煤酚皂（俗称来苏尔），杀菌能力比苯酚强4倍，是常用的外用消毒剂。1%～2%的溶液用于皮肤消毒，5%～10%用于器械消毒。还可以用作木材、铁路枕木的防腐剂。

（三）苯二酚

苯二酚有邻、对、间苯二酚三种异构体，三者都是无色晶体，溶于水和乙醇。

邻苯二酚又叫儿茶酚，其重要衍生物是肾上腺素，有兴奋心肌、收缩血管和扩张支气管作用，是较强的心肌兴奋药、升高血压药和平喘药。

间苯二酚药名叫雷锁辛，具有杀灭细菌和真菌的作用，2%～10%洗剂或软膏剂在医药上用于治疗皮肤病。

对苯二酚又名氢醌，是一种强还原剂，很容易被氧化成黄色的对苯醌，故在照相业上作显影剂使用。药剂中还常作抗氧剂使用。

（四）2,4,6-三硝基苯酚

2,4,6-三硝基苯酚又称苦味酸（结构式：苯环上1位OH，2、4、6位 NO_2），黄色结晶，熔点123℃，在高温下（300℃左右）会爆炸，故可以用作炸药。苦味酸是一种强酸，它可以与许多有机碱生成难溶性盐，可以用作生物碱沉淀试剂。

第三节 醚

一、醚的定义、分类、命名

从结构上看，醚可以看成是醇或酚羟基中的氢原子被烃基取代的产物。醚的通式为：

R—O—R′、Ar—O—R 或 Ar—O—Ar。醚分子中的—O—称为醚键，是醚的官能团。许多药物分子中都含有醚键。

醚分子中与氧相连的两个烃基相同的称为单醚，两个烃基不相同的称为混醚。

1. 单醚

单醚的命名一般是在“醚”字前面加上烃基的名称即可，可省略“基”和“二”字。例如：

$CH_3—O—CH_3$ （二）甲醚

$CH_3CH_2—O—CH_2CH_3$ （二）乙醚

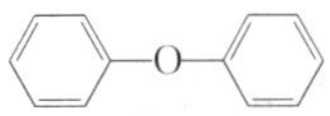

$C_6H_5—O—C_6H_5$ （二）苯醚

2. 混醚

混醚命名时，一是把较小烃基的名称放在前面，二是当含有芳基时将芳基放在烷基前面。例如：

$CH_3—O—CH_2CH_3$ 甲乙醚

$CH_3CH_2—O—CH_2CH_2CH_3$ 乙丙醚

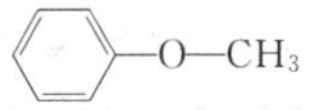

$C_6H_5—O—CH_3$ 苯甲醚

具有环状结构的醚称为环醚，环醚的命名通常称为环氧某烷。例如：

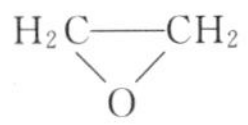

$H_2C—CH_2$（—O— 连接两碳成三元环）

环氧乙烷

● 课堂互动 ●

命名下列化合物。

(1) $CH_3—O—CH_2CH_2CH_3$

(2) 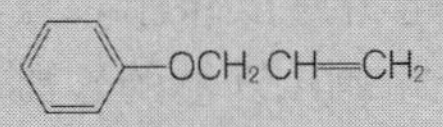 $C_6H_5—OCH_2CH═CH_2$

(3) 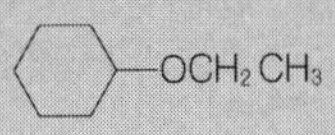 $C_6H_{11}—OCH_2CH_3$（环己基）

(4) $CH_3CH_2CH_2OCH(CH_3)_2$

二、醚的物理性质

除甲醚和甲乙醚外，大多数醚在室温时为液体，有特殊气味。由于醚分子间不能形成氢键，因此醚的沸点比同碳数醇低得多。

三、醚的化学性质

由于醚键不易断裂，因此，醚对氧化剂、还原剂及碱都十分稳定。但醚的稳定性也是相对的，在一定条件下还是可以发生一些特有的反应。

（一）锌盐的生成

醚分子中的氧原子具有未共用电子对，因此醚能接受强酸（浓盐酸或浓硫酸）中的氢质子生成锌盐。

$$R—\ddot{O}—R + HCl \longrightarrow [R—\overset{H}{\ddot{O}}R]^+ Cl^-$$

生成的锌盐溶于强酸中。利用此性质可以将醚从烷烃或卤代烷等混合物中分离出来。

（二）生成过氧化物

醚对氧化剂较稳定，但醚长时间和空气接触时，会逐渐形成有机过氧化物。

$$CH_3CH_2OCH_2CH_3 + O_2 \longrightarrow \underset{\displaystyle |\atop \displaystyle O—OH}{CH_3CH}OCH_2CH_3$$

过氧化物不稳定，受热时容易分解发生爆炸，且沸点比醚高，所以蒸馏乙醚时不要蒸干，以免发生危险。

检验方法：用KI-淀粉试纸检验，如有过氧化物存在，KI被氧化成I_2而使含淀粉试纸变为蓝紫色；也可以加入$FeSO_4$和KCNS溶液，如有红色$[Fe(CNS)_6]^{3-}$络离子生成，则证明有过氧化物存在。

除去过氧化物的方法：加入还原剂如Na_2SO_3或$FeSO_4$后振荡，以破坏所生成的过氧化物。

课堂互动

(1) 如何除去环己烷中混有的乙醚?

(2) 如何验证乙醚中是否含有过氧化物?

四、重要的醚

1. 乙醚

乙醚（$CH_3CH_2OCH_2CH_3$）是最常用和最重要的醚，常温下为无色液体，有特殊气味，比水轻，沸点34.5℃，易挥发，易燃易爆，使用乙醚要注意远离火源。乙醚微溶于水，能溶解多种有机物，本身性质稳定，为常用的有机溶剂之一。乙醚沸点低，蒸气重，易被人吸入抑制中枢神经系统，起到全身麻醉作用，医药上作为全身麻醉药使用。制剂中常加3%乙醇以延缓过氧化物生成，开封24h以上的乙醚不能用于麻醉。

2. 环氧乙烷

环氧乙烷（$\underset{\diagdown\ O\ \diagup}{H_2C—CH_2}$）是结构最简单、性质最特殊的环醚。是无色有毒的气体，沸点11℃，能溶于水、乙醇和乙醚中。

环氧乙烷可以与菌体蛋白质分子中的氨基、羟基、巯基等活性氢部位结合，从而使细菌失去活力或死亡。所以环氧乙烷是常用的杀虫剂和气体灭菌剂。

本章小结

一、概念

醇：烃分子中饱和碳原子上的氢原子被羟基取代后生成的化合物。通式为R—OH。

酚：羟基直接与苯环所连接的化合物。通式为Ar—OH。

醚：醇或酚分子中羟基上的氢原子被烃基取代的化合物。通式为R—O—R′、Ar—O—R或Ar—O—Ar。

二、醇的物理性质

醇-醇、醇-水分子间都可以形成氢键，因此，醇的物理性质还有以下两个重要的特征：

1. 低分子量的醇的沸点比分子量相近的烷烃高得多。

2. 低级醇能与水无限混溶，随分子量增大溶解度降低。

三、醇的化学性质

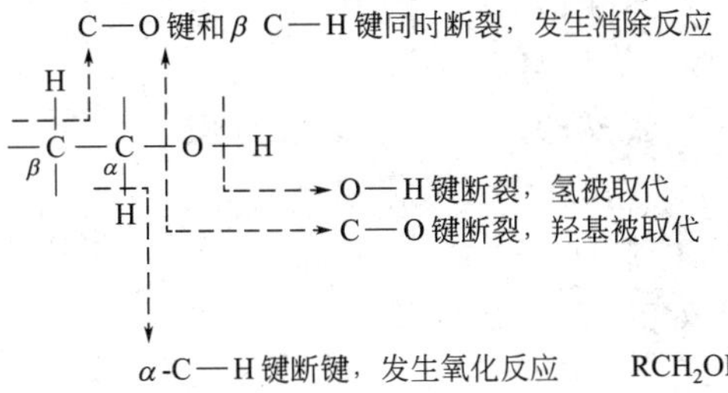

C—O键和β C—H键同时断裂，发生消除反应 $CH_3CH_2OH \xrightarrow[170℃]{浓H_2SO_4} CH_2=CH_2 + H_2O$

O—H键断裂，氢被取代 $2R-OH + 2Na \longrightarrow 2RONa + H_2\uparrow$

C—O键断裂，羟基被取代 $R-OH + HX \rightleftharpoons R-X + H_2O$

$ROH + HONO_2 \longrightarrow RONO_2 + H_2O$(酯化)

α-C—H键断键，发生氧化反应 $RCH_2OH \xrightarrow{[O]} RCOOH$

$R_2CHOH \xrightarrow{[O]} R_2C=O$

四、酚的性质

1. 羟基的反应

(1) 酸性：酚具有弱酸性，其酸性比醇强，比碳酸弱。

(2) 与三氯化铁的显色反应，可以用于鉴别酚类。

(3) 氧化反应：酚类化合物很容易被氧化。

2. 苯环上的取代反应比苯容易。

五、醚的化学性质

1. 在强酸中生成锌盐，用此性质可以将醚从烷烃或卤代烃的混合物中分离出来。

2. 当醚长时间和空气接触时，会逐渐形成有机过氧化物。过氧化物不稳定，受热时容易分解发生爆炸。

习题

1. 命名或写出下列物质的构造式

(1) $CH_3CH_2CH_2CH(CH_3)CH_2CH_2CH(OH)CH_2$　(2) 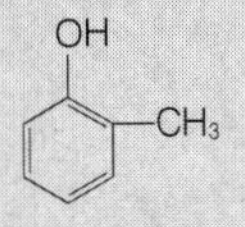 邻甲基苯酚结构（OH、CH_3 取代苯环）　(3) $CH_3CH_2O-C_6H_5$

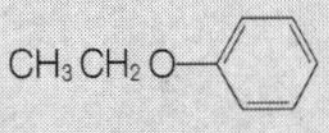

(4) 3-甲基-2-丁醇　(5) 甘油　(6) 苦味酸

2. 完成下列反应式

(1) $CH_3CH(OH)CH_3 \xrightarrow{无水ZnCl_2 + 浓HCl}$

(2) $CH_3CH(CH_3)CH_2OH \xrightarrow{K_2Cr_2O_7 + H_2SO_4}$

(3) $CH_3CH_2CH_2OH + Na \longrightarrow$

(4) $CH_3CH(OH)CH_2CH_3 \xrightarrow[170℃]{浓H_2SO_4}$

(5) 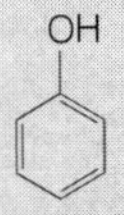 $C_6H_5OH + Br_2 \longrightarrow$

(6) $CH_3OCH_2CH_3 + HI \longrightarrow$

3. 用化学方法鉴别下列各组化合物

(1) 戊醇、2-戊醇　(2) 苯和苯酚

4. 选择题

(1) 下列化合物中酸性最强的是（　），最弱的是（　）。

A. 石炭酸　B. 碳酸　C. 乙醇　D. 水

(2) 下列化合物，遇 $FeCl_3$ 显紫色的是（　）。

A. 乙醇　　B. 甘油　　C. 苯甲醇　　D. 对甲苯酚

(3) 用来鉴别伯、仲、叔醇的最好试剂是（　　）。

A. $K_2Cr_2O_7/H^+$　　B. 卢卡斯试剂　　C. 氢碘酸　　D. 高碘酸

(4) 苯酚不慎粘到皮肤上，应立即用（　　）洗去，效果最好。

A. 稀 HCl　　B. NaOH　　C. $NaHCO_3$　　D. Na_2CO_3

(5) 下列化合物中最易与 $AgNO_3$/醇溶液作用产生沉淀的是（　　）。

A. $C_6H_5CH_2Cl$　　B. $C_6H_5CH_2CH_2Cl$　　C. $C_6H_5CH(Cl)CH_3$　　D. $p\text{-}ClC_6H_4CH_2CH_3$

5. 有一化合物分子式为 $C_5H_{12}O$（A），能与金属钠作用放出氢气。A 与浓硫酸共热时生成 C_5H_{10}（B），B 与 HBr 反应生成 $C_5H_{11}Br$（C），C 与 NaOH 水溶液反应生成 D，D 与 A 是同分异构体，B 经酸性高锰酸钾氧化生成一个酮和一个酸。试写出 A、B、C、D 的构造式和各步反应式。

第六章

醛酮醌

学习目标

1. 掌握醛、酮、醌的定义、官能团、结构、分类和命名。
2. 掌握醛和酮的主要化学性质。
3. 熟悉医药中重要的醛、酮。

醛、酮、醌也是烃的含氧衍生物，它们的结构特征是分子中都含有官能团——羰基（$-\overset{O}{\overset{\|}{C}}-$），因此又称为羰基化合物。羰基碳原子上至少连有一个氢原子的化合物叫做醛，结构最简单的醛是甲醛，它是羰基碳原子上连有两个氢原子的化合物；羰基碳原子上同时连有两个烃基的化合物叫做酮，结构最简单的酮是丙酮，它是羰基碳原子上连有两个甲基的化合物。

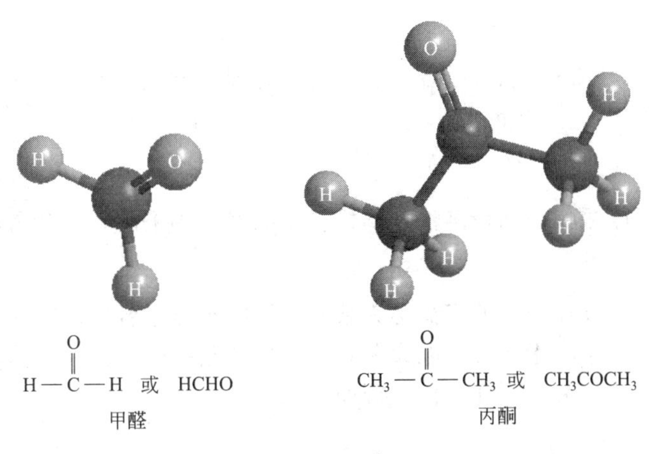

甲醛　　丙酮

醛可用通式 $(H)R-\overset{O}{\overset{\|}{C}}-H$ 表示，醛的官能团 $-\overset{O}{\overset{\|}{C}}-H$ 可简写为$-CHO$（醛基），它位于碳链的端部。

酮可用通式 $R-\overset{O}{\overset{\|}{C}}-R'$ 表示，酮的官能团 $-\overset{O}{\overset{\|}{C}}-$ 可简写为$-CO-$（酮基），它位于碳链之间。

醌则是不饱和的环状二酮，例如：

对苯醌　　1,4-萘醌

羰基化合物在医药上具有广泛用途。有些天然羰基化合物是植物药的有效成分，有显著的生理活性，有的是合成药物的原料或中间体，有的是重要溶剂。

第一节 醛和酮

一、醛、酮的分类和命名

（一）分类

① 根据与羰基相连的烃基不同，醛和酮可分为脂肪族醛和酮（饱和醛酮和不饱和醛酮）、脂环族醛和酮、芳香族醛和酮。例如：

$CH_3CH_2-\overset{O}{\overset{\|}{C}}-H$	$CH_2=CH-\overset{O}{\overset{\|}{C}}-H$	$-CHO$	$-CHO$
饱和醛	不饱和醛	脂环族醛	芳香族醛
$CH_3-\overset{O}{\overset{\|}{C}}-CH_3$	$CH_2=CH-\overset{O}{\overset{\|}{C}}-CH_3$	$=O$	$-\overset{O}{\overset{\|}{C}}-CH_3$
饱和酮	不饱和酮	脂环族酮	芳香族酮

② 根据所含羰基数目，醛和酮又可分为一元醛和酮、二元醛和酮。例如：

$OHC-CH_2-CHO$	$CH_3-\overset{O}{\overset{\|}{C}}-CH_2-\overset{O}{\overset{\|}{C}}-CH_3$
二元醛（丙二醛）	二元酮（1,3-戊二酮）

（二）命名

结构简单的醛、酮采用普通命名法；结构复杂的醛、酮采用系统命名法。

1. 普通命名法

脂肪醛的命名按含碳原子数的多少称为某醛。酮的普通命名法是在羰基所连接的两个烃基名称后面加上“酮”字。脂肪混合酮命名时，简单烃基在前，复杂烃基在后，但芳基和脂基的混合酮命名时却要把芳基写在前面。例如：

$HCHO$	CH_3CHO	$CH_3CH_2CH_2CHO$	$CH_3\overset{CH_3}{\overset{\|}{C}}HCH_2CHO$
甲醛	乙醛	丁醛	异戊醛
$CH_3-\overset{O}{\overset{\|}{C}}-CH_2CH_3$	$CH_3CH_2-\overset{O}{\overset{\|}{C}}-CH_2CH_3$	$-\overset{O}{\overset{\|}{C}}-CH_3$	$-\overset{O}{\overset{\|}{C}}-$
甲（基）乙（基）酮	二乙（基）酮	苯（基）甲（基）酮	二苯（基）酮

2. 系统命名法

① 选择含有羰基的最长碳链为主链，按主链上碳原子数称为“某醛”或“某酮”。

② 从靠近羰基的一端开始编号，醛基总是在碳链的一端，醛基的位次总是1，因此，命名时不需要写出醛基的位次；酮基则需要注明位次，写在“某酮”之前。

③ 标明侧链或取代基的位次及名称，写在母体名称之前。碳链的位次也可用希腊字母α、β、γ等标明，与羰基直接相连的碳原子称α-碳原子，α-碳原子上的氢称α氢（或α-H）。其余依次为β、γ、δ……ω。例如：

$CH_3—CH(CH_3)—CH_2—CHO$（C4、C3、C2、C1；γ、β、α）

3-甲基丁醛
(β-甲基丁醛)

$CH_3—CH_2—CH_2—CO—CH_3$（C5、C4、C3、C2、C1）

2-戊酮

$CH_3—CH(CH_3)—CH_2—CO—CH_3$（C5、C4、C3、C2、C1；γ、β、α）

4-甲基-2-戊酮
(β-甲基-2-戊酮)

④ 脂环醛则将环作取代基，醛为母体命名。脂环酮称为环酮，编号从羰基开始并使环上其他取代基的位次之和最小。例如：

环戊甲醛　　2-甲基-环己甲醛　　环己酮　　3-甲基环己酮

⑤ 芳香族醛、酮命名时，则是将芳环作为取代基，脂肪醛、酮为母体命名。例如：

$C_6H_5—CHO$　　$C_6H_5—CO—CH_3$　　$C_6H_5—CH(CH_3)—CH_2—CHO$（C3、C2、C1；C4 为 CH_3）

苯甲醛　　苯乙酮　　3-苯基丁醛

● 课堂互动 ●

命名下列化合物

(1) $CH_3CH(CH_3)CH_2CH_2CH_2CHO$　　(2) $CH_3CH(CH_3)CH_2CH_2COCH_3$　　(3) $H_3C—C_6H_4—CHO$（对位）

二、醛、酮的物理性质

12 个碳原子以内的醛、酮，除甲醛在室温下为气体外，其余的都是液体。它们的沸点比相应分子量的烃的沸点要高得多，但又比相应分子量的醇的沸点低。

醛、酮易溶于各种有机溶剂中，3 个碳原子以内的醛、酮易溶于水，丙酮和水可以任意混溶，这是由于醛、酮可以与水分子形成分子间氢键之故。随着分子量的增加水溶性迅速降低，6 个碳以上的醛、酮几乎不溶于水。

知识链接

房子新装修好之后，一般不能马上入住，因为新装修后，墙上的涂料、地板的油漆和胶水、新家具等，都可能或多或少地释放出甲醛，高浓度吸入时可出现呼吸道水肿、眼刺痛、头痛，并可以引起支气管哮喘。所以新装修的房子不要急于入住，要常开门窗，保持通风，过一段时间再入住。

三、醛、酮的化学性质

醛、酮分子中都含有官能团羰基，发生下列化学反应：

$$
\begin{array}{l}
\text{碳氧双键，发生加成反应} \\
-\underset{\underset{\text{H}}{|}}{\overset{|}{\text{C}}}-\underset{\underset{\text{H(R)}}{|}}{\overset{\delta^+}{\text{C}}}=\overset{\delta^-}{\text{O}} \\
\text{H(R)}\rightarrow\text{氧化反应} \\
\text{H}\rightarrow\alpha\text{-氢原子的卤代反应}
\end{array}
$$

（一）羰基的加成反应

羰基化合物可以与氢氰酸、2,4-二硝基苯肼等试剂发生加成反应。羰基的加成反应可以用通式表示如下：

$$>C=O + A^+-B^- \rightleftharpoons >C<^{OA}_{B}$$

1. 与氢氰酸加成

醛和脂肪族甲基酮及 8 个碳以下的环酮能与氢氰酸加成，生成的产物称 α-羟基腈，又称 α-氰醇。

$$\underset{(CH_3)H}{\overset{R}{>}}\overset{\delta^+}{C}=\overset{\delta^-}{O} + HCN \rightleftharpoons \underset{(CH_3)H}{\overset{R}{>}}C\underset{OH}{\overset{CN}{<}}$$

α-氰醇

例如：

$$CH_3\overset{O}{\overset{\|}{C}}CH_3 + HCN \longrightarrow CH_3-\underset{\underset{CH_3}{|}}{\overset{\overset{OH}{|}}{C}}-CN$$

氢氰酸与醛或酮的作用在碱的催化下进行得很快，产率也高。从上面的例子可以看出，生成物比反应物增加了一个碳原子，因此这个反应可用来增长化合物的碳链。

2. 与醇反应

在干燥氯化氢或浓硫酸的作用下，一分子醛与一分子醇发生加成反应，生成的化合物称作半缩醛。

$$\underset{H}{\overset{R}{>}}C=O + H-OR' \xrightleftharpoons{\text{干 HCl}} R-\underset{\underset{H}{|}}{\overset{\overset{OH}{|}}{C}}-OR'$$

半缩醛

$$CH_3-\overset{\overset{O}{\|}}{C}-H + CH_3-CH_2-OH \xrightarrow{\text{干 HCl}} CH_3-\underset{\underset{OC_2H_5}{|}}{\overset{\overset{OH}{|}}{C}}-H$$

半缩醛中的羟基称为“半缩醛羟基”。半缩醛羟基很活泼，因而半缩醛一般不稳定，可继续与另一分子醇反应，失去一分子水而生成稳定的缩醛。

$$R-\underset{\underset{H}{|}}{\overset{\overset{OH}{|}}{C}}-OR' + H-OR' \xrightleftharpoons{\text{干 HCl}} R-\underset{\underset{H}{|}}{\overset{\overset{OR'}{|}}{C}}-OR' + H_2O$$

缩醛

$$CH_3-\underset{OC_2H_5}{\overset{OH}{C}}-H + CH_3-CH_2-OH \xrightarrow{干 HCl} CH_3-\underset{OC_2H_5}{\overset{OC_2H_5}{C}}-H + H_2O$$

酮也可以与醇作用生成半缩酮和缩酮，但反应缓慢得多，需要设法移去生成的水。

缩醛、缩酮在稀酸中能水解生成原来的醛或酮；但对碱、氧化剂和还原剂稳定。缩醛、缩酮在有机合成中常用来保护醛基、酮基。

$$CH_3-\underset{OC_2H_5}{\overset{OC_2H_5}{C}}-H + H_2O \xrightarrow{H^+} CH_3-\overset{O}{\overset{\|}{C}}-H + 2CH_3-CH_2-OH$$

3. 与2,4-二硝基苯肼反应

绝大多数的醛、酮都能与2,4-二硝基苯肼反应，反应式如下：

$$CH_3\overset{O}{\overset{\|}{C}}-H + H-\overset{H}{\overset{|}{N}}-NH-C_6H_3(NO_2)_2 \longrightarrow CH_3\overset{OH}{\overset{|}{C}}H-\overset{H}{\overset{|}{N}}-NH-C_6H_3(NO_2)_2$$

2,4-二硝基苯肼

$$\xrightarrow{-H_2O} CH_3CH=N-NH-C_6H_3(NO_2)_2\downarrow$$

2,4-二硝基苯腙

由于2,4-二硝基苯肼与醛、酮反应迅速灵敏，并生成橙黄色或橙红色2,4-二硝基苯腙固体沉淀。因此可以利用这一性质来鉴别醛、酮。

● 课堂互动 ●

用什么试剂可以把醛、酮类化合物与醇类化合物区别开来？为什么？

（二）氧化反应

1. 与托伦试剂反应

托伦试剂：硝酸银的氨水溶液（即氢氧化银氨溶液）。

托伦试剂可将醛氧化成羧酸（盐），并有银析出，析出的银可以在反应器皿的内壁上形成一层光亮的银镜，所以这个反应又称为银镜反应。

$$(Ar)R-CHO+2Ag(NH_3)_2OH \xrightarrow{加热} (Ar)R-COONH_4+2Ag\downarrow+3NH_3+H_2O$$

由于反应前后现象变化明显，脂肪醛和芳香醛都能发生此反应，而在同样条件下酮则不发生反应，所以常用托伦试剂来区别醛和酮。

知识链接

银镜反应常用于检验醛基的存在，工业上可以利用这个反应原理，把银均匀地镀在玻璃上制成镜子或保温瓶的内胆，只是工业上用的是含有醛基的葡萄糖代替醛而已。

2. 与费林试剂反应

费林试剂分为费林试剂A和费林试剂B，使用时取等量的费林试剂A和费林试剂B混合均匀即可。

费林试剂 A：硫酸铜溶液。

费林试剂 B：酒石酸钾钠、氢氧化钠的混合溶液。

费林试剂可将除甲醛之外的其他脂肪醛氧化成羧酸（盐），并有砖红色氧化亚铜沉淀析出。

$$RCHO+2Cu^{2+}+5OH^- \longrightarrow RCOO^- + \underset{\text{砖红色}}{Cu_2O\downarrow} + 3H_2O$$

甲醛与费林试剂作用，有铜析出，可形成铜镜，故此反应又称铜镜反应。

$$HCHO+Cu^{2+}+2OH^- \longrightarrow HCOO^- + Cu\downarrow + H_2O$$

酮和芳香醛都不与费林试剂反应，因此用费林试剂既可鉴别酮和脂肪醛，还可用来区别脂肪醛和芳香醛。

● 课堂互动 ●

（1）用什么试剂可以把醛和酮区别开来？为什么？

（2）用什么试剂可以把脂肪醛和芳香醛区别开来？为什么？

（三）醛的显色反应

席夫试剂：二氧化硫的无色品红水溶液。

醛与席夫试剂作用可显紫红色，可用来检验醛类，酮则不显色，故常用此显色反应来区别醛、酮。

（四）碘仿反应

乙醛和具有 $CH_3\text{—}\underset{\overset{\|}{O}}{C}\text{—}$ 结构的酮（如丙酮）或者 $CH_3\text{—}\underset{\overset{|}{OH}}{CH}\text{—}$ 结构的醇（如乙醇）与碘的氢氧化钠溶液反应生成碘仿（CHI_3）及少一个碳原子的羧酸盐，因此，这类反应称为碘仿反应。碘仿是一种具有特殊气味的黄色结晶，容易识别。例如：

$$CH_3\text{—}\overset{\overset{O}{\|}}{C}\text{—}H \xrightarrow{I_2+NaOH} CHI_3\downarrow + HCOONa$$

$$CH_3\text{—}\overset{\overset{O}{\|}}{C}\text{—}CH_3 \xrightarrow{I_2+NaOH} CHI_3\downarrow + CH_3COONa$$

$$CH_3CH_2OH \xrightarrow{I_2+NaOH} CH_3\text{—}\overset{\overset{O}{\|}}{C}\text{—}H \xrightarrow{I_2+NaOH} CHI_3\downarrow + HCOONa$$

$$CH_3\text{—}\underset{\underset{OH}{|}}{CH}\text{—}CH_3 \xrightarrow{I_2+NaOH} CH_3\text{—}\overset{\overset{O}{\|}}{C}\text{—}CH_3 \xrightarrow{I_2+NaOH} CHI_3\downarrow + CH_3COONa$$

故碘仿反应可作为具有 $CH_3\text{—}\underset{\underset{OH}{|}}{CH}\text{—}$ 和 $CH_3\text{—}\underset{\underset{O}{\|}}{C}\text{—}$ 结构的化合物的鉴别反应。

● 课堂互动 ●

（1）如何鉴别 2-戊酮和 3-戊酮？

（2）如何鉴别乙醛和丙醛？

四、重要的醛、酮

1. 甲醛

甲醛（HCHO）又名蚁醛，无色气体，具有辛辣刺激性气味。气体密度为 1.067kg/m³，易溶于水和乙醇。在常温下是气态，通常以水溶液形式出现，是一种极强的杀菌剂，具有防腐、灭菌和稳定功效，被世界卫生组织确定为致癌和致畸形物质。35％～40％的甲醛水溶液俗称“福尔马林”。福尔马林是常用的消毒剂和防腐剂。

甲醛与浓氨水作用，生成一种环状的白色晶体，叫做环六亚甲基四胺［$(CH_2)_6N_4$］，俗名乌洛托品，医药上用作尿道消毒剂。

2. 乙醛

乙醛（CH_3CHO）是无色具有刺激性气味的液体，易挥发，沸点 21℃，易溶于水和酒精。乙醛易聚合而形成环状结构的三聚乙醛。

乙醛的三个 α-氢被氯取代后的衍生物叫三氯乙醛，是具有刺激性气味的无色油状液体，沸点 98℃。它与水加成生成稳定的水合三氯乙醛，简称水合氯醛。

$$Cl_3C-\overset{\overset{O}{\|}}{\underset{\underset{H}{|}}{C}} + H-OH \longrightarrow Cl_3C-\overset{\overset{OH}{|}}{\underset{\underset{H}{|}}{C}}-OH$$

水合氯醛

水合氯醛是白色晶体，熔点 57℃，能溶于水，具有麻醉和镇静作用，曾用作催眠和麻醉药，现已废除不用。

3. 苯甲醛

苯甲醛（C_6H_5-CHO）是最简单的芳香醛，熔点－26℃，沸点 178℃，微溶于水，易溶于酒精和乙醚。苯甲醛广泛存在于植物界，特别是在蔷薇科植物中，主要以苷的形式存在于植物的茎皮、叶和种子中。具有强烈的苦杏仁气味，为无色油状液体（久置变微黄色），也叫苦杏仁油。

苯甲醛易被氧化，久置空气中即被氧化而析出苯甲酸晶体，因此保存时常需加入少量对苯二酚作为抗氧剂。

$$C_6H_5-CHO + O_2 \longrightarrow C_6H_5-COOH$$

苯甲醛在工业上常用来制造香精、染料，也是药物合成的主要原料，抗癫痫药物苯妥英钠就是以苯甲醛为原料合成的。

4. 丙酮

丙酮（$CH_3-\overset{\overset{O}{\|}}{C}-CH_3$）是最简单的酮，为无色易挥发易燃的液体，沸点 56℃，易溶于水、乙醇及乙醚等多种有机溶剂。它能溶解多种有机物，是良好的有机溶剂，同时也是重要的有机合成原料。常用来制备有机玻璃、合成树脂、合成橡胶和药物等。

第二节 醌

一、醌的结构和命名

醌是具有共轭体系的环己二烯二酮类化合物，醌型结构有对位和邻位两种，其分类是根据它们相应的芳烃进行的，常见的有苯醌、萘醌、蒽醌。

醌类化合物都具有下列醌型结构：

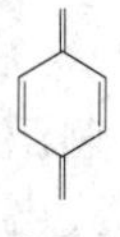

对醌式 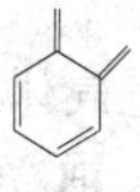　　邻醌式

醌的命名是将其作为芳烃的衍生物来命名的。由苯得到的醌叫苯醌，由萘得到的醌叫萘醌，由蒽得到的醌叫蒽醌。例如：

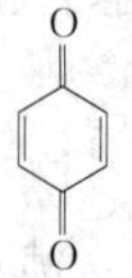

对苯醌（1,4-苯醌）　　邻苯醌（1,2-苯醌）　　α-萘醌（1,4-萘醌）

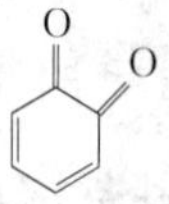

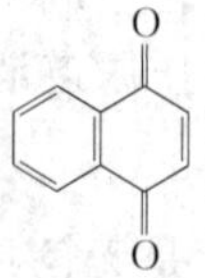

醌的衍生物是以醌作为母体，将支链看作取代基来命名。例如：

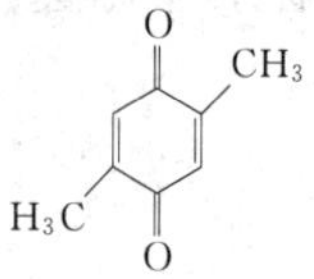

2,5-二甲基-1,4-苯醌 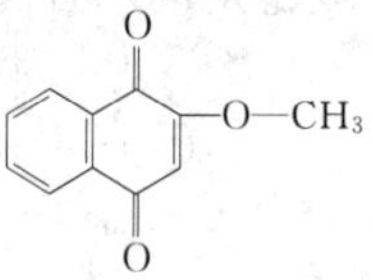　　2-甲氧基-1,4-萘醌

二、醌的性质

具有醌型结构的化合物大多具有颜色，对位醌大多为黄色，邻位醌大多为红色或橘色，所以醌型化合物是许多染料和指示剂的母体。此外，一些药物分子中也含有醌型结构。醌类化合物从结构上看是α，β-不饱和二酮，应具有α，β-不饱和酮的性质。

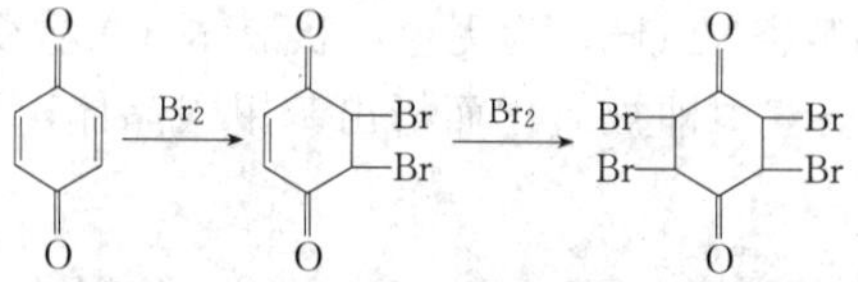

$$\xrightarrow{Br_2}\qquad\xrightarrow{Br_2}$$

本章小结

一、醛、酮的反应

1. 羰基的加成反应

羰基化合物可与氢氰酸、醇、2,4-二硝基苯肼发生加成反应。羰基的加成反应可用通式表示如下：

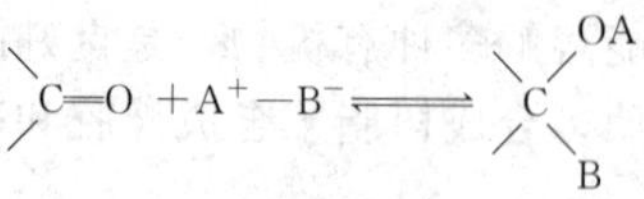

$$\rangle C{=}O + A^+{-}B^- \rightleftharpoons \rangle C\langle^{OA}_{B}$$

（1）与 HCN 加成

（2）与醇加成

（3）与 2,4-二硝基苯肼加成

2. 氧化反应

（1）与托伦试剂反应（银镜反应）：脂肪醛和芳香醛都能发生此反应，酮不能。

(2) 与费林试剂反应：只有脂肪醛能发生此反应。

3. 与席夫试剂反应

4. 碘仿反应

二、醛、酮的鉴别方法

1. 醛、酮类的鉴别用羰基试剂如 2,4-二硝基苯肼（生成黄色沉淀）。

2. 区别醛与酮用银镜反应、席夫试剂。

3. 区别脂肪醛与酮可用费林试剂，芳醛不与费林试剂作用，据此可区别脂肪醛和芳香醛。

4. 区别甲醛和其他脂肪醛可用费林试剂，甲醛与费林试剂作用有铜镜。

5. 区别甲基酮类和非甲基酮类化合物可以用碘仿反应。

习 题

1. 命名或写出结构式

(1) $(CH_3)_2CHCHO$　　(2) $(CH_3)_2CHC(=O)CH_2CH_3$　　(3) 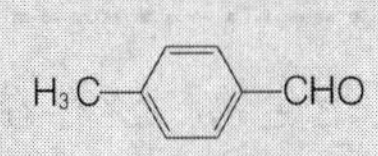 $H_3C-C_6H_4-CHO$（对位）

(4) $O=C_6H_9-CH_3$（4-甲基环己酮结构）　　(5) 环戊基甲醛　　(6) 3-甲基戊醛

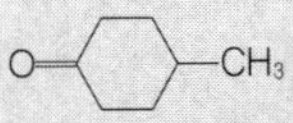

2. 完成下列反应式

(1) $CH_3CH_2CHO + Ag(NH_3)_2OH \longrightarrow$

(2) $CH_3CHO + HCN \longrightarrow$

(3) $CH_3CH_2\overset{O}{\overset{\|}{C}}CH_3 + I_2 \xrightarrow{NaOH}$

(4) 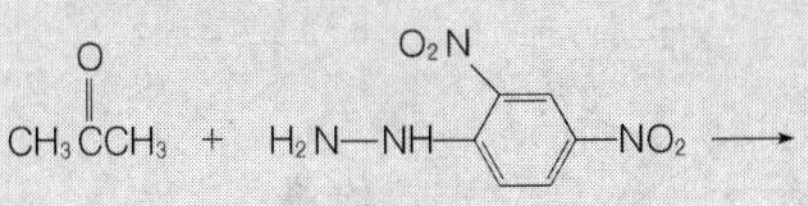 $CH_3\overset{O}{\overset{\|}{C}}CH_3 + H_2N-NH-C_6H_3(NO_2)_2 \longrightarrow$（2,4-二硝基苯肼：$O_2N$ 位于邻位，$-NO_2$ 位于对位）

3. 选择题

(1) 能够与费林试剂发生反应并有砖红色沉淀的是（　　）。

A. 甲醛　　B. 乙醛　　C. 苯甲醛　　D. 丙酮

(2) 下列化合物最难与 HCN 发生加成反应的是（　　）。

A. 甲醛　　B. 苯甲醛　　C. 丙酮　　D. 苯乙酮

(3) 能发生碘仿反应的是（　　）。

A. CH_3CH_2CHO　　B. 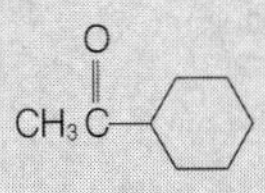 $CH_3\overset{O}{\overset{\|}{C}}-C_6H_{11}$（环己基）　　C. $CH_3CH_2\overset{O}{\overset{\|}{C}}CH_2CH_3$

(4) 下列各组化合物中，可以用 2,4-二硝基苯肼来鉴别的是（　　）。

A. 甲醛和乙醛　　B. 异丙醇和丙酮

C. 1-丁酮和 2-丁酮　　D. 苯甲醛和苯乙酮

(5) 下列化合物中，可以席夫试剂反应的是（　　）。

A. $CH_3-CH(OH)-CH_3$　　B. CH_3CHO　　C. CH_3COCH_3

4. 用化学方法鉴别下列各组化合物

(1) 丙醛、丙酮　(2) 2-戊酮、3-戊酮　(3) 甲醛、苯甲醛

第七章

羧酸及取代羧酸

学习目标

1. 掌握羧酸的定义、分类和命名。
2. 掌握羟基酸、羰基酸的结构和命名。
3. 掌握羧酸及取代羧酸的化学性质。
4. 熟悉羧酸主要物理性质。
5. 熟悉重要的羟基酸和酮酸。

羧酸及其衍生物广泛存在于自然界，它们在动植物的生长、繁殖、新陈代谢、工农业生产等各方面都有重要作用。羧酸常以游离态、盐或酯的形式广泛分布于中草药中，临床上用作药物。在许多常用药物的分子中有羧酸或其衍生物的结构，例如：

阿司匹林　（苯环邻位 —COOH、—$OCOCH_3$）　解热镇痛药

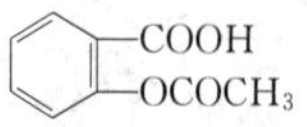

对乙酰氨基酚　HO—C_6H_4—$NHCOCH_3$　解热镇痛药

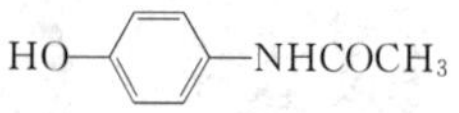

布洛芬　$(H_3C)_2CHCH_2$—C_6H_4—$CH(CH_3)COOH$　消炎镇痛药

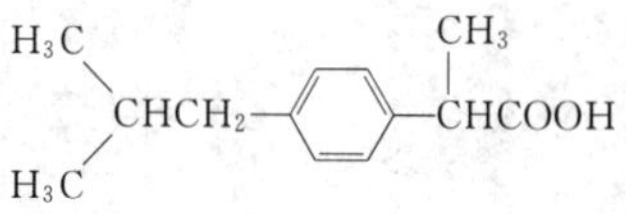

青霉素酸盐　C_6H_5—CH_2—C(=O)—NH—（β-内酰胺并噻唑烷环，S，N，=O，CH_3，CH_3，COOK）　抗生素

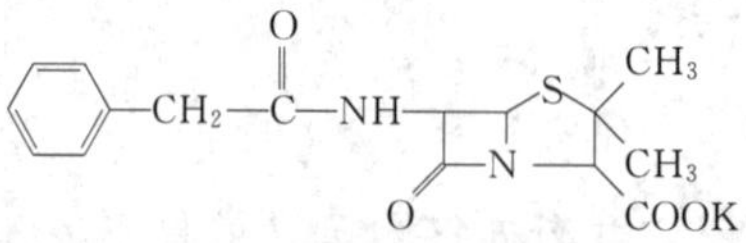

第一节　羧酸

一、羧酸的定义、分类和命名

1. 定义

烃分子中的氢原子被羧基（—C(=O)—OH，简写为—COOH）取代而生成的化合物叫羧酸，羧酸的通式为 R—COOH（甲酸中 R ═H），官能团为羧基（—COOH）。

2. 分类

羧酸的分类按羧基所连接的烃基不同，分为脂肪羧酸、脂环羧酸和芳香羧酸；按烃基是否饱和可分为饱和羧酸和不饱和羧酸；按羧基数目不同又可分为一元羧酸、二元羧酸和多元羧酸。见表 7-1。

3. 命名

羧酸的系统命名法原则与醛相似。脂肪酸命名时，选含有羧基的最长碳链为主链，由羧

表 7-1 羧酸的分类

羧酸	饱和羧酸	不饱和羧酸	脂环羧酸	芳香羧酸
一元羧酸	CH_3COOH 乙酸（醋酸）	$CH_3CH=CHCOOH$ 2-丁烯酸（巴豆酸）	C_5H_9—CH_2COOH 环戊乙酸	C_6H_5—COOH 苯甲酸
二元羧酸	COOH | COOH 乙二酸	CH—COOH ‖ CH—COOH 丁烯二酸	$C_6H_{10}(COOH)_2$ 邻环己二甲酸	$C_6H_4(COOH)_2$ 邻苯二甲酸

基碳原子开始，用1、2、3……给主链编号，根据主链碳原子数目的不同称为“某酸”。对于一些简单的羧酸也可以从羧基的邻位碳原子开始，用希腊字母 α、β、γ……来编号，希腊字母 ω 则专指碳链末端的位置。对于不饱和脂肪酸的命名，应选择含羧基和不饱和键都在内的最长碳链为主链，称为“某烯酸”，从羧基碳原子开始编号，并把双键的位置注明。例如：

$\overset{4}{C}H_3(\gamma)$—$\overset{3}{C}H(\beta)(CH_3)$—$\overset{2}{C}H_2(\alpha)$—$\overset{1}{C}OOH$

3-甲基丁酸(或 β-甲基丁酸)

$\overset{4}{C}H_3$—$\overset{3}{C}(CH_3)$=$\overset{2}{C}H$—$\overset{1}{C}OOH$

3-甲基-2-丁烯酸

$\overset{5}{C}H_3$—$\overset{4}{C}H(CH_3)$—$\overset{3}{C}H_2$—$\overset{2}{C}H(CH_2CH_3)$—$\overset{1}{C}OOH$

4-甲基-2-乙基戊酸

$\overset{5}{C}H_3$—$\overset{4}{C}H_2$—$\overset{3}{C}H(\beta)(CH_3)$—$\overset{2}{C}H(\alpha)(CH_3)$—$\overset{1}{C}OOH$

2,3-二甲基戊酸（或 α,β-二甲基戊酸）

脂肪二元羧酸命名时，应选含两个羧基的最长碳链作主链，称为“某二酸”。

HOOC—COOH　　HOOC—CH_2—COOH　　HOO$\overset{1}{C}$—$\overset{2}{C}H(CH_3)$—$\overset{3}{C}H_2$—$\overset{4}{C}OOH$

乙二酸　　丙二酸　　2-甲基丁二酸

芳香羧酸和脂环羧酸命名时，以脂肪羧酸作为母体，把芳环和脂环看作取代基。

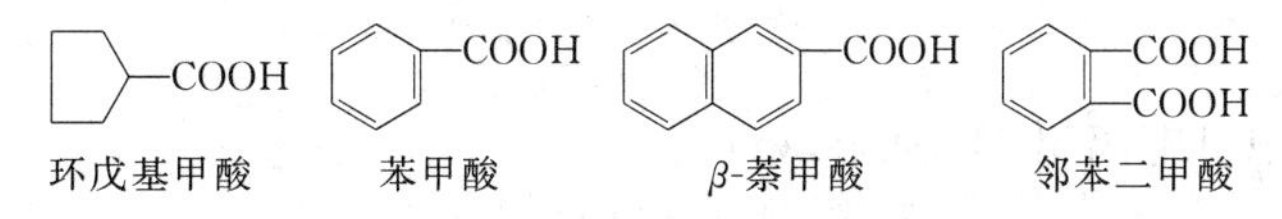

环戊基甲酸　　苯甲酸　　β-萘甲酸　　邻苯二甲酸

羧酸常根据它们的天然来源或性状以俗名称呼，如蚁酸（HCOOH）、醋酸（CH_3COOH）、巴豆酸（CH_3—CH=CH—COOH）、草酸（HOOC—COOH）、软脂酸［$CH_3(CH_2)_{14}COOH$］、硬脂酸［$CH_3(CH_2)_{16}COOH$］、安息香酸（C_6H_5—COOH）。

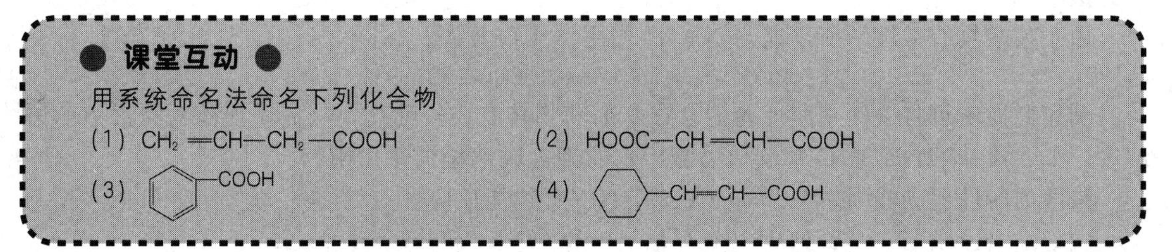

课堂互动
用系统命名法命名下列化合物
（1）CH_2=CH—CH_2—COOH
（2）HOOC—CH=CH—COOH
（3）COOH
（4）CH=CH—COOH

二、羧酸的物理性质

饱和一元羧酸中，甲酸、乙酸、丙酸是有刺激性气味的液体；C_4～C_9 羧酸是有恶臭的油状液体；C_{10}以上的羧酸是无味的蜡状固体。脂肪族二元羧酸和芳香羧酸都是结晶性固体。

羧酸能与水分子形成氢键，C_4 以下的羧酸可与水混溶，从戊酸开始，随着碳原子数增加，羧酸水溶性明显降低。高级脂肪酸不溶于水，而溶于乙醇、乙醚等有机溶剂。

羧酸的沸点比分子量相近的醇还高，如：乙酸、丙醇、甲乙醚分子量相同，乙酸的沸点是 118℃，丙醇的沸点 97℃，甲乙醚的沸点 10.8℃，这是因为羧酸分子间可以形成两个氢键而缔合成较稳定的二聚体。常见的羧酸物理常数见表 7-2。

```
       O···H—O
      //       \
 R—C            C—R
      \        //
       O—H···O
```

表 7-2　常见羧酸的物理常数

名称	熔点/℃	沸点/℃	pK_a
甲酸	8.4	100.5	3.77
乙酸	16.4	118	4.76
丙酸	−22	141	4.88
丁酸	−4.7	162.5	4.82
苯甲酸	122.4	249	4.19
乙二酸	189	1.46	4.40
丙二酸	135	2.80	5.85
邻苯二甲酸	231	2.89	5.51

三、羧酸的化学性质

羧酸的化学性质主要取决于其中的官能团羧基。从形式上看羧基由羰基和羟基组成，但羧酸的酸性比醇更强，羟基被取代比醇难。羧酸可以发生下列反应：

```
     H  O
     |  ‖
R—C—C—O—H
     |     ↑   ↑
     H     |   └→解离呈酸性
           └→羟基被取代(生成羧酸衍生物）的反应
```

（一）酸性

羧酸在水溶液中可电离出 H^+ 而显酸性。

$$RCOOH \rightleftharpoons RCOO^- + H^+$$

羧酸酸性强弱可以根据羧酸电离常数 K_a 或它的负对数 pK_a 的大小来判断。K_a 愈大或 pK_a 愈小，酸性愈强。常见的一元羧酸的 pK_a 为 3～5，属于弱酸，但比碳酸（pK_a 为 6.5）酸性要强些。常见几种羧酸的酸性强弱顺序如下：乙二酸＞甲酸＞苯甲酸＞乙酸＞其他饱和一元羧酸。

由于羧酸具有酸性，所以能与 NaOH 作用生成羧酸盐。

$$RCOOH + NaOH \longrightarrow RCOONa + H_2O$$

利用此性质可将一些水溶性差的含羧基的药物转变成羧酸盐，从而增加药物在水中的溶解度。如含羧基的青霉素 G 常制成易溶于水的钾盐或钠盐供注射用。

羧酸的酸性比碳酸强，与 Na_2CO_3、$NaHCO_3$ 均能反应。

$$2RCOOH + Na_2CO_3 \longrightarrow 2RCOONa + CO_2\uparrow + H_2O$$

$$RCOOH + NaHCO_3 \longrightarrow RCOONa + CO_2\uparrow + H_2O$$

苯酚的酸性比碳酸弱，不能与 $NaHCO_3$ 反应，常据此来鉴别、分离羧酸和酚类化合物。

羧酸盐可被硫酸或盐酸酸化而游离出羧酸。

$$R—COONa + HCl \longrightarrow R—COOH + NaCl$$

利用此性质可从中草药中提取某些有机酸。如从甘草中提取甘草酸，甘草酸在甘草中以钾、钙、镁盐形式存在，溶于水，经浸提取后，加盐酸至 pH 为 3 时，甘草酸即沉淀析出。用水洗去盐酸后，即得口服甘草酸。

● 课堂互动 ●

将下列化合物按酸性强弱次序排列

$C_6H_5—COOH$　HCOOH　CH_3CH_2OH　H_2O　NH_3　H_2CO_3　CH_3COOH　C_6H_5OH

（二）羧基中羟基的取代反应

羧酸分子中羧基上的羟基，可以被酰氧基（$—O\overset{O}{\overset{\|}{C}}R$）、卤素（—X）、烷氧基（—OR）或氨基（$—NH_2$）取代，分别生成酸酐、酰卤、酯或酰胺等羧酸的衍生物。

1. 酸酐的生成

羧酸在脱水剂（如 P_2O_5）的存在下加热，两分子羧酸间能脱去一分子水而形成酸酐。

$$\begin{matrix} R—\overset{O}{\overset{\|}{C}}—O\boxed{H} \\ R—\underset{O}{\underset{\|}{C}}—\boxed{OH} \end{matrix} \xrightarrow[\triangle]{P_2O_5} \begin{matrix} R—\overset{O}{\overset{\|}{C}} \\ R—\underset{O}{\underset{\|}{C}} \end{matrix}\!\!>O + H_2O$$

酸酐

2. 酰卤的生成

最常用的酰卤是酰氯，可由羧酸与亚硫酰氯反应生成。

$$R—\overset{O}{\overset{\|}{C}}—OH + SOCl_2 \longrightarrow R—\overset{O}{\overset{\|}{C}}—Cl + SO_2\uparrow + HCl\uparrow$$

酰氯

3. 酯的生成

在强酸如浓硫酸的催化下，羧酸可以与醇脱水生成酯，此反应称为酯化反应。有机酸和醇的反应是可逆反应。酯化反应必须在酸的催化及加热下进行，否则反应速率极慢。

$$R—\overset{O}{\overset{\|}{C}}—OH + R'—OH \underset{\triangle}{\overset{浓\ H_2SO_4}{\rightleftharpoons}} R—\overset{O}{\overset{\|}{C}}—OR' + H_2O$$

酯

由于酯化反应是可逆的，所以要提高酯的产率，可以增加反应物的浓度或及时蒸出生成的酯和水，使平衡向生成物方向移动。

4. 酰胺的生成

羧酸与氨作用，得到羧酸的铵盐。将羧酸铵盐加热，失去一分子的水生成酰胺。

$$R—\overset{O}{\overset{\|}{C}}—OH + NH_3 \longrightarrow R—\overset{O}{\overset{\|}{C}}—ONH_4 \xrightarrow[-H_2O]{\triangle} R—\overset{O}{\overset{\|}{C}}—NH_2$$

酰胺

● 课堂互动 ●

写出下列反应的反应式，并注明生成物类型。

（1）$C_6H_5COOH + SOCl_2 \longrightarrow$

（2）$CH_3CH_2COOH + CH_3CH_2OH \xrightarrow[\triangle]{浓 H_2SO_4}$

四、重要的羧酸

1. 甲酸（HCOOH）

甲酸俗名蚁酸，存在于蚂蚁等许多昆虫的分泌物中，也存在于一些植物如松叶及某些果实中。甲酸是无色有刺激性臭味的液体，沸点100.7℃，易溶于水，有很强的腐蚀性，一些昆虫叮咬皮肤引起的红肿，就是甲酸引起的。

甲酸具有特殊结构，分子中既有醛基又有羧基，即 $H-\overset{\overset{\displaystyle O}{\|}}{C}-OH$，因此甲酸既有羧酸的性质，又有醛的性质，能还原托伦试剂和费林试剂，还能使高锰酸钾溶液褪色。利用这些反应可以区别甲酸和其他羧酸。

甲酸在医药上可用作消毒防腐剂，12.5g/L的甲酸水溶液称为蚁精，可用于治疗风湿症。

2. 乙酸（CH_3COOH）

乙酸俗名醋酸，是食醋的主要成分。乙酸广泛存在于自然界，因为许多微生物可以将不同的有机酸发酵转化为乙酸，所以酸牛奶、酸葡萄中都存在乙酸。

乙酸是无色有刺激性气味的液体，易溶于水，沸点118℃，熔点16.6℃。室温低于16.6℃时，乙酸能结成冰状的固体，所以常把无水乙酸叫做冰醋酸。

3. 苯甲酸（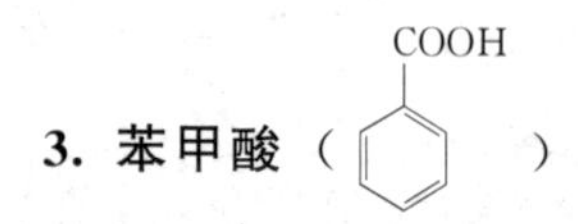）

苯甲酸最早从安息香树脂制得，俗称安息香酸。苯甲酸是无色晶体，熔点121.7℃，难溶于冷水，易溶于热水、乙醇、乙醚和氯仿中。受热易升华。苯甲酸及其钠盐可作药物和食品的防腐剂。

4. 乙二酸（HOOC—COOH）

乙二酸常以盐的形式存在于许多植物的细胞壁中，所以俗名草酸。草酸是无色结晶，含两分子结晶水，加热到100℃就失去结晶水而得无水草酸。草酸易溶于水，而不溶于乙醚等有机溶剂。

草酸的酸性比一元羧酸和其他的二元羧酸都强。草酸除具有一般羧酸的性质外，还具有还原性，易被氧化。例如能与高锰酸钾反应，在分析化学中，常用草酸钠来标定高锰酸钾溶液的浓度。

● 课堂互动 ●

怎样用化学方法区别下列各组化合物

1. 甲酸、乙酸　　2. 乙酸、草酸　　3. 苯甲酸、甲苯酚

第二节 取代羧酸

羧酸分子中烃基上的氢原子被其他原子或原子团取代所生成的化合物称为取代羧酸。其中重要的是羟基酸和羰基酸。羟基酸广泛存在于动植物体内，并对生物体的生命活动起重要作用，也可作为药物合成的原料及食品的调味剂。

一、羟基酸

（一）羟基酸的定义、分类和命名

1. 定义

羧酸分子中烃基上的氢原子被羟基取代所生成的化合物叫羟基酸。

2. 分类

羟基酸分为醇酸和酚酸两类，羟基连在脂肪碳链上的称为醇酸，连在芳环上的称为酚酸。

$CH_3—CH(OH)—COOH$

2-羟基丙酸（醇酸）

邻羟基苯甲酸（酚酸）

根据羟基和羧基的相对位置不同，醇酸可分为 α-羟基酸、β-羟基酸、γ-羟基酸和 δ-羟基酸等。

3. 命名

醇酸以羧酸为母体、羟基为取代基来命名，主链从羧基碳原子开始用阿拉伯数字编号，也可从羧基相连的碳原子开始用希腊字母 α、β、γ……ω 编号。许多羟基酸是天然产物，也有根据来源而得名的俗名。例如：

$HOOC—CH(OH)—CH(OH)—COOH$

2,3-二羟基丁二酸
或 α,β-二羟基丁二酸（酒石酸）

$CH_3—CH(OH)—CH(CH_3)—COOH$

2-甲基-3-羟基丁酸
α-甲基-β-羟基丁酸

酚酸也是以羧基为母体，根据羟基在芳环上的位置来命名。例如：

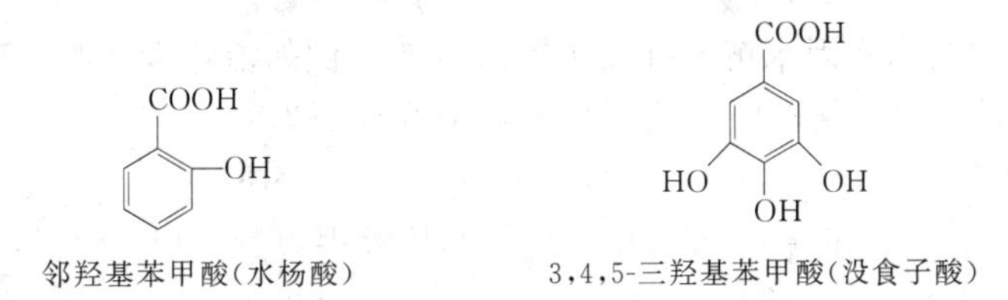

邻羟基苯甲酸（水杨酸）　　3,4,5-三羟基苯甲酸（没食子酸）

课堂互动

写出下列化合物的名称：

$CH_3CH(OH)CH_2COOH$　　$HOOC—CH_2CH(OH)—COOH$

（二）羟基酸的物理性质

羟基酸一般为结晶性固体或黏稠性液体。羟基酸由于分子中所含的羟基和羧基都可以与水形成氢键，所以在水中的溶解度大于相应的羧酸和醇。低级的羟基酸可与水混溶。羟基酸的沸点和熔点也比相应的羧酸高。酚酸都为结晶性固体。

（三）羟基酸的化学性质

羟基酸分子中既有羟基又有羧基，故兼有羟基和羧基的一般性质，如醇羟基可以氧化、酯化、脱水等，酚羟基有酸性并能与三氯化铁溶液显色；羧基具有酸性，可成盐、成酯等。由于羟基和羧基的相互影响，又使得羟基酸具有一些特殊性质。

1. 酸性

由于羟基的吸电子诱导效应，使醇酸的酸性比相应的羧酸强。随着羟基和羧基距离的增大，羟基酸的酸性逐渐减弱。羟基数目越多，酸性越强。

	CH_3CH_2COOH	$CH_3CH(OH)COOH$	$CH_2(OH)CH_2COOH$
pK_a	4.88	3.86	4.51

2. 脱水生成内酯

γ-羟基酸和 δ-羟基酸常温下发生分子内脱水生成稳定的五元或六元环状的内酯。例如：

γ-羟基丁酸 → γ-丁内酯 $+ H_2O$

δ-羟基戊酸 → δ-戊内酯 $+ H_2O$

内酯也具有酯的性质，在酸或碱的存在下可发生水解。例如：

γ-丁内酯 $\xrightarrow{NaOH,\ H_2O}$ $HOCH_2CH_2CH_2COONa$（γ-羟基丁酸钠）

具有内酯结构的药物常因水解开环而失效或减效。例如治疗青光眼的硝酸毛果芸香碱滴眼剂在 pH4～5 时最稳定，偏碱时，内酯环易水解开环而失效。

毛果芸香碱 $\xrightarrow[OH^-]{H_2O}$ 毛果芸香酸

3. 酚酸脱羧反应

酚酸具有酚或芳香羧酸的通性。邻位和对位羟基酚酸，加热到熔点以上，能发生脱羧反应。例如，水杨酸加热至 159℃ 即脱羧生成苯酚。

水杨酸 $\xrightarrow{\triangle}$ 苯酚 $+ CO_2\uparrow$

（四）重要的羟基酸

1. 乳酸（$CH_3-\underset{\displaystyle OH}{\underset{|}{CH}}-COOH$）

乳酸最初从酸牛乳中得到而得名。人体在运动时，糖原分解生成乳酸，乳酸存积在肌肉里使肌肉感到酸胀。

乳酸常温下为无色或淡黄色糖浆状液体，熔点为18℃，有很强的酸性和吸湿性。能与水、乙醇、乙醚等混溶，但不溶于氯仿和油脂。医药上，乳酸钙是常用的补钙药物。乳酸还可用作消毒防腐剂，其蒸气可用于室内空气消毒。

2. 酒石酸（$HOOC-\underset{\displaystyle OH}{\underset{|}{CH}}-\underset{\displaystyle OH}{\underset{|}{CH}}-COOH$）

酒石酸以酸性钾盐的形式存在于植物的果实中，以葡萄中含量最高。酒石酸氢钾难溶于水和乙醇，所以葡萄汁发酵制酒时，它以结晶析出，称为“酒石”。酒石用酸处理得到酒石酸。

酒石酸是无色半透明的晶体或结晶性粉末，熔点170℃，有强酸味，易溶于水，不溶于有机溶剂。酒石酸的用途较广，酒石酸钾钠可配制费林试剂；酒石酸锑钾口服有催吐的作用，注射可治疗血吸虫病。

3. 柠檬酸（$HOOC-CH_2-\overset{\displaystyle COOH}{\overset{|}{\underset{\displaystyle OH}{\underset{|}{C}}}}H-CH_2-COOH$）

柠檬酸又称枸橼酸，存在于多种植物的果实中，如柠檬、柑橘、山楂等。它是一种无色结晶，有较强的酸味，易溶于水及醇。无水枸橼酸熔点153℃，含一分子结晶水的枸橼酸熔点为100℃，干燥空气中微有风化性。

柠檬酸常用于糖果和饮料的矫味剂、清凉剂。医药上，柠檬酸钠有抗凝血和利尿作用。柠檬酸铁铵是常用的补血药。

4. 苹果酸（$HOOC-CH_2-\underset{\displaystyle OH}{\underset{|}{CH}}-COOH$）

苹果酸最初从未成熟的苹果中得到而得名。苹果酸还存在于其他未成熟的果实中，如山楂、葡萄、杨梅、番茄等。

天然苹果酸是无色针状结晶，熔点100℃，易溶于水和乙醇。苹果酸可用于制药和食品工业；苹果酸钠可作为食盐代用品，供低食盐病人食用。

5. 水杨酸（邻羟基苯甲酸：苯环上连有 COOH 和邻位 —OH）

水杨酸又名柳酸，主要存在于柳树或水杨树皮中。它是白色针状结晶，熔点159℃，微溶于水，易溶于乙醇和乙醚中。

水杨酸具有酚和羧酸的性质，如易被氧化、遇三氯化铁水溶液显紫色，水溶液呈酸性，能成盐、成酯等。加热至熔点易发生脱羧反应。

水杨酸是一种外用杀菌剂和防腐剂，其酒精溶液可治疗某些真菌感染而引起的皮肤病。因水杨酸内服对胃肠有较大的刺激，一般不宜内服。临床上用乙酰水杨酸作为内服药。

乙酰水杨酸商品名为阿司匹林，在冰醋酸中80℃时水杨酸与酸酐共热生成乙酰水杨酸。

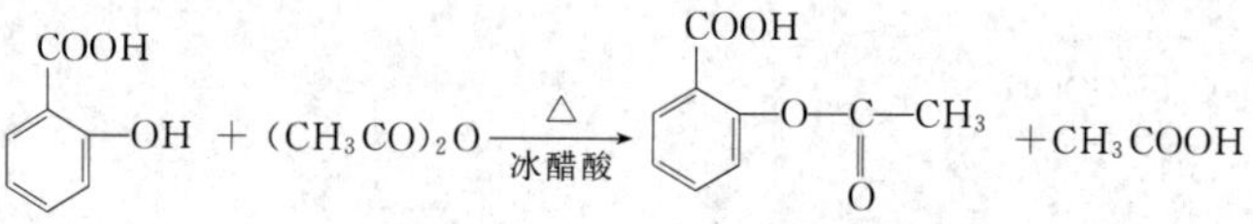

$$\text{HOOC-}C_6H_4\text{-OH} + (CH_3CO)_2O \xrightarrow[\text{冰醋酸}]{\triangle} \text{HOOC-}C_6H_4\text{-O-}\underset{\underset{O}{\|}}{C}\text{-}CH_3 + CH_3COOH$$

乙酰水杨酸

阿司匹林具有解热镇痛、抗血栓形成及抗风湿的作用，刺激性较水杨酸小，是内服解热镇痛药。

6. 没食子酸（3,4,5-三羟基苯甲酸：苯环上连有COOH，其间位和对位连有3个OH）

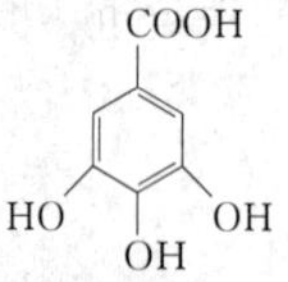

没食子酸又称五倍子酸，主要存在于槲树皮和茶叶中。可用五倍子与稀酸加热或用酶水解制得。纯的没食子酸是白色结晶性粉末，熔点253℃，易溶于水，易氧化，医药上用作抗氧剂，能与铁盐生成黑色沉淀用于制造蓝黑墨水。

没食子酸与葡萄糖及多元醇结合生成的化合物叫鞣质（又叫单宁或鞣酸），是中草药中一类较重要的有效成分。鞣质可溶于水或醇中生成胶体溶液，具有涩味。有强还原性和收敛性，有凝固蛋白质的作用，在医药上作外用止血和收敛药，药剂上作防腐杀菌剂。鞣酸对胃黏膜有刺激，内服常用其衍生物鞣酸蛋白治疗胃溃疡和腹泻。鞣质还能与多种生物碱形成沉淀，可用作生物碱中毒时的解毒剂。鞣质还可用于鞣质皮革。

课堂互动

1. 写出水杨酸与氢氧化钠、碳酸钠反应化学方程式。
2. 写出水杨酸与醋酐共热的化学方程式。

二、羰基酸

（一）羰基酸的定义、分类和命名

1. 羰基酸定义和分类

羧酸烃基上含有羰基的化合物叫羰基酸。羰基酸分为醛酸和酮酸，羰基在碳链末端的是醛酸，在碳链当中的是酮酸。

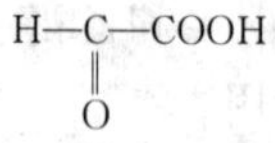

$$H\text{—}\underset{\underset{O}{\|}}{C}\text{—}COOH \qquad CH_3\text{—}\underset{\underset{O}{\|}}{C}\text{—}CH_2COOH$$

乙醛酸 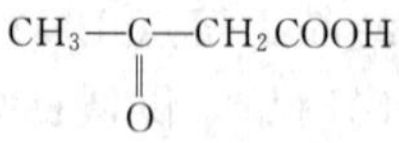　　　　β-丁酮酸

2. 命名

命名时选含羰基和羧基的最长碳链为主链，称为某醛酸或某酮酸。命名酮酸时还须用阿拉伯数字或希腊字母标明酮基的位置。

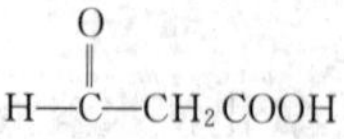

$$H\text{—}\overset{\overset{O}{\|}}{C}\text{—}CH_2COOH \qquad CH_3\text{—}\overset{\overset{O}{\|}}{C}\text{—}CH_2CH_2COOH$$

丙醛酸 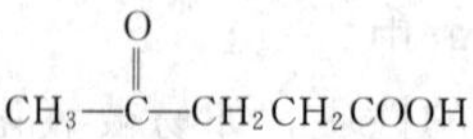　　　　γ-戊酮酸（4-戊酮酸）

（二）重要的酮酸

在羰基酸中，以酮酸较为重要。其中α-酮酸和β-酮酸是动物体内糖、脂肪和蛋白质代

谢的中间产物，在体内可转变成氨基酸，故有重要的生理意义。

1. 丙酮酸（$CH_3\overset{O}{\overset{\|}{C}}COOH$）

丙酮酸是机体糖代谢的中间产物，可由乳酸氧化得到，反过来又可还原成乳酸。它是一种无色有刺激性气味的液体，易溶于水，其酸性比丙酸强。

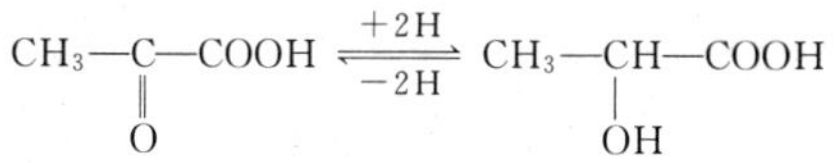

$$CH_3-\underset{\underset{O}{\|}}{C}-COOH \underset{-2H}{\overset{+2H}{\rightleftharpoons}} CH_3-\underset{\underset{OH}{|}}{CH}-COOH$$

2. *β*-丁酮酸（$CH_3-\underset{\underset{O}{\|}}{C}-CH_2COOH$）

β-丁酮酸又称乙酰乙酸，是一种无色黏稠的液体。在低温下稳定，温度高于室温易脱羧生成丙酮；*β*-丁酮酸在酶的作用下加氢还原生成*β*-羟基丁酸，*β*-羟基丁酸氧化后又能生成*β*-丁酮酸。

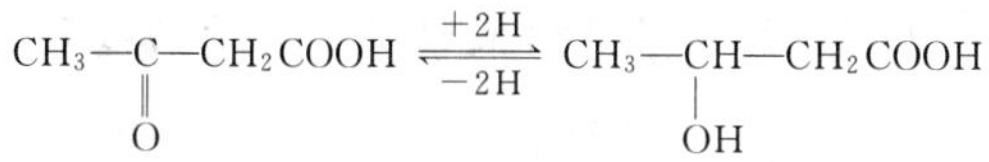

$$CH_3-\underset{\underset{O}{\|}}{C}-CH_2COOH \underset{-2H}{\overset{+2H}{\rightleftharpoons}} CH_3-\underset{\underset{OH}{|}}{CH}-CH_2COOH$$

β-丁酮酸、*β*-羟基丁酸和丙酮三者在医学上统称为酮体。它们是脂肪酸在人体内不能完全氧化成二氧化碳和水的中间产物。当人体内代谢紊乱时，血中酮体含量就会增加，从尿中排出。因此临床上诊断是否患有糖尿病，除了检查尿液中的葡萄糖含量外，还要检查尿液中酮体的含量。血液中酮体含量过高，血液酸性增强，从而导致酸中毒。

（三）乙酰乙酸乙酯

乙酰乙酸乙酯为无色液体，有令人愉快的香味，稍溶于水，易溶于有机溶剂。

乙酰乙酸乙酯是由酮式和烯醇式互变异构体的混合物所组成的平衡体系，其中酮式占93%，烯醇式占7%。

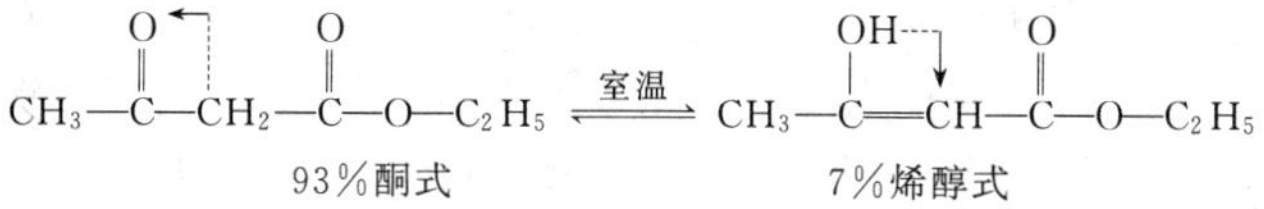

$$\underset{93\%\text{酮式}}{CH_3-\overset{O}{\overset{\|}{C}}-CH_2-\overset{O}{\overset{\|}{C}}-O-C_2H_5} \overset{\text{室温}}{\rightleftharpoons} \underset{7\%\text{烯醇式}}{CH_3-\overset{OH}{\overset{|}{C}}=CH-\overset{O}{\overset{\|}{C}}-O-C_2H_5}$$

用如下实验方法可以证明酮式和稀醇式两种异构体的存在。

在乙酰乙酸乙酯中加入羰基试剂2,4-二硝基苯肼溶液，可生成橙色的苯腙沉淀。证明有酮式结构。

在乙酰乙酸乙酯中加入三氯化铁试剂呈紫色，说明分子中具有烯醇式结构。

乙酰乙酸乙酯可使溴水褪色，说明分子中含有碳碳双键。

此外，刚滴加过溴水的乙酰乙酸乙酯，若接着再加三氯化铁试液不会显色。但片刻后会出现紫色，证明有一部分酮式转变为烯醇式，二者之间存在动态平衡。

互变异构现象是指两种或两种以上异构体之间相互转变，并以动态平衡而同时存在的现象。具有这种关系的异构体叫互变异构体。

一般含有 $-\overset{O}{\overset{\|}{C}}-CH_2-\overset{O}{\overset{\|}{C}}-$ 结构的化合物都存在酮式-烯醇式互变异构。如：$R-\overset{O}{\overset{\|}{C}}-CH_2-\overset{O}{\overset{\|}{C}}-R$、$R-\overset{O}{\overset{\|}{C}}-CH_2-\overset{O}{\overset{\|}{C}}-OR$ 以及某些糖和含氮的化合物。

本章小结

一、羧酸的通式为 R—COOH（甲酸中 R═H），官能团为羧基（—COOH）。

二、饱和脂肪酸命名时，选择包含羧基的最长碳链作为主链，从羧基碳开始编号称某酸。不饱和脂肪酸命名时，应选择包含羧基和不饱和键在内的最长碳链为主链，并将双键、三键的位次写在某烯酸或某炔酸名称前面。脂环羧酸和芳香羧酸命名时，将脂环和芳环看作取代基，以脂肪羧酸作为母体加以命名。

三、羧酸的化学性质

（1）酸性　水溶液中呈酸性，其酸性比碳酸酸性强，能与 Na_2CO_3、$NaHCO_3$ 等生成盐，常利用此特性与酚相区别。

（2）生成羧酸衍生物　羧酸中的羟基被卤素、酰氧基、烷氧基、氨基取代生成酰卤、酸酐、酯、酰胺等羧酸衍生物。

四、羟基酸是分子中含有羟基和羧基两种官能团的化合物。羟基酸分为醇酸和酚酸两类。羟基酸的主要性质归纳如下。

（1）醇酸的酸性　醇酸具有酸性，醇酸的酸性强于相应的羧酸。羟基离羧基越近，酸性越强；羟基数目越多，酸性越强。

（2）醇酸的脱水反应　γ-羟基酸和 δ-羟基酸常温下发生分子内脱水生成稳定的五元或六元环状内酯。

（3）酚酸脱羧反应　水杨酸和没食子酸加热至200℃以上会发生脱羧反应，生成相应的酚。

五、羰基酸是分子中含有酮基和羧基两种官能团的化合物。羰基酸按羰基在碳链中的位置不同，又分为醛酸和酮酸。命名羰基酸时取含羰基和羧基的最长碳链，叫做某醛酸或某酮酸。命名酮酸时还须标明酮基的位置。

习题

1. 写出下列化合物的名称或结构式

（1）HOOCH　（2）CH_3COOH　（3）$CH_3CH(CH_3)CH_2COOH$（CH₃ 在第二个碳上）　（4）环己基—COOH

（5）HOOC—COOH　（6）苯基—COOH　（7）邻苯二甲酸（苯环邻位两个—COOH）　（8）$CH_3CH(CH_3)COOH$

（9）邻羟基苯甲酸（苯环上—COOH 与邻位—OH）　（10）乳酸　（11）水杨酸

2. 用化学方法鉴别下列各组化合物

（1）甲酸、乙酸、乙二酸　（2）苯甲酸、环己醇、对甲苯酚

（3）丁酸、2-丁烯酸

3. 比较下列化合物酸性的大小

（1）乙二酸、甲酸、苯甲酸、乙酸　（2）水、甲醇、乙酸、氨、苯酚、碳酸、甲酸

4. 写出下列反应的主要产物

（1）$CH_3COOH + Na_2CO_3 \longrightarrow$

（2）$CH_3CH_2COOH + CH_3CH_2OH \xrightleftharpoons[\triangle]{浓 H_2SO_4}$

第八章

羧酸衍生物及油脂

学习目标

1. 掌握羧酸衍生物的定义、官能团和分类。
2. 掌握羧酸衍生物的命名。
3. 熟悉羧酸衍生物的化学性质。
4. 熟悉油脂的组成、结构和性质。

第一节 羧酸衍生物

一、羧酸衍生物的定义和命名

1. 定义

羧酸衍生物是指羧酸分子中的羟基分别被其他原子或基团取代的产物。羧酸衍生物的结构中都含有酰基（$\mathrm{R-\overset{O}{\overset{\|}{C}}-}$），可用通式 $\mathrm{R-\overset{O}{\overset{\|}{C}}-L}$ （L＝—X、—OCOR、—OR、—NH_2）表示。主要有下列四种：

$\mathrm{R-\overset{O}{\overset{\|}{C}}-X}$	$\mathrm{R-\overset{O}{\overset{\|}{C}}-O-\overset{O}{\overset{\|}{C}}-R'}$	$\mathrm{R-\overset{O}{\overset{\|}{C}}-OR'}$	$\mathrm{R-\overset{O}{\overset{\|}{C}}-NH_2}$
酰卤	酸酐	酯	酰胺

2. 命名

在命名羧酸衍生物前，首先要了解酰基的命名。酰基的命名，是将某酸变成某酰基即可。例如：

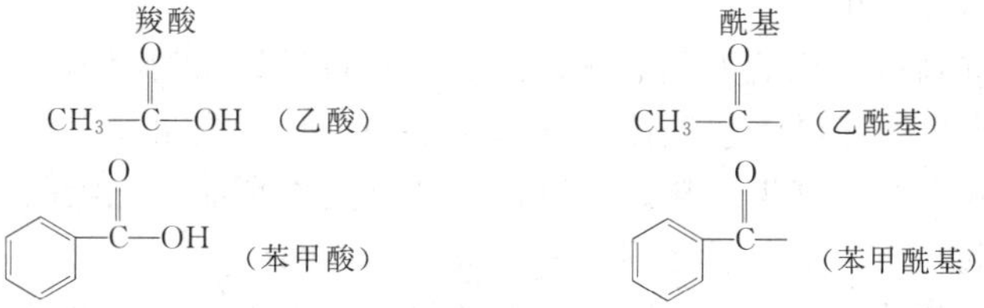

羧酸	酰基
$\mathrm{CH_3-\overset{O}{\overset{\|}{C}}-OH}$ （乙酸）	$\mathrm{CH_3-\overset{O}{\overset{\|}{C}}-}$ （乙酰基）
$\mathrm{C_6H_5-\overset{O}{\overset{\|}{C}}-OH}$ （苯甲酸）	$\mathrm{C_6H_5-\overset{O}{\overset{\|}{C}}-}$ （苯甲酰基）

酰卤和酰胺的命名，都按它们所含的酰基来命名，称“某酰卤”或“某酰胺”。例如：

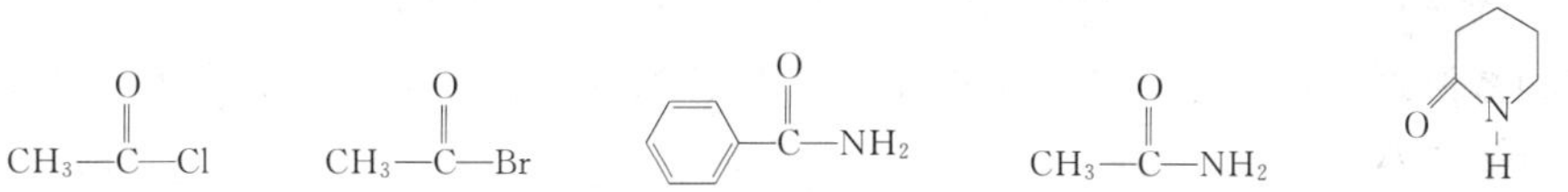

$\mathrm{CH_3-\overset{O}{\overset{\|}{C}}-Cl}$	$\mathrm{CH_3-\overset{O}{\overset{\|}{C}}-Br}$	$\mathrm{C_6H_5-\overset{O}{\overset{\|}{C}}-NH_2}$	$\mathrm{CH_3-\overset{O}{\overset{\|}{C}}-NH_2}$	（六元环内酰胺，环上C=O与N—H相邻）
乙酰氯	乙酰溴	苯甲酰胺	乙酰胺	δ-戊内酰胺

当酰胺的氮原子上连有烃基时可用“*N*”表示烃基的位置。例如：

$\mathrm{C_6H_5-\overset{O}{\overset{\|}{C}}-NHCH_3}$	$\mathrm{CH_3-\overset{O}{\overset{\|}{C}}-N(CH_3)_2}$
N-甲基苯甲酰胺	*N*,*N*-二甲基乙酰胺

酸酐的命名是由酰基对应羧酸的名称加上“酐”字而成。由相同酰基组成的酸酐叫单酐；由不同酰基组成的酸酐叫混合酐。分别称“某酐”或称“某某酐”。例如：

$$CH_3-\overset{O}{\overset{\|}{C}}-O-\overset{O}{\overset{\|}{C}}-CH_3$$

乙（酸）酐（单酐）

$$CH_3-\overset{O}{\overset{\|}{C}}-O-\overset{O}{\overset{\|}{C}}-C_2H_5$$

乙丙酐（混酐）

酯的命名是根据相应羧酸和醇的名称命名的，酸的名称在前，醇的名称在后，称为“某酸某酯”。

$$H-\overset{O}{\overset{\|}{C}}-OCH_2CH_3$$

甲酸乙酯

$$C_6H_5-\overset{O}{\overset{\|}{C}}-OCH_2CH_3$$

苯甲酸乙酯

δ-戊内酯

● **课堂互动** ●

给下列化合物命名或写结构式

(1) $C_6H_5-\overset{O}{\overset{\|}{C}}-NH_2$

(2) $C_6H_5-\overset{O}{\overset{\|}{C}}-Br$

(3) $CH_3-\overset{O}{\overset{\|}{C}}-OCH_2CH_3$

(4) $CH_3-\overset{O}{\overset{\|}{C}}-NHCH_3$

(5) $H-\overset{O}{\overset{\|}{C}}-O-\overset{O}{\overset{\|}{C}}-CH_3$

(6) 苯甲酸甲酯

二、羧酸衍生物的物理性质

酰氯一般是具有强烈刺激气味的无色液体或低熔点固体，其沸点较相应的羧酸低，因分子间不能产生氢键缔合作用。

低级酸酐是具有刺激气味的无色液体，高级酸酐是无气味的固体。

低级酯是具有水果香味的无色液体，许多水果的香味就是由酯引起的，如乙酸异戊酯有香蕉香味，正戊酸异戊酯有苹果香味。所以许多酯可用作食品或化妆品中的香料。酯的沸点比相应的酸和醇都低，因为酯分子之间不能形成氢键而缔合。

酰胺中除了甲酰胺外，大部分酰胺均为白色结晶。由于分子间可以通过氨基上的氢原子形成氢键而缔合，所以沸点相当高。

酰氯和酸酐遇水则分解成酸，酯由于没有缔合性能，所以在水中溶解度比相应的酸低。低级的酰胺溶于水。

酰氯、酰胺、酸酐和酯一般都溶于乙醚、氯仿、苯等有机溶剂。

三、羧酸衍生物的化学性质

（一）水解反应

四种羧酸衍生物都能水解生成相应的羧酸。

$$\left.\begin{array}{l} R-\overset{O}{\overset{\|}{C}}-X \\ R-\overset{O}{\overset{\|}{C}}-O-\overset{O}{\overset{\|}{C}}-R' \\ R-\overset{O}{\overset{\|}{C}}-O-R' \end{array}\right\} + H-OH \longrightarrow R-\overset{O}{\overset{\|}{C}}-OH + \left\{\begin{array}{l} HX \\ R'-\overset{O}{\overset{\|}{C}}-OH \\ R'-OH \end{array}\right.$$

但反应的活性不同，酰氯和酸酐容易水解，尤其酰氯的作用更快。酯和酰胺的水解都需要酸或碱作催化剂，并且还要加热。

水解反应的活性次序是：酰氯＞酸酐＞酯＞酰胺。

酯在酸催化下的水解，是酯化反应的逆反应，但水解不完全。在碱作用下水解时，产生的酸可与碱生成盐而破坏平衡体系，所以在足够量碱的存在下，水解可以进行到底。酯在碱作用下的水解反应又叫皂化反应。

$$R-\overset{O}{\overset{\|}{C}}-O-R' + H_2O \xrightarrow{NaOH} R-\overset{O}{\overset{\|}{C}}-ONa + R'OH$$

酰胺在酸性溶液中水解，得到羧酸和铵盐；在碱作用下水解，则得羧酸盐并放出氨。

$$R-\overset{O}{\overset{\|}{C}}-NH_2 + H_2O \xrightarrow{HCl} R-\overset{O}{\overset{\|}{C}}-OH + NH_4Cl$$

$$R-\overset{O}{\overset{\|}{C}}-NH_2 + H_2O \xrightarrow{NaOH} R-\overset{O}{\overset{\|}{C}}-ONa + NH_3\uparrow$$

羧酸衍生物易水解，在使用和保存含有该类结构的药物时应注意防止水解失效。例如某些易水解的药物，通常制成粉针剂，临用时再加注射用水配成注射液，如含有酰胺结构的青霉素G。还有许多酯类和酰胺类药物在一定的pH范围内比较稳定，配成水溶液时，必须控制溶液的pH。

课堂互动

分析下列药物的结构，指出对水不稳定的部位。

阿司匹林　　对乙酰氨基酚　　青霉素酸盐　　氯霉素

（二）醇解反应

酰卤、酸酐、酯很容易发生醇解反应生成酯。

$$\left.\begin{array}{l} R-\overset{O}{\overset{\|}{C}}-X \\ R-\overset{O}{\overset{\|}{C}}-O-\overset{O}{\overset{\|}{C}}-R' \\ R-\overset{O}{\overset{\|}{C}}-O-R' \end{array}\right\} + H-O-R'' \longrightarrow R-\overset{O}{\overset{\|}{C}}-O-R'' + \left\{\begin{array}{l} HX \\ R'-\overset{O}{\overset{\|}{C}}-OH \\ R'-OH \end{array}\right.$$

（三）氨解反应

酰卤、酸酐和酯都可与氨发生氨解反应生成酰胺。

$$\left.\begin{matrix} R-\overset{\overset{O}{\|}}{C}-X \\ R-\overset{\overset{O}{\|}}{C}-O-\overset{\overset{O}{\|}}{C}-R' \\ R-\overset{\overset{O}{\|}}{C}-O-R' \end{matrix}\right. + H-NH_2 \longrightarrow R-\overset{\overset{O}{\|}}{C}-NH_2 + \left\{\begin{matrix} HX \\ R'-\overset{\overset{O}{\|}}{C}-ONH_4 \\ R'-OH \end{matrix}\right.$$

上述羧酸衍生物的水解、醇解和氨解反应，可以分别看成水、醇、氨分子中的一个氢原子被酰基取代，这种在化合物分子中引入酰基的反应称为酰化反应。所用试剂称为酰化试剂。羧酸衍生物都可作酰化试剂，但常用的酰化试剂是酰氯和酸酐。

酰化反应可应用于药物的合成和结构修饰，如在药物中引入酰基，可降低药物的副作用毒性，提高药效。如水杨酸和对氨基酚都是因为副作用大只能外用，但酰化后得到阿司匹林和扑热息痛，可内服，是常用的解热镇痛药。

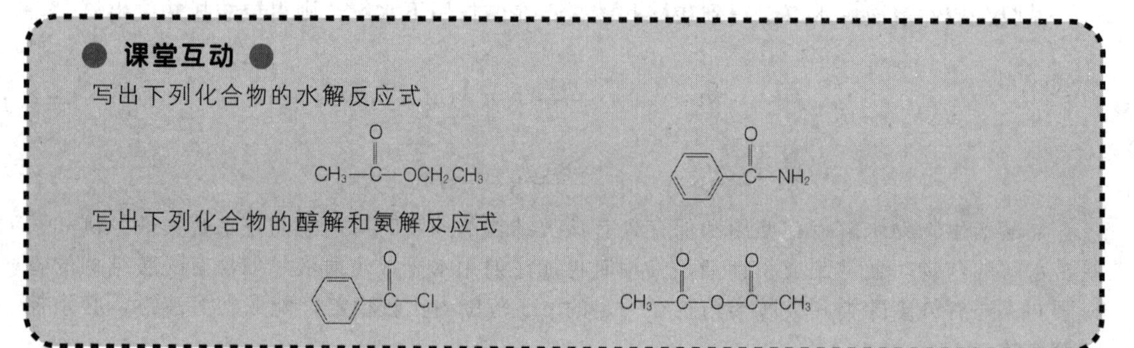

课堂互动
写出下列化合物的水解反应式
$CH_3-\overset{\overset{O}{\|}}{C}-OCH_2CH_3$
NH₂
写出下列化合物的醇解和氨解反应式
Cl
$CH_3-\overset{\overset{O}{\|}}{C}-O-\overset{\overset{O}{\|}}{C}-CH_3$

（四）酰胺的酸碱性

酰胺除具有羧酸衍生物的一般性质外，还具有一些特性——弱酸性和弱碱性。

NH_3	$R-\overset{\overset{O}{\|}}{C}-NH_2$	$R-\overset{\overset{O}{\|}}{C}-\overset{\overset{H}{\|}}{N}-\overset{\overset{O}{\|}}{C}-R$
碱性	中性	酸性
（石蕊试剂变蓝）	（石蕊试剂不变色）	（石蕊试剂变红）

一般来说，酰胺是中性化合物，只是在一定条件下才表现弱酸性和弱碱性。这是因为酰胺分子中氮原子上的未共用电子对与酰胺上的碳氧双键形成了 p-π 共轭体系，使氮原子的电子云密度减低，减弱了它接受质子的能力，因而碱性减弱；同时，氮氢键的极性有所增加，表现出弱酸性。

$$R-\overset{\overset{O}{\|}}{C}-\ddot{N}\begin{matrix} \nwarrow H \\ \searrow H \end{matrix}$$

在亚酰基分子中（酰胺分子中的氮原子同时与两个酰基相连）氮上的电子云密度降低而不显碱性，反之有明显的酸性，能与强碱生成盐。例如：

$$\text{邻苯二甲酰亚胺}(C_6H_4(CO)_2N{-}H) + NaOH \xrightarrow{\text{乙醚}} C_6H_4(CO)_2N^-Na^+ + H_2O$$

● 课堂互动 ●

邻磺酰苯甲酰亚胺 $C_6H_4(CO)(SO_2)NH$（即糖精）不溶于水，用什么方法可使它成为水溶性物质。

四、重要的羧酸衍生物

（一）乙酰氯（CH_3COCl）

乙酰氯是无色有刺激性气味的液体，沸点 52℃，遇水即剧烈水解，并放出大量的热，空气中的水分就能使它水解产生氯化氢而冒白烟。乙酰氯是常用的乙酰化试剂。

（二）乙酸乙酯（CH_3COOCH_2CH）

乙酸乙酯是无色透明的液体，沸点 77℃，具有令人愉快的香味，用作溶剂。

（三）乙酸酐［$(CH_3CO)_2O$］

乙酸酐又名醋酸酐，是具有刺激性气味的无色液体，沸点 139.6℃，微溶于水，易溶于乙醚和苯等有机溶剂。纯乙酸酐为中性化合物，是良好的溶剂，也是重要的乙酰化试剂，用于醋酸纤维、染料、医药和香料等生产中。

（四）邻苯二甲酸酐（$C_6H_4(CO)_2O$）

邻苯二甲酸酐俗称苯酐，为无色针状晶体，熔点 132℃，不溶于水，易升华。广泛用于合成树脂、化学纤维、染料及药物的生产中。

一分子的邻苯二甲酸酐与两分子的酚缩合而生成的化合物叫酚酞，酚酞是无色粉末，熔点 261℃，不溶于水，可溶于酒精。用作酸碱指示剂时，变色范围在 pH8.2～10.0 之间。酚酞在临床上用作轻泻剂。

（五）对氨基苯磺酰胺（$H_2N{-}C_6H_4{-}SO_2NH_2$）及磺胺类药物

对氨基苯磺酰胺简称磺胺。是青霉素问世之前广泛用于临床的一种抗菌药物，它对葡萄球菌和链球菌有抑制作用。但对氨基苯磺酰胺的副作用较大，现仅供外用或用于制备其他磺胺类药物的原料。

对氨基苯磺酰胺氮上的氢原子被原子团取代的衍生物是一类抗菌药物，总称为磺胺类药物，其母体通式为：$RHN{-}C_6H_4{-}SO_2NHR$。目前使用较多的有磺胺嘧啶、磺胺甲噁唑等。

$H_2N{-}C_6H_4{-}SO_2NH{-}C_4H_3N_2$

磺胺嘧啶

$H_2N{-}C_6H_4{-}SO_2NH{-}C_3HNO{-}CH_3$

磺胺甲噁唑

磺胺类药物具有抗菌谱广、性质稳定、口服吸收良好等优点，是一类治疗细菌性感染的重要药物。

（六）尿素（$H_2N-\overset{O}{\overset{\|}{C}}-NH_2$）

尿素也叫脲，存在于哺乳动物的尿液中。它是哺乳动物体内蛋白质代谢的最终产物，成人每天可随尿排出约 30g 的尿素。

尿素是白色结晶，熔点 132℃，易溶于水和乙醇中。尿素在医药上用作角质软化药。

尿素是碳酸的二酰胺，在性质上与酰胺相似，具有弱碱性，但碱性很弱，不能使石蕊试纸变色。

将尿素缓慢加热至熔点以上，生成缩二脲。

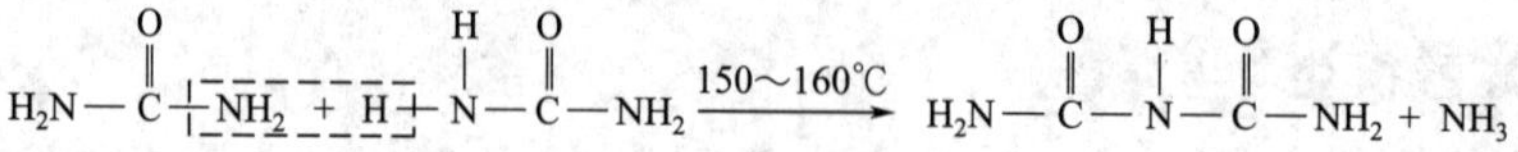

$$H_2N-\overset{O}{\overset{\|}{C}}-NH_2 + H-\overset{H}{\overset{|}{N}}-\overset{O}{\overset{\|}{C}}-NH_2 \xrightarrow{150\sim160℃} H_2N-\overset{O}{\overset{\|}{C}}-\overset{H}{\overset{|}{N}}-\overset{O}{\overset{\|}{C}}-NH_2 + NH_3$$

缩二脲在碱性溶液中与稀硫酸铜溶液作用，呈现紫红色，这种颜色反应叫做缩二脲反应。分子中有酰胺基（$-\overset{O}{\overset{\|}{C}}-NH-$）的化合物都有类似反应，如多肽、蛋白质。

（七）胍

胍分子中的氨基除去一个氢原子后剩下的原子团称为胍基；除去一个氨基后剩下的原子团称为脒基。

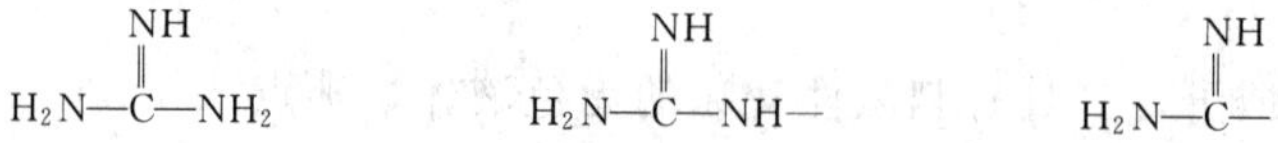

$$\underset{\text{胍}}{H_2N-\overset{NH}{\overset{\|}{C}}-NH_2} \qquad \underset{\text{胍基}}{H_2N-\overset{NH}{\overset{\|}{C}}-NH-} \qquad \underset{\text{脒基}}{H_2N-\overset{NH}{\overset{\|}{C}}-}$$

胍是强碱，碱性与氢氧化钾相当。胍易水解，特别在碱性条件下，是不稳定的，通常以盐的形式保存。很多含有胍结构的药物，往往制成盐类使用。例如：

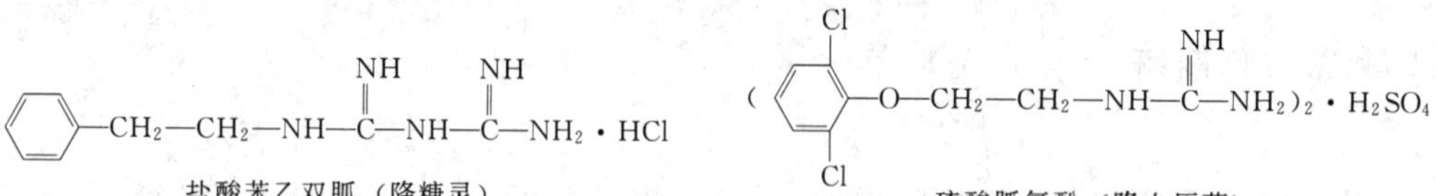

$$C_6H_5-CH_2-CH_2-NH-\overset{NH}{\overset{\|}{C}}-NH-\overset{NH}{\overset{\|}{C}}-NH_2 \cdot HCl$$

盐酸苯乙双胍（降糖灵）

$$(2,6\text{-}Cl_2C_6H_3-O-CH_2-CH_2-NH-\overset{NH}{\overset{\|}{C}}-NH_2)_2 \cdot H_2SO_4$$

硫酸胍氯酚（降血压药）

第二节 油脂

油脂是油和脂肪的总称。通常常温下呈液态的称为油，呈固态或半固态的称为脂肪。从植物中得到的大多为油，如花生油、豆油等；而来自动物的大多为脂肪，如猪油、牛油等。油脂是动植物体的重要组成，也是动植物能量的主要来源。

一、油脂的组成和结构通式

油脂是由一分子甘油与三分子高级脂肪酸所形成的甘油酯，也称甘油三酯。其结构通式如下：

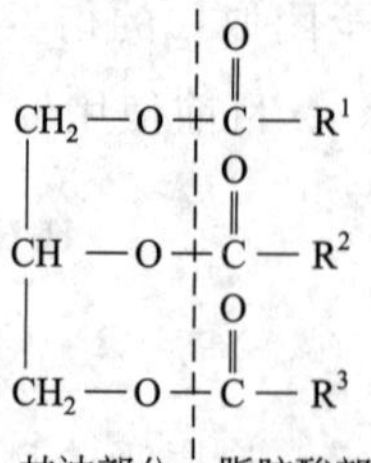

$$\begin{array}{l} CH_2-O-\overset{O}{\overset{\|}{C}}-R^1 \\ | \\ CH-O-\overset{O}{\overset{\|}{C}}-R^2 \\ | \\ CH_2-O-\overset{O}{\overset{\|}{C}}-R^3 \end{array}$$

甘油部分 | 脂肪酸部分

其中 R^1、R^2、R^3 代表高级脂肪酸的烃基。在甘油三酯分子中，三个高级脂肪酸的烃基可以是相同的，也可以是不同的；可以是饱和的，也可以是不饱和的。如果三个高级脂肪酸的烃基是相同的，则称为单甘油酯；如果不同，则称为混甘油酯。在自然界存在的油脂中，构成甘油酯的三个脂肪酸在多数情况下是不同的，天然油脂实际上是各种混甘油酯的混合物。

天然油脂中已发现的脂肪酸有几十种，一般含 12～20 之间的偶数碳原子的直链饱和脂肪酸和不饱和脂肪酸。不饱和脂肪酸主要有油酸、亚油酸、亚麻酸和花生四烯酸。除此之外，还有来自鱼油和海洋食品中的二十碳五烯酸（EPA）和二十二碳六烯酸（DHA）。

油脂中常见的饱和高级脂肪酸：

软脂酸（十六酸）$C_{15}H_{31}COOH$ 或 $CH_3-(CH_2)_{14}-COOH$

硬脂酸（十八酸）$C_{15}H_{31}COOH$ 或 $CH_3-(CH_2)_{16}-COOH$

油脂中常见的不饱和高级脂肪酸：

油酸（9-十八碳烯酸）$C_{17}H_{33}COOH$ 或 $CH_3-(CH_2)_7-CH=CH-(CH_2)_7-COOH$

亚油酸（9,12-十八碳二烯酸）$C_{17}H_{31}COOH$ 或 $CH_3-(CH_2)_4-CH=CH-CH_2-CH=CH-(CH_2)_7-COOH$

亚麻酸（9,12,15-十八碳三烯酸）$C_{17}H_{29}COOH$ 或 $CH_3-CH_2-CH=CH-CH_2-CH=CH-CH_2-CH-CH-(CH_2)_7-COOH$

花生四烯酸（5,8,11,14-二十碳四烯酸）$C_{19}H_{31}COOH$ 或 $CH_3-(CH_2)_4-CH=CH-CH_2-CH=CH-CH_2-CH=CH-CH_2-CH=CH-(CH_2)_3-COOH$

EPA（5,8,11,14,17-二十碳五烯酸）$CH_3CH_2(CH=CHCH_2)_5(CH_2)_2COOH$

DHA（4,7,10,13,16,19-二十二碳六烯酸）$CH_3(CH=CHCH_2)_6(CH_2)_2COOH$

人体可以合成大多数脂肪酸，但少数不饱和脂肪酸如油酸和亚麻酸不能在人体内合成，花生四烯酸体内虽能合成，但数量不能完全满足人体生命活动的需求，这些人体不能合成或合成不足，必须从食物中摄取的不饱和脂肪酸，称为必需脂肪酸。

二、油脂的物理性质

纯净的油脂是无色、无臭、无味的中性化合物。大多数天然油脂由于含有少量色素、游离脂肪酸、磷脂和维生素等物质而呈现颜色（黄色和红色）。油脂的密度均小于 $1g/cm^3$，不溶于水，微溶于低级醇，易溶于乙醚、氯仿、苯和石油醚等有机溶剂。

天然油脂没有恒定的沸点和熔点。含不饱和脂肪酸多时有较高的流动性和较低的熔点，常温下呈液态。例如，花生油、豆油、玉米油、菜籽油等植物油含有较高比例的不饱和脂肪酸，故常温下呈液态；而动物脂肪如猪油、牛油、羊油含饱和脂肪酸较多，故常温下呈固态或半固态。

三、油脂的化学性质

1. 水解与皂化

油脂和酯一样，在酸、碱或酶的作用下，一分子油脂可水解生成一分子甘油和三分子脂肪酸。油脂在氢氧化钠或氢氧化钾条件下水解，得到甘油和高级脂肪酸的钠盐或钾盐，即肥皂，故油脂在碱性溶液中的水解又称皂化反应。

$$\begin{array}{l} CH_2-O-\overset{O}{\overset{\|}{C}}-R^1 \\ | \\ CH-O-\overset{O}{\overset{\|}{C}}-R^2 \\ | \\ CH_2-O-\overset{O}{\overset{\|}{C}}-R^3 \end{array} + 3NaOH \xrightarrow{\triangle} \begin{array}{l} CH_2-OH \\ | \\ CH-OH \\ | \\ CH_2-OH \end{array} + \begin{array}{l} R^1COONa \\ \\ R^2COONa \\ \\ R^3COONa \end{array}$$

甘油三酯　　　　甘油　　高级脂肪酸钠(肥皂)

1g 油脂完全皂化所需氢氧化钾的质量（mg）叫皂化值。皂化值越大，油脂中甘油三酯的平均相对分子质量越小。皂化值是衡量油脂质量的指标之一，并可反映油脂皂化时碱的用量（表 8-1）。

表 8-1 常见油脂中脂肪酸含量（%）和皂化值、碘值

名称 \ 油脂	软脂酸/%	硬脂酸/%	油酸/%	亚油酸/%	皂化值 /(mg KOH/g)	碘值 /(g I_2/100g)
牛油	24～32	14～32	35～48	2～4	190～200	30～48
猪油	28～30	12～18	41～48	3～8	195～208	46～70
花生油	6～9	2～6	50～57	13～26	185～195	84～100
大豆油	6～10	2～4	21～29	50～59	189～194	127～138
棉籽油	19～24	1～2	23～32	40～48	191～196	103～115

2. 加成

含有不饱和脂肪酸的甘油三酯可发生加成反应，可与氢、碘等试剂进行加成。

（1）加氢　含不饱和脂肪酸的油脂中因其中含有碳碳双键，故在催化剂作用下加氢，油脂中的不饱和脂肪酸即转变为饱和脂肪酸。加氢的结果：液态的油转化成半固态的脂肪。所以这种氢化也叫做“油脂的硬化”。氢化后的油脂不易变质，可用作制造肥皂、脂肪酸、甘油、人造奶油等的原料。氢化反应常用 Ni 做催化剂，反应条件一般为 110～190℃，1～3atm[1]。

$$\begin{array}{l} CH_2-O-\overset{O}{\overset{\|}{C}}-C_{17}H_{33} \\ | \\ CH-O-\overset{O}{\overset{\|}{C}}-C_{17}H_{33} \\ | \\ CH_2-O-\overset{O}{\overset{\|}{C}}-C_{17}H_{33} \end{array} + 3H_2 \xrightarrow[\triangle]{Ni} \begin{array}{l} CH_2-O-\overset{O}{\overset{\|}{C}}-C_{17}H_{35} \\ | \\ CH-O-\overset{O}{\overset{\|}{C}}-C_{17}H_{35} \\ | \\ CH_2-O-\overset{O}{\overset{\|}{C}}-C_{17}H_{35} \end{array}$$

甘油三油酸酯　　　　甘油三硬脂酸酯

（2）加碘　利用油脂与碘的加成，可判断油脂的不饱和程度。100g 油脂所能吸收碘的质量（g）叫做碘值。碘值越大，三酰甘油中所含的双键数目越多，油脂的不饱和程度也越大。在实际测定中，由于碘与碳碳双键加成的反应速率很慢，所以常用氯化碘（ICl）或溴化碘（IBr）的冰醋酸溶液与油脂反应，最后折算成碘值。

药典对药用油脂的皂化值和碘值都有明确规定，例如，蓖麻油：碘值 80～90g I_2/100g，皂化值 176～186mg KOH/g；花生油：碘值 84～100g I_2/100g，皂化值 185～195mg KOH/g。

3. 酸败

油脂在空气中久放后会发生变质，产生难闻的气味，这种现象称为油脂酸败。油脂酸败是一个复杂的化学变化过程，一方面是由于油脂中不饱和脂肪酸的双键在空气中氧、水分和微生物的作用下，最终转化成具有难闻气味的低级醛、酮和酸等。油脂酸败的另一个原因是饱和脂肪酸的 β-氧化。在潮湿的空气中油脂发生水解生成的饱和脂肪酸，在霉菌或微生物作用下，发生生物氧化，最终转化成具有难闻气味的酮和酸。

油脂酸败的重要标志是油脂中游离脂肪酸的含量增加。油脂中游离脂肪酸的含量常用酸值表示。

中和 1g 油脂中的游离脂肪酸所需氢氧化钾的质量（mg）称为油脂的酸值。酸值大，说明油脂中游离脂肪酸含量较高，即油脂酸败程度较严重。通常酸值＞6.0mg KOH/g 的油脂不能食用。

[1] 1atm＝101325Pa。

皂化值、碘值及酸值是油脂分析中三个重要理化指标。

四、油脂在医药上的应用

油脂除可食用外，还可用于肥皂和油漆的制造。在医药工业上也有广泛的应用，如蓖麻油一般用作泻剂，麻油用作膏药的基质原料。麻油制成的膏药外观光亮，且麻油药性清凉，有消炎、镇痛作用。

本章小结

一、羧酸分子中羧基上的羟基被不同的基团取代后生成羧酸衍生物，包括酰卤、酸酐、酯和酰胺。羧酸衍生物通式可表示为：$R-\overset{O}{\overset{\|}{C}}-L$ （L ═ —X、—OCOR、—OR、—NH_2）。

羧酸衍生物的命名各不相同，酰卤和酰胺的命名是根据酰基的名称称为“某酰卤”或“某酰胺”；酸酐和酯的命名，则根据生成它们的反应物命名，称为“某酐”或“某酸某酯”。

二、羧酸衍生物能发生水解、氨解、醇解反应。反应活性次序为：酰卤＞酸酐＞酯＞酰胺。羧酸衍生物的水解、氨解、醇解反应归纳如下：

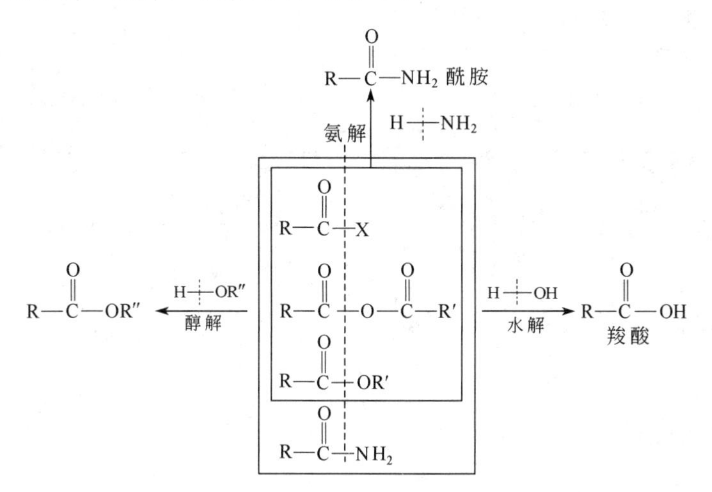

三、酰胺的弱酸、弱碱性

因为酰胺分子中的氮能接受质子，氮原子上的氢又有质子化倾向，故酰胺既有弱酸性又有弱碱性。

四、油脂的结构特点

油脂是由一分子甘油与三分子高级脂肪酸所形成的甘油酯，也称甘油三酯。其结构通式如下：

$$\begin{array}{l} CH_2-O-\overset{O}{\overset{\|}{C}}-R^1 \\ \,| \\ CH\;\;-O-\overset{O}{\overset{\|}{C}}-R^2 \\ \,| \\ CH_2-O-\overset{O}{\overset{\|}{C}}-R^3 \end{array}$$

甘油部分 | 脂肪酸部分

（R^1、R^2、R^3可以相同或不同）

五、油脂的性质

（1）皂化；（2）加成；（3）酸败。

习题

1. 解释下列名词

(1) 酰化反应　(2) 缩二脲反应　(3) 皂化　(4) 酸败　(5) 碘值

2. 写出下列化合物的名称或结构式

(1) 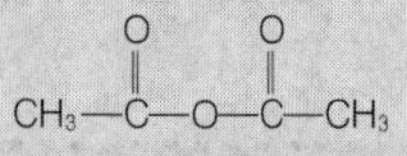 $CH_3-\overset{O}{\overset{\|}{C}}-O-\overset{O}{\overset{\|}{C}}-CH_3$　(2) $CH_3CH_2-\overset{O}{\overset{\|}{C}}-OCH_2CH_3$　(3) $CH_3CH_2-\overset{O}{\overset{\|}{C}}-Br$

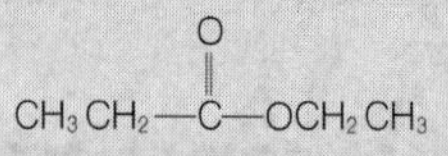

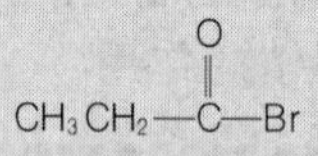

(4) 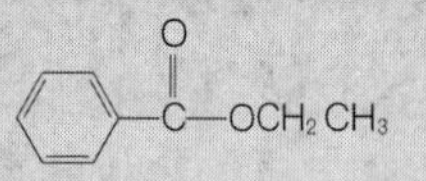 $C_6H_5-\overset{O}{\overset{\|}{C}}-OCH_2CH_3$　(5) $H-\overset{O}{\overset{\|}{C}}-NHCH_3$　(6) 草酸

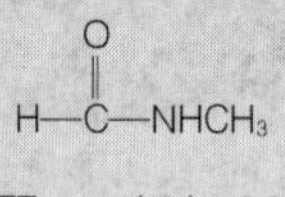

(7) 甲酸丙酯　(8) 邻苯二甲酸酐　(9) *N*,*N*-二甲基乙酰胺　(10) α-萘乙酸

3. 比较下列各组化合物酸性的大小

(1) 水、甲醇、乙酸、氨、苯酚、碳酸、甲酸

(2) 乙酰胺、氨、邻苯二甲酰亚胺

4. 填空题

(1) 酰卤、酸酐、酯和酰胺的通式是________，其结构中都含有________。

(2) 酰卤、酸酐、酯和酰胺水解反应的活性次序是____________________。

(3) 区别苯酚和苯甲酸可用________或________两种试剂。

(4) 写出磺胺类药物的母体通式____________，巴比妥类药物的母体通式__________，胍基结构式____________________，脒基结构式____________________。

5. 写出下列反应的主要产物

(1) $CH_3COOH + NaHCO_3 \longrightarrow$

(2) $CH_3COOH + CH_3OH \xrightarrow[\triangle]{H_2SO_4}$

(3) $CH_3COOH + NH_3 \longrightarrow \quad \xrightarrow{\triangle}$

(4) 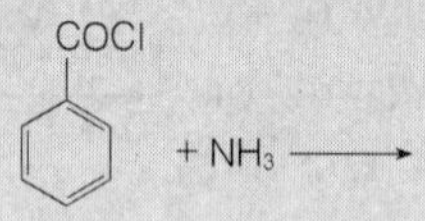 $C_6H_5COCl + NH_3 \longrightarrow$

(5) 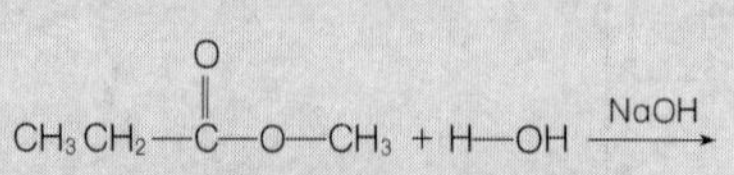 $CH_3CH_2-\overset{O}{\overset{\|}{C}}-O-CH_3 + H-OH \xrightarrow{NaOH}$

(6) 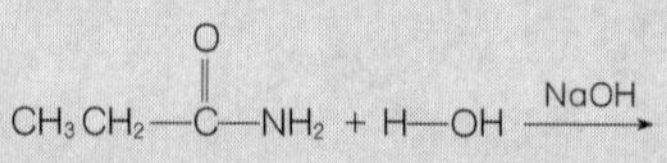 $CH_3CH_2-\overset{O}{\overset{\|}{C}}-NH_2 + H-OH \xrightarrow{NaOH}$

(7) 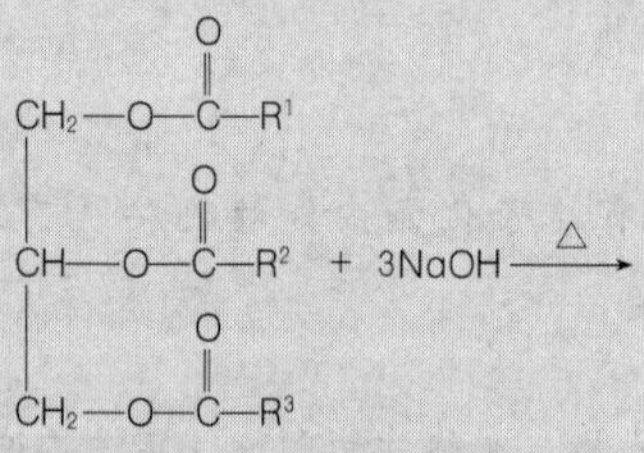
$$\begin{array}{l} CH_2-O-\overset{O}{\overset{\|}{C}}-R^1 \\ | \\ CH-O-\overset{O}{\overset{\|}{C}}-R^2 \\ | \\ CH_2-O-\overset{O}{\overset{\|}{C}}-R^3 \end{array} + 3NaOH \xrightarrow{\triangle}$$

6. 指出下列药物含有官能团的名称，并指出所属化合物类别

(1) 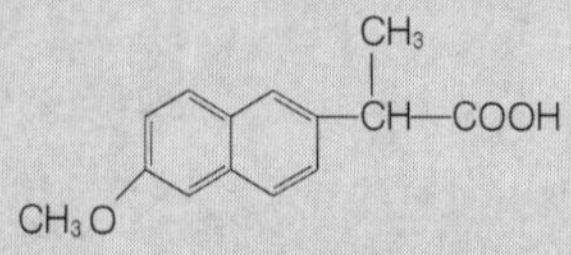 6-甲氧基-2-萘基 $-\underset{}{\overset{CH_3}{\overset{|}{CH}}}-COOH$（$CH_3O$ 取代萘环）

萘普生（解热镇痛非甾体抗炎药）

(2) 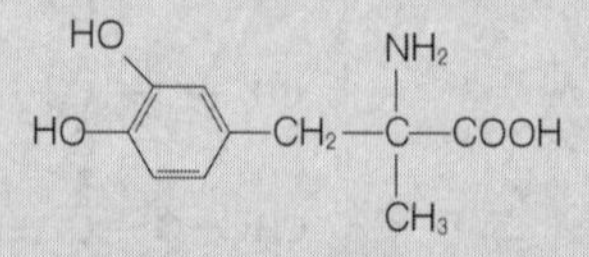 3,4-二羟基苯基 $-CH_2-\overset{NH_2}{\overset{|}{\underset{CH_3}{\underset{|}{C}}}}-COOH$（HO、HO 取代苯环）

甲基多巴（抗高血压药）

(3) 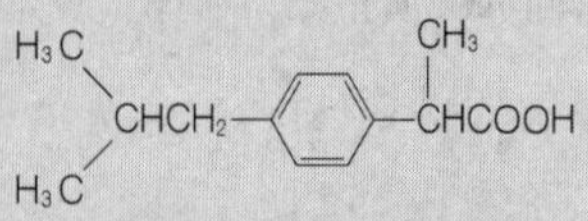 $(H_3C)_2CHCH_2-C_6H_4-\overset{CH_3}{\overset{|}{CH}}COOH$

布洛芬（消炎镇痛药）

(4) 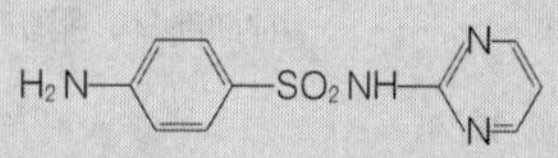 $H_2N-C_6H_4-SO_2NH-$（嘧啶-2-基）

磺胺嘧啶（抗菌药物）

第九章 对映异构

学习目标

1. 掌握手性及手性分子、物质旋光性、对映异构及对映异构体的概念。
2. 熟悉构型的标记方法。
3. 了解内消旋体、外消旋体的概念及对映异构体的性质差异。

同分异构在有机化学中是极为普遍的现象，前面已经学习了构造异构和顺反异构。构造异构是指分子中的原子或基团的连接方式不同产生的异构现象，包括碳架异构、官能团异构等异构现象。立体异构是指分子中的原子或基团在空间排列位置不同而引起的异构现象，顺反异构属于立体异构，本章重点讨论另一种立体异构——对映异构。

第一节 手性分子和对映异构

一、手性

什么是手性？手性关系如图 9-1 所示。将自己的左手放在镜子前，镜子里的镜像恰恰是自己右手的正面像，但左右手不能重叠。手性表示物体与其镜像体不能够完全重叠的性质，就如同左手和右手，两者互为镜像和实物，但是不能完全重叠。手性是自然界的一种普遍现象，例如，剪刀、螺丝钉、人的足等都是手性物；在生物界，手性同样是普遍现象，如蜗牛壳的螺纹都是朝着右旋的方向生长，另外，蔓生植物向上盘缠也以右旋占绝大多数。微观世界中的分子同样存在着手性现象，有许多手性分子。

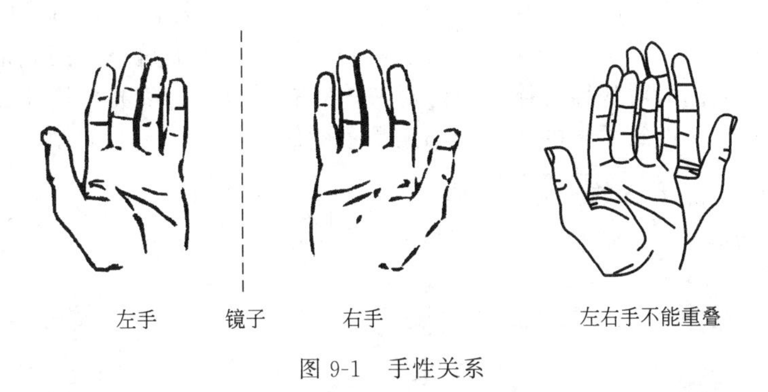

图 9-1 手性关系

二、手性分子

乳酸分子的结构式通常写成 $CH_3\overset{*}{C}HCOOH$（其中带星号的碳原子上连有 —OH）的形式，式中用星号“＊”标出的 α-碳原子连有 4 个不同的原子或基团（—OH、—COOH、$—CH_3$、—H），凡是连有 4 个不同的原子或基团的碳原子称为手性碳原子或手性中心，常用 C^* 表示。一个手性碳原子所连的 4 个不同的原子或基团在空间具有 2 种不同的排列方式，或称为 2 种不同的构型，如果用球棒模型表示就会有（a）和（b）两种形式，（a）形式—OH、—CH_3、—H 按顺时针方向排列，（b）形式—OH、—CH_3、—H 按逆时针方向排列（图 9-2）。如果以其中一个为实物，则另一个为镜像，两者不能重叠，它们相互之间的关系犹如人的左右手关系，具有“手性”特点，这种与自身的镜像不能重叠的分子称为手性分子。凡可以同镜像重叠的分子称为非手性分子，即没有手性。如乙醇分子与它的镜像重叠（图 9-3），是非手性分子。

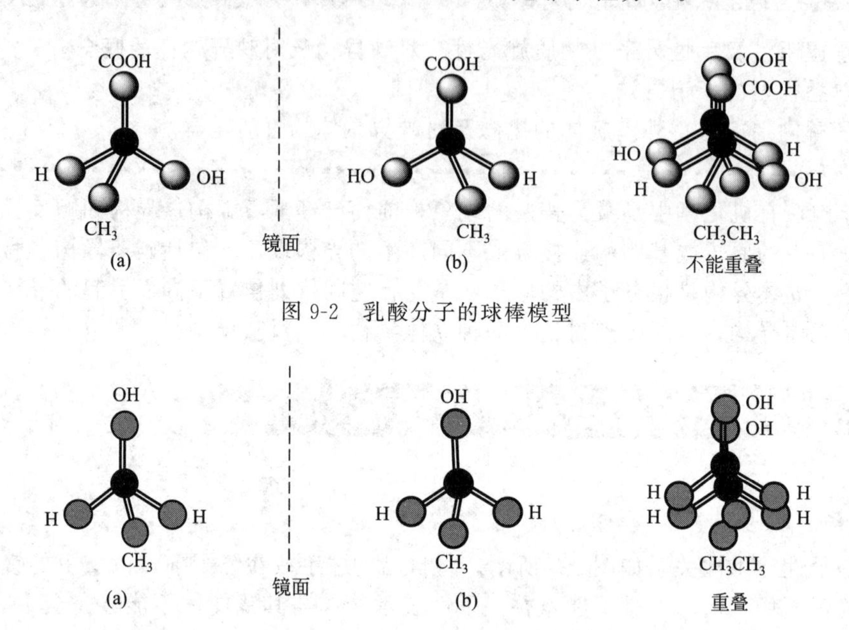

图 9-2 乳酸分子的球棒模型

图 9-3 乙醇分子与镜像重叠

三、对映异构

由图 9-2 可清楚地看出，（a）和（b）分别代表乳酸分子两种不同的手性分子，它们的分子组成和结构式相同，但构型不同，互为镜像和实物，又不能重叠，因此是两个不同的化合物，这样的异构体称为对映异构体，简称对映体。有时也称为旋光异构体。这种现象称为对映异构。含有一个手性碳原子的化合物必定是手性化合物，有一对对映体。图 9-4 的 Ⅰ 和 Ⅱ 就是 2-丁醇 $CH_3\underset{OH}{\overset{*}{C}}HCH_2CH_3$ 的一对对映体。

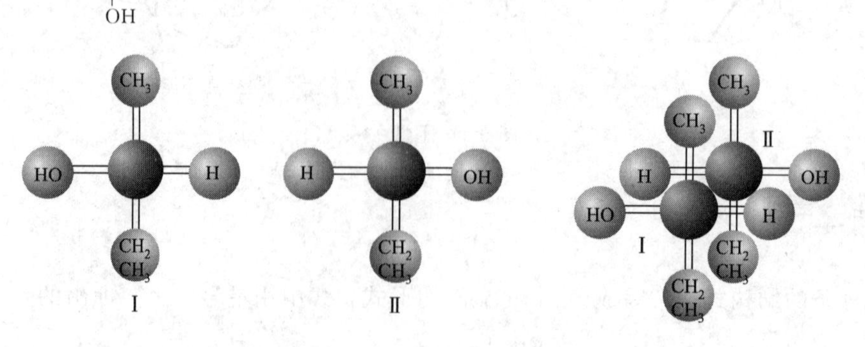

图 9-4 2-丁醇的一对对映体

第二节 手性化合物的性质——物质的旋光性

一、偏振光及旋光性

1. 偏振光

光是一种电磁波，普通光或单色光的光波振动的方向与前进的方向垂直，而且是在空间各个不同的平面上振动。当普通光通过一个尼科尔棱镜晶体时，只有振动方向与棱镜晶轴平行的平面上振动的光才能通过，通过棱镜后的光线只在一个平面上振动。这种只在一个平面上振动的光称为平面偏振光，简称偏振光，如图 9-5 所示。偏振光的振动平面称为偏振面。

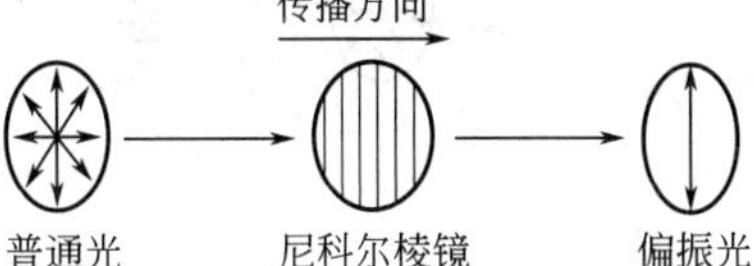

图 9-5 普通光和偏振光

2. 旋光性

将两块尼科尔棱镜平行放置，使两个棱镜晶轴相互平行，则普通光透过第一个棱镜变成偏振光后仍能通过第二个棱镜。如果在棱镜之间放置一盛液管，当管内放的是蒸馏水或乙醇溶液时，在第二个棱镜后面可以观察到偏振光仍能通过，如图 9-6 所示。像蒸馏水或乙醇，不能使偏振光的偏振面发生旋转，这类物质称为无旋光性物质。

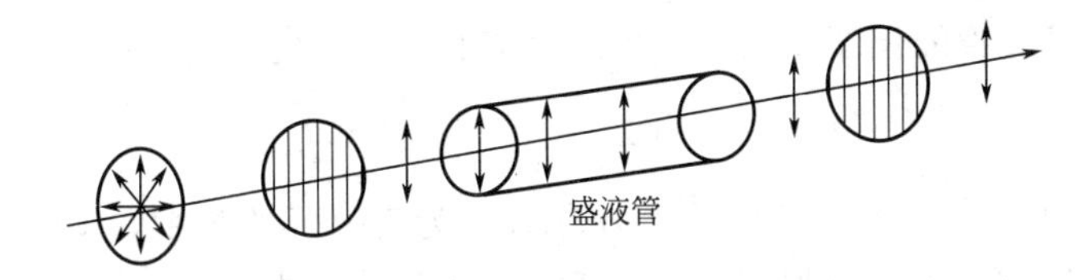

图 9-6 偏振光通过无旋光性物质

当盛液管内放的是乳酸或葡萄糖溶液时，则在第二个棱镜后面观察不到偏振光通过，需要将其顺时针或逆时针旋转一定角度以后才能观察到偏振光通过，如图 9-7 所示。像乳酸或葡萄糖，能使偏振光的偏振面发生旋转的性质称为旋光性，具有旋光性的物质称为旋光性物质或光学活性物质。能使偏振光的偏振面向顺时针方向旋转的物质称为右旋物质（或右旋体），用（+）或“*d*”表示；能使偏振光的偏振面向逆时针方向旋转的物质称为左旋物质（或左旋体），用（−）或“*l*”表示。目前常用“+”或“−”表示。例如从肌肉运动产生的乳酸为右旋乳酸，表示为（+）-乳酸；而从乳糖发酵得到的乳酸为左旋乳酸，表示为（−）-乳酸。偏振光的偏振面发生旋转的角度称为旋光度，用 α 表示。

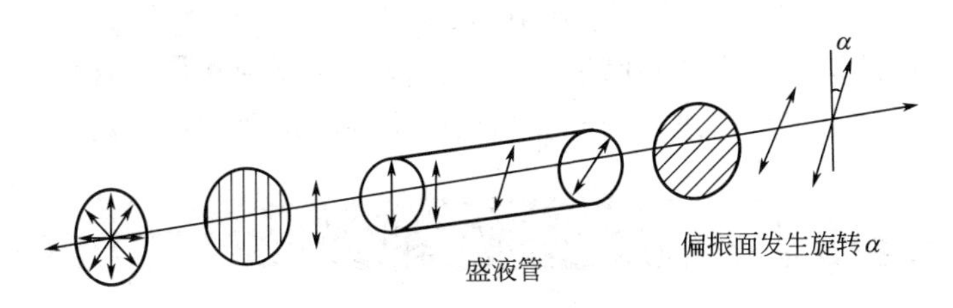

图 9-7 偏振光通过旋光性物质

二、旋光仪和比旋光度

1. 旋光仪

定量测定旋光度的仪器就是旋光仪，旋光仪的结构如图 9-8 所示，其测定工作原理是从光源发出的单色光通过第一个固定的棱镜（起偏镜）产生偏振光，再经过盛液管，盛液管中的旋光性物质使偏振光的偏振面向顺时针方向或逆时针方向旋转了一定角度，然后通过第二个可以转动的棱镜（检偏镜）时，只有旋转到相应的角度，偏振光才能完全到达观察者的眼睛。所以检偏镜能用来测定物质的旋光度大小及旋光方向，从旋光仪刻度盘上可读出旋光度 α 的数值。

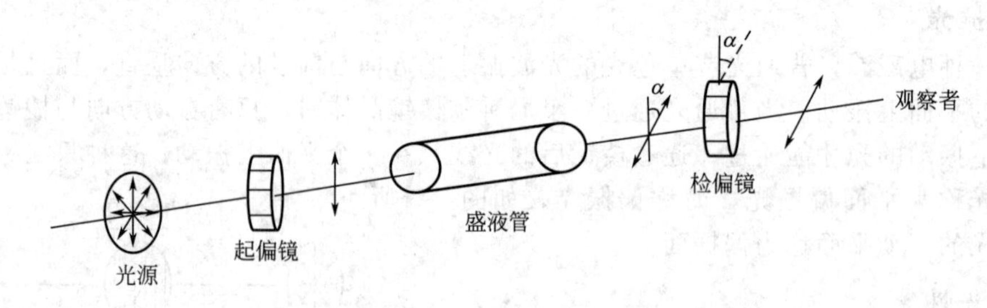

图 9-8　旋光仪结构示意图

2. 比旋光度

旋光度的大小除与物质的结构有关外，还受测定时所用溶液的浓度、盛液管的长度、温度、光波的波长以及溶剂的性质等条件的影响而改变。但在一定的条件下，旋光度是旋光活性物质的一项物理常数，通常用比旋光度 $[\alpha]_{\lambda}^{t}$ 表示。比旋光度可以通过测得的旋光度、测定时溶液的浓度和盛液管的长度，按以下公式计算：

$$[\alpha]_{\lambda}^{t}=\frac{\alpha}{c\times l}$$

式中，α 为旋光度；c 为溶液的浓度，g/mL；l 为盛液管的长度，dm；t 为测定时温度；λ 为所用光源的波长，通常采用钠光灯 λ 为 589.3nm，用 D 表示。

比旋光度是旋光性物质的一个特性，不同物质的比旋光度常数大小也不一样。例如，肌肉运动产生的乳酸：$[\alpha]_{D}^{20}=+3.8°$（水）；氯霉素：$[\alpha]_{D}^{25}=-25.5°$（乙酸乙酯）。

应用示例：20℃时，将 100g 葡萄糖溶于水中配成 1000mL 溶液，现取少量溶液装满 20cm 长的盛液管中，测得其旋光度为+10.5°，试计算该葡萄糖溶液的比旋光度（用钠光作光源）。

解：葡萄糖溶液的质量浓度为

$$c=\frac{m}{V}=\frac{100}{1000}=0.10\text{g/mL}$$

已知 $l=2$dm，$\alpha=+10.5°$，则 20℃时葡萄糖在水溶液中的比旋光度为

$$[\alpha]_{D}^{20}=\frac{+10.5}{0.10\times 2}=+52.5°$$

比旋光度与物质的熔点、沸点和密度一样，是重要的物理常数，有关数据可在手册中或文献中查到。利用比旋光度可以进行旋光性物质的定性鉴定及含量测定。

第三节　对映异构体的标记

一、对映异构体的表示法

1. 透视式

对映异构体构型的表示法可采用立体的三维空间关系的透视式，如乳酸的一对对映体的透视式如下：

COOH | COOH
HO—C—H (H₃C) | H—C—OH (CH₃)

(−)-乳酸 | (+)-乳酸

透视式是化合物分子在纸面上的立体表达式。透视式中用楔形实线连接的原子或基团表示伸向纸面的前方，用楔形虚线或虚线连接的原子或基团表示伸向纸面的后方，用细实线连接的原子或基团处于纸面上。

透视式表示方法的特点是形象直观，但书写比较麻烦，因而常用费歇尔投影式表示。

2. 费歇尔投影式

费歇尔投影式是用平面形象表示立体结构。费歇尔投影式的投影规则是：以"＋"字交叉点代表手性碳原子，主链直立，编号最小的碳原子放在上端；竖向（垂直方向）连接伸向纸平面后方的 2 个原子或基团，横向（水平方向）连接处于纸平面前方的 2 个原子或基团。图 9-9 为乳酸的费歇尔投影式。

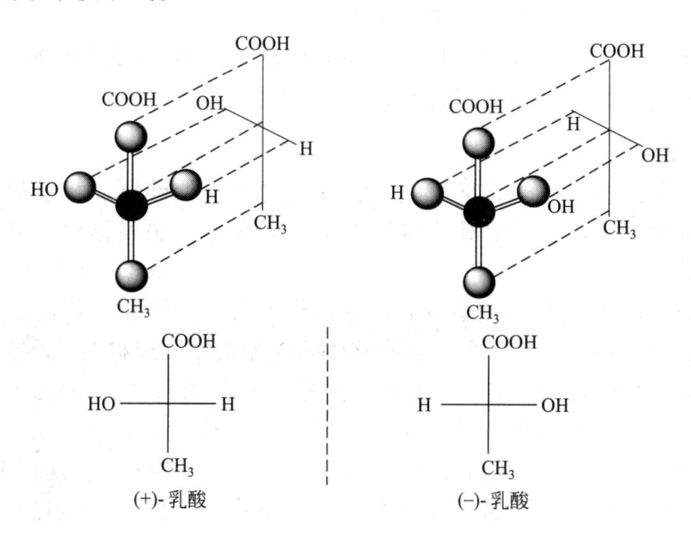

图 9-9　乳酸的费歇尔投影式

二、对映异构体的构型标记法

构型的标记法也称为构型的命名法。构型的标记通常采用两种方法，D,L-标记法和 *R*, *S*-标记法。

1. D,L-标记法

为了确定分子的构型，费歇尔人为规定以（＋）-甘油醛为标准来确定对映体的相对构型。利用费歇尔投影式表示（＋）-甘油醛的一对对映体构型时，规定羟基在右边的甘油醛为 D 型，在左边的甘油醛为 L 型。甘油醛一对对映体的构型标记如下：

CHO | CHO
H—+—OH | HO—+—H
CH_2OH | CH_2OH

D-甘油醛 | L-甘油醛

1951 年经 J. M. Bijvoet 测定得知 D-甘油醛是右旋的，L-甘油醛是左旋的。在既要表明构型又要标出旋光性时，则同时用 D,L 表示构型和（+），（−）表示旋光性。例如右旋甘油醛，可用 D-(+)-甘油醛来表示。

凡可以从 D-甘油醛通过化学反应得到的化合物，或可以转变成 D-甘油醛的化合物，都具有同 D-甘油醛相同的构型，即 D 型。这里所用的化学反应过程中，不断裂与手性碳直接相连的化学键，即不会改变其构型的反应。同样，凡可以从 L-甘油醛通过化学反应得到的化合物，或可以转变成 L-甘油醛的化合物，都具有同 L-甘油醛相同的构型，即 L 型。例如：

CHO / H—┼—OH / CH_2OH $\xrightarrow{HgO}$ COOH / H—┼—OH / CH_2OH

D-(+)-甘油醛　　D-(−)-甘油酸

D-(+)-甘油醛被氧化生成甘油酸，由于与手性碳直接相连的键没有发生断裂，因此，甘油酸的构型应与 D-(+)-甘油醛相同，也是 D 型。但 D-甘油酸的旋光方向却为左旋。说明化合物的构型与旋光方向没有直接的对应关系。

D,L-标记法的使用有一定的局限性，因为有些化合物不易同甘油醛联系。现通常采用 *R*,*S*-标记法，但目前在糖、氨基酸和肽类等中仍然采用 D,L-标记法。

2. *R*,*S*-标记法

R,*S*-标记法，是一种绝对构型标记法，它是通过与手性碳原子相连的 4 个不同的原子或基团在空间的排列顺序，来标记对映体的构型。*R*,*S*-标记法根据对映异构体的表示法不同，通常采用如下两种方法。

（1）透视式的 *R*,*S*-标记法　用透视式或立体模型表示一个化合物时，*R*,*S*-构型的标记方法为：①根据次序规则，确定 4 个原子或基团的优先次序（或称为大小次序）a＞b＞c＞d（a、b、c、d 为与手性碳原子相连的 4 个不同的原子或基团）；②再将最小的原子或基团 d 放在离观察者最远处，再看其他三个原子或基团的排列位置，a＞b＞c 呈顺时针排列为 *R* 型，呈逆时针排列为 *S* 型。R 是拉丁文 Rectus 的首字母，意为右；S 是拉丁文 Sinister 的首字母，意为左。如图 9-10 所示。或者用大拇指指向最小的基团，然后观察其余三个基团由大到小的排列顺序是和右手握时一样，还是和左手握时一样，和右手握一样者为 *R*，和左手握一样者为 *S*。

例如，用 *R*,*S*-标记法来标记乳酸的一对对映体，与手性碳原子相连的 4 个原子或基团的排列次序是—OH＞—COOH＞—CH_3＞—H，把—H 放在离观察者最远的位置，再看—OH＞—COOH＞—CH_3 的排列位置，呈顺时针排列为 *R* 型，呈逆时针排列为 *S* 型。如图 9-11 所示。

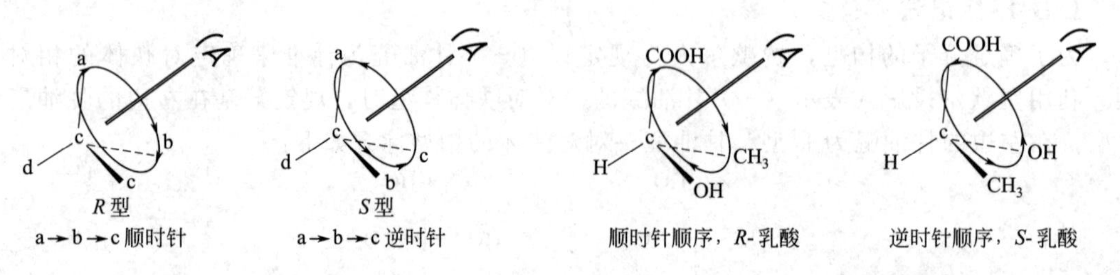

图 9-10　*R*,*S*-构型的标记　　图 9-11　乳酸构型的标记

（2）投影式的 *R*,*S*-标记法　用费歇尔投影式表示一个化合物时，其构型的标记方法为：如果次序最小的基团画在横向（即左右方向）的，而其他三个基团是按顺时针由大到小递减

的，则为 S 型；反之，其他三个基团是按逆时针由大到小递减的，则为 R 型。例如：

CHO
HO —— H
CH_2OH
S-甘油醛(S型)

COOH
H —— OH
CH_3
R-乳酸(R型)

如果次序最小的基团画在竖向（即上下方向）的，而其他三个基团是按顺时针由大到小递减的，则为 R 型；反之，其他三个基团是按逆时针由大到小递减的，则为 S 型。例如：

OH
$HOCH_2$ —— CHO
H
R-甘油醛(R型)

H
CH_3 —— C_2H_5
OH
S-2-丁醇(S型)

应当指出，一对对映体的 R 型和 S 型同旋光方向之间的联系尚未清楚。例如乳酸和甘油醛，它们有如下的构型和旋光方向：

CHO
H —— OH
CH_2OH
R-(+)-甘油醛

CHO
HO —— H
CH_2OH
S-(−)-甘油醛

COOH
H —— OH
CH_3
R-(−)-乳酸

COOH
HO —— H
CH_3
S-(+)-乳酸

这就说明 R 型不一定是右旋，S 型也不一定是左旋。

三、对映异构体的性质

一对对映体的等量混合物称为外消旋体。外消旋体无旋光性。例如，乳酸有一对对映体，如果将（+）-乳酸和（−）-乳酸等量混合，则旋光性相互抵消，得到外消旋体，用(±)-乳酸表示。

一对对映体的物理性质，除旋光方向相反外，其他如熔点、沸点、溶解度和折射率等都相同，如乳酸的一对对映体，(+)-乳酸的比旋光度为+3.8°，而（−）-乳酸的为−3.8°，熔点都为53℃。外消旋体的物理性质，与纯的单一对映体有一些不同，但化学性质则基本相同。乳酸的一些主要物理性质见表9-1。

表 9-1　乳酸的主要物理性质

类　型	$[\alpha]_D^{20}$(水)	熔点/℃	pK_a(25℃)
(+)-乳酸	+3.8°	26	3.79
(−)-乳酸	−3.8°	26	3.79
(±)-乳酸	0	18	3.79

一对对映体的手性不同，体现在它们的生理活性或药理作用差别很大。例如，多巴，它的化学名为2-氨基-3-(3′,4′-二羟基苯基）丙酸。左旋多巴被广泛用于治疗帕金森综合征，而右旋多巴却无此生理作用；人体生长所需要的氨基酸都是L构型的，如L-丙氨酸是组成人体蛋白质的一部分。

第四节 非对映体和内消旋化合物

一、非对映体

下列是从药用植物中提取得到的天然药物——麻黄碱（1-苯基-2-甲氨基-1-丙醇）的结构式和费歇尔投影式：

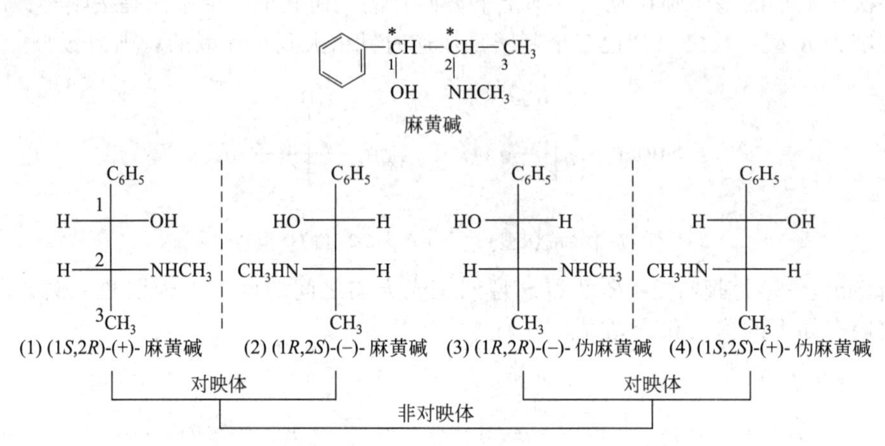

其分子中含有两个不相同的手性碳原子，分别是 C-1 和 C-2，按照次序规则，与 C-1 碳原子相连的 4 个原子或原子团的优先顺序为：$—OH > —CH(NHCH_3)CH_3 > —C_6H_5 > —H$；与 C-2 碳原子相连的 4 个原子或原子团的优先顺序为：$—NHCH_3 > —CH(OH)C_6H_5 > —CH_3 > —H$。从而可以确定各种异构体的构型。1-苯基-2-甲氨基-1-丙醇的四个旋光异构体中，麻黄碱（1）和（2），伪麻黄碱（3）和（4），分别呈实物与镜像的关系，构成两对对映体。（1）与（3）或（4），（2）与（3）或（4）只有部分原子或原子团不重叠，均不是实物与镜像的关系，这种不互为对映体的旋光异构体称为非对映体。非对映体不仅旋光度不同，其他物理性质也不一样。麻黄碱（1）和（2），是对映体，其熔点都是 34℃，盐酸盐的 $[\alpha]_D^{20}$ 分别为＋35 和－35。伪麻黄碱（3）和（4），是对映体，其熔点都是 118℃，盐酸盐的 $[\alpha]_D^{20}$ 分别为－26.5 和＋26.5。

由以上乳酸和麻黄碱的例子可知，分子中含 n 个不同手性碳原子的化合物，有 2^n 个旋光异构体。

对于含有多个手性碳原子的分子，其手性碳原子的构型通常采用 *R*,*S*-标记法标记。即用 *R* 或 *S* 标记出每一个手性碳原子，其原则与标记含有一个手性碳原子的分子相同。

二、内消旋化合物

下列是酒石酸（2,3-二羟基丁二酸）的结构式和费歇尔投影式：

酒石酸分子中第 2、3 碳原子为相同的手性碳原子，根据次序规则，与第 2、3 碳原子相连的 4 个原子或原子团的优先顺序都为：$—OH > —COOH > —CH(OH)COOH > —H$。(1) 为（2*S*，3*S*）-(－)-酒石酸，(2) 为（2*R*，3*R*）-(＋)-酒石酸，构成一对对映体，两者等量混合得到一个外消旋体，用（±)-酒石酸表示。虽然（3）和（4）是实物与镜像的关系，但两者能重叠，因此，(3) 和（4）不是对映体，是相同化合物，把（3）在纸面上旋转 180°，即可与（4）重叠。(3) 和（4）分子 C-2、C-3 之间都有对称面（用虚线表示），两个手性碳

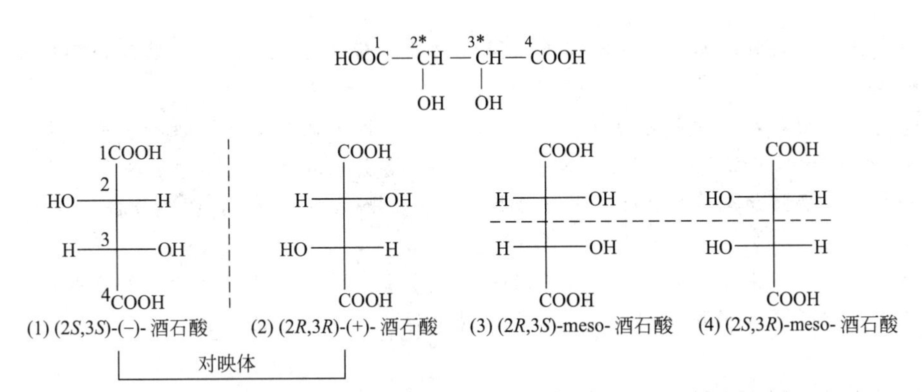

原子的构型是相反的，因而旋光能力彼此抵消，分子不具旋光性，这种结构的分子称为内消旋体，用“meso”表示。内消旋体虽然分子中含有手性碳原子，但为非手性分子。内消旋体没有旋光性是由于分子内部的手性碳原子旋光能力相互抵消之故，它不能拆分为两个具有旋光性的对映体。这与外消旋体不同，外消旋体是由于两种分子间旋光能力彼此抵消的结果，可被拆分为两个具有旋光性的对映体。因此，酒石酸只有 3 个旋光异构体，即左旋体、右旋体和内消旋体。

(＋)-酒石酸和 (－)-酒石酸的物理性质除了旋光方向相反外，其他都完全相同，而它们与 meso-酒石酸的物理性质有很大差别，见表 9-2。

表 9-2　酒石酸的主要物理性质

类　型	$[\alpha]_D^{20}$(水)	熔点/℃	溶解度/(g/100g H_2O)
(＋)-酒石酸	＋12°	170	139
(－)-酒石酸	－12°	170	139
(±)-酒石酸	0	206	20.6
meso-酒石酸	0	140	125

拓展视野

反应停事件

20 世纪 50 年代中期，德国推出一种名叫“沙利度胺”的药（在中国叫“反应停”），作为镇静剂在欧洲以消旋体形式批准上市，用于治疗妇女妊娠反应，很多人吃了药就不吐了，明显改善了症状，于是成了“孕妇的理想选择”（当时的广告用语），但随即而来的是发现服用此药的孕妇生出的婴儿出现短肢畸形，手和臂贴在躯干上，有的甚至根本没有上臂，下肢也一样，被称为海豹儿，共发现有一万多个病例。这次畸胎事件引起公愤，被称为“20 世纪最大的药物灾难”，1961 年该药从市场上撤销。随后的研究发现，消旋体中 (*R*)-反应停具有镇静、止孕吐作用，而它的对映体 (*S*)-反应停是致畸的罪魁祸首。沙利度胺的结构式如下：

(*S*)-反应停　　(*R*)-反应停

这一惨痛的教训促使药审部门对手性药物立体异构体之间不同的药理和毒理作用开始重视。通过近二三十年的研究，人们发现手性药物与其对映体之间的药理活性差异可分为如下四大类。

第一类是手性药物与其对映体之间有相同或相近的药理活性。如平喘药丙羟茶碱和抗组胺药异丙嗪等。

第二类是手性药物具有显著的活性，而其对映体活性很低或无此活性。抗炎药布洛芬消旋体中（*S*）-布洛芬具有抗炎和止痛的功效，而（*R*）-布洛芬无活性。氯霉素也具有这种性质。

第三类是手性药物与其对映体的药理活性有差异，如抗癌药（*S*）-环磷酰胺的活性是（*R*）-环磷酰胺的2倍。

第四类是手性药物与其对映体具有不同的药理活性。如L-多巴用于治疗帕金森症，而其对映体D-多巴则具有严重的副作用。前面提到的反应停当然也属于这一类。

本章小结

一、基本概念

1. 手性、手性分子及手性碳原子。

2. 对映异构及对映异构体。

3. 旋光性及比旋光度。

4. 左旋体、右旋体、外消旋体、内消旋体。

二、对映异构体的表示法

1. 透视式。

2. 费歇尔投影式。

三、对映异构体的构型标记法

构型的标记通常采用两种方法，D,L-标记法和*R*,*S*-标记法。

四、对映异构体的性质

一对对映体的物理性质，除旋光方向相反外，其他如熔点、沸点、溶解度和折射率等都相同，化学性质也基本相同。一对对映体的手性不同，体现在它们的生理活性或药理作用差别很大。

习题

1. 举例说明下列名词术语

(1) 旋光性物质　(2) 比旋光度　(3) 手性碳原子　(4) 手性分子

(5) 左旋体　(6) 对映体　(7) 内消旋体　(8) *R*,*S*-构型

2. 已知100mL葡萄糖水溶液中含葡萄糖5.002g，20℃时，以钠光灯为光源，在100mm盛液管中，测得葡萄糖溶液的旋光度为+2.6°，计算该葡萄糖溶液的比旋光度。

3. 下列化合物有手性碳原子吗？如有，用*标出手性碳原子。

(1) $CH_3CH(Cl)CH_2CH_3$　(2) $CH_3CH(OH)COOH$　(3) $CH_3CCl(Br)CH_2CH_3$

4. 用*R*,*S*标示下列化合物的构型。

(1) Fischer投影式：上 COOH，左 H，右 OH，下 CH_3　(2) Fischer投影式：上 CH_3，左 Br，右 H，下 CH_2CH_3　(3) C上连 COOH、H_3C、H、OH（楔形式）

5. 判断下列各题说法是否正确？

(1) $\begin{array}{c} COOH \\ H-\!\!\!\!+\!\!\!\!-Cl \\ Br \end{array}$ 与 $\begin{array}{c} Br \\ Cl-\!\!\!\!+\!\!\!\!-H \\ COOH \end{array}$ 为对映体。

(2) $\begin{array}{c} COOH \\ H_2N-\!\!\!\!+\!\!\!\!-H \\ CH_3 \end{array}$ 与 $\begin{array}{c} H \\ H_2N-\!\!\!\!+\!\!\!\!-CH_3 \\ COOH \end{array}$ 为相同化合物。

第十章

有机含氮化合物

学习目标

1. 熟悉硝基化合物与胺的定义、官能团、分类及化学性质。
2. 掌握胺的定义、分类、命名方法及化学性质。
3. 熟悉重氮化合物、季铵化合物和偶氮化合物。

有机含氮化合物是指分子中有含氮基团的有机化合物。它的种类很多，包括硝基化合物、胺、酰胺、重氮化合物、偶氮化合物、含氮杂环和生物碱等，它们很多与生物体的生命活动密切相关，也有一些是合成药物的中间体，或者是直接用于临床的药物，如磺胺类药物等。

本章主要讨论硝基化合物、胺、季铵化合物、重氮化合物和偶氮化合物。

第一节 硝基化合物

烃分子中氢原子被硝基（$—NO_2$）取代后的化合物，称为硝基化合物。

一、硝基化合物的分类和命名

（一）分类

根据硝基所连的烃基结构不同，可分为脂肪族硝基化合物和芳香族硝基化合物。

根据硝基所连的碳原子类型不同，可分为伯、仲、叔硝基化合物。

根据分子中硝基的数目不同，可分为一元硝基化合物和多元硝基化合物。

（二）命名

命名与卤代烃相似，以烃作为母体，硝基作为取代基，称为硝基某烃。例如：

脂肪族硝基化合物

$CH_3CH_2NO_2$

硝基乙烷（伯硝基）

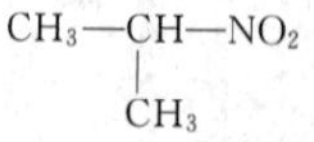

$CH_3—CH(CH_3)—NO_2$

硝基异丙烷（仲硝基）

$CH_3—C(CH_3)_2—NO_2$

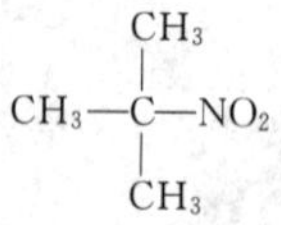

硝基叔丁烷（叔硝基）

芳香族硝基化合物

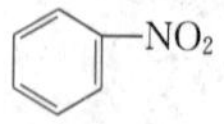

$C_6H_5—NO_2$

硝基苯（一元）

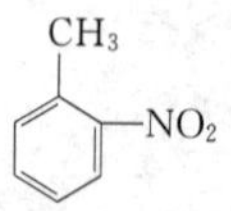

$o\text{-}CH_3C_6H_4NO_2$

邻硝基甲苯（一元）

$(O_2N)_3C_6H_2OH$

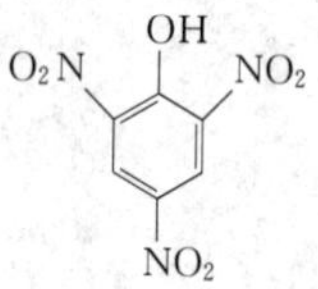

2,4,6-三硝基苯酚（多元）

课堂互动

命名下列化合物

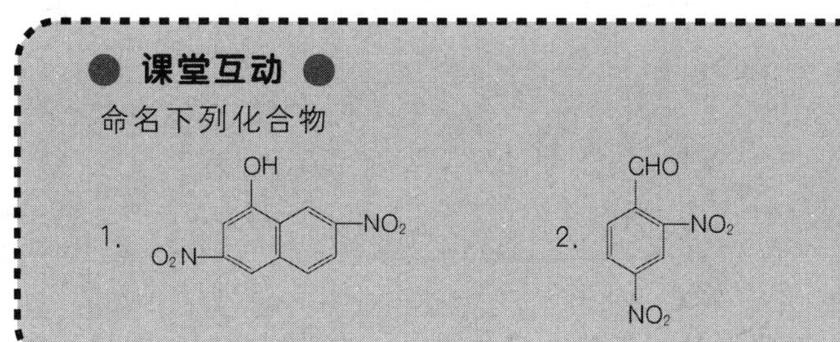

二、硝基化合物的性质

（一）物理性质

脂肪族硝基化合物为无色油状液体。芳香族硝基化合物，除一硝基化合物是高沸点液体外，其余的均为无色或淡黄色固体，有杏仁气味。硝基化合物的相对密度都大于1，不溶于水，溶于有机溶剂。由于硝基的极性很强，所以硝基化合物的沸点和熔点较高。随着分子中硝基数目的增多，其熔点、沸点、密度增大，对热稳定性减小。多数硝基化合物有毒，易引起肝、肾和中枢神经及血液中毒。

（二）化学性质

1. 还原反应

硝基易被还原，在酸性介质中，生成相应的伯胺。例如：

$$C_6H_5-NO_2 \xrightarrow[\text{或 } SnCl_2,HCl]{Fe,\text{稀 }HCl} C_6H_5-NH_2$$

2. 酸性

脂肪族硝基化合物中，α-氢受硝基的影响，较为活泼，可发生类似酮-烯醇互变异构。

$$\underset{\text{酮式（硝基式）}}{R-\underset{H}{\overset{|}{C}}H-N(=O)\rightarrow O} \rightleftharpoons \underset{\text{烯醇式（假酸式）}}{R-CH=N(-OH)\rightarrow O}$$

烯醇式中与氧原子相连的氢非常活泼，反映了分子的酸性，称假酸式，因此能与强碱反应生成盐而溶解。所以含 α-氢的硝基化合物（如伯硝基和仲硝基）可溶于氢氧化钠溶液，无 α-氢的硝基化合物（如叔硝基）则不能溶于氢氧化钠溶液。利用这个性质，可将伯硝基或仲硝基和叔硝基区别开来。

三、常见的硝基化合物

（一）硝基苯

硝基苯是有苦杏仁气味的淡黄色油状液体，它是重要的化工原料，是合成解热镇痛药扑热息痛的原料。硝基苯蒸气有毒，使用时应予注意。

（二）2,4,6-三硝基苯酚

俗名叫苦味酸，它是黄色片状结晶，具有强酸性，能与有机碱生成难溶性的苦味酸盐晶体，或形成稳定的复盐，可作为生物碱沉淀试剂。它还有杀菌止痛功能，在医药上有一定的用途。

（三）2,4,6-三硝基甲苯

俗名叫 TNT，其结构式为：

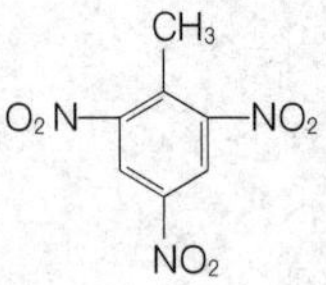

$$\text{2,4,6-}(NO_2)_3C_6H_2CH_3$$

它是白色或黄色针状结晶，无臭，有吸湿性。受热、接触明火，或受到摩擦、震动、撞击时可发生爆炸。少量或薄层物料在广阔的空间中燃烧可不起爆。大量堆积或在密闭容器中燃烧，有可能由燃烧转变为爆炸。该物质不导电，在粉碎时易产生静电积累。广泛用于装填各种炮弹、航空炸弹、火箭弹、导弹、烟花爆竹等。

第二节 胺

胺可以看成是氨分子（NH_3）中的一个或两个或三个氢被烃基取代后的化合物，因此胺有三种情况，如：

$$R—NH_2 \qquad R—NH—R' \qquad R—N(R'')—R'$$

一、胺的分类和命名

（一）分类

① 根据氮原子所连烃基的种类不同，胺可分为脂肪胺和芳香胺。氨基连在链烃基上是脂肪胺，直接连在芳环上是芳香胺。例如：

$CH_3CH_2—NH_2$　脂肪胺

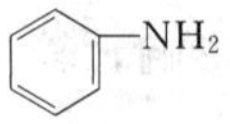

$C_6H_5—NH_2$　芳香胺

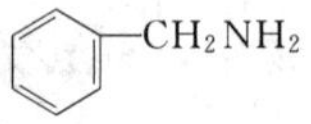

$C_6H_5—CH_2NH_2$　脂肪胺

② 根据氮原子所连烃基的数目不同，将胺分为伯胺、仲胺和叔胺。例如：

$CH_3—NH_2$　伯胺

$CH_3—NH—CH_3$　仲胺

$CH_3—N(CH_3)—CH_3$　叔胺

应当注意，伯、仲、叔胺与伯、仲、叔醇的意义不同。伯、仲、叔胺是指氮原子上连接的烃基数目；而伯、仲、叔醇是指与羟基直接相连的碳原子的种类。例如：

$(CH_3)_3C—NH_2$　伯胺

$(CH_3)_3C—OH$　叔醇

③ 根据胺分子中氨基数目多少，可分为一元胺、二元胺和多元胺。例如：

$CH_3CH_2NH_2$　一元胺

$H_2NCH_2CH_2NH_2$　二元胺

$H_2N—CH_2CH(NH_2)CH_2—NH_2$　多元胺

（二）命名

① 伯胺：根据烃基的名称，称为“某胺”。例如：

CH_3-NH_2　　　　$-NH_2$

甲胺　　　　苯胺

② 仲胺、叔胺：若氮原子所连烃基相同时，用二、三等数字表示其数目，称为“二某胺”或“三某胺”。例如：

$(CH_3)_2NH$　　　　$(CH_3)_3N$　　　　$-NH-$

二甲胺　　　　三甲胺　　　　二苯胺

若烃基不同，则简单烃基的名称在前，复杂烃基的名称在后，称为“某某胺”。例如：

$$\begin{matrix} CH_3CH_2 \diagdown \\ \quad NH \\ CH_3CH_2CH_2 \diagup \end{matrix}$$

乙丙胺

③ *N*-取代芳香胺：以芳香胺作为母体，小烃基作为取代基，并在前面冠以“*N*”，突出取代基是连在氮原子上。例如：

$-NHCH_3$　　　　$-N(CH_3)(CH_2CH_3)$

N-甲基苯胺　　　　*N*-甲基-*N*-乙基苯胺

④ 复杂的胺：采用系统命名法，选择包含 N 在内的最长碳链作为主链，以烃作为母体，氨基作为取代基来命名。例如：

$$\begin{matrix} CH_3 \\ | \\ CH_3CHCHCH_2CH_3 \\ \quad | \\ \quad NH_2 \end{matrix}$$

2-甲基-3-氨基戊烷

⑤ 多元胺：与多元醇命名相似。例如：

$H_2N-CH_2CH_2-NH_2$　　　　$H_2N-CH_2CH_2CH_2CH_2-NH_2$

乙二胺　　　　1,4-丁二胺

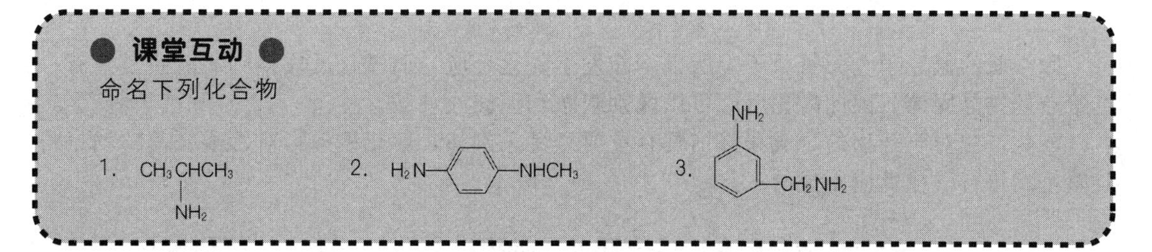

● 课堂互动 ●
命名下列化合物
1. CH3CHCH3
NH2
2. H2N—　—NHCH3
3. NH2
—CH2NH2

二、胺的性质

（一）物理性质

低级脂肪胺常温下是气体，丙胺以上的为液体，十二胺以上的是固体。同分异构体的伯、仲、叔胺，其沸点依次降低。胺都能与水形成氢键，所以低级胺都易溶于水。随着分子量的增加其在水中的溶解度降低，高级胺不溶于水。

胺大多有难闻的气味，如三甲胺有鱼腥臭，丁二胺和戊二胺有腐烂肉的臭味。许多胺有一定的生理作用：气态胺对中枢神经系统有轻微抑制作用；苯胺有毒；β-萘胺和联苯胺能引起恶性肿瘤。

(二) 化学性质

1. 碱性

胺中的氮原子和氨一样，有未共用电子对，能接受质子，所以有碱性。

$$R\ddot{N}H_2 + H_2O \rightleftharpoons RNH_3^+ + OH^- \qquad K_b$$

其碱性强度可用电离常数 K_b（或 pK_b）来表示，胺的 K_b 值越大（或 pK_b 越小），则碱性越强。

胺类碱性的强弱与其结构有关。一般来说，各类胺的碱性由强到弱的顺序为：脂肪仲胺>脂肪伯胺>脂肪叔胺>氨>芳香胺。

利用胺的碱性，能与强酸形成稳定的盐；当铵盐与氢氧化钠作用时，可重新游离出原来的胺。利用这些性质，可提纯、分离胺。

在制药过程中，有些胺类药物难溶于水，为便于人体吸收，常将它们与酸反应制成易溶于水的盐，以供药用。例如局部麻醉药普鲁卡因，在水中的溶解度很小，且不稳定，通常将它制成盐酸盐，供肌内注射用。

$$H_2N-C_6H_4-COOCH_2CH_2N(C_2H_5)_2 \xrightarrow{HCl} \left[H_2N-C_6H_4-COOCH_2CH_2\overset{+}{N}H(C_2H_5)_2\right]Cl^-$$

普鲁卡因（不溶于水）　　盐酸普鲁卡因（水溶）

● 课堂互动 ●

按碱性大小排列下列化合物：

氨、甲胺、二甲胺、三甲胺、苯胺

2. 酰化反应

伯胺、仲胺中氮原子上的氢原子被酰基（$R-\overset{O}{\overset{\|}{C}}-$）取代生成酰胺的反应，称为酰化反应。最常用的酰化试剂是酰卤和酸酐。例如：

$$C_6H_5-NH_2 + (CH_3CO)_2O \longrightarrow C_6H_5-NHCOCH_3 + CH_3COOH$$

乙酸酐　　乙酰苯胺（退热冰）

因叔胺的氮原子上无氢原子，所以不能发生酰化反应。而酰化反应得到的酰胺是具有一定熔点的结晶固体，因此酰化反应可以区别叔胺和伯胺或仲胺。

酰化反应对于药物的合成和修饰具有重要意义。例如，解热镇痛药对乙酰氨基酚就是将对氨基酚进行酰化反应制成的。

$$HO-C_6H_4-NH_2 \xrightarrow{(CH_3CO)_2O} HO-C_6H_4-NH-\overset{O}{\overset{\|}{C}}-CH_3$$

对氨基酚　　对乙酰氨基酚

3. 氧化反应

芳香胺易被氧化，在空气中长期存放，可生成黄色、棕红色，甚至是黑色，氧化过程复杂。如苯胺在二氧化锰和硫酸的作用下，可氧化成对苯醌。因此含有芳香胺结构的药物在制剂过程或贮存时应防止氧化。

$$C_6H_5NH_2 \xrightarrow[H_2SO_4,\ 10℃]{MnO_2} O=C_6H_4=O$$

4. 与醛的反应

伯胺与醛缩合生成亚胺（RN ═CH—R′），叫席夫碱。比较稳定的席夫碱是芳香族的亚胺 Ar—N ═CH—R（Ar）。例如，苯胺与苯甲醛反应的产物就是一种席夫碱。

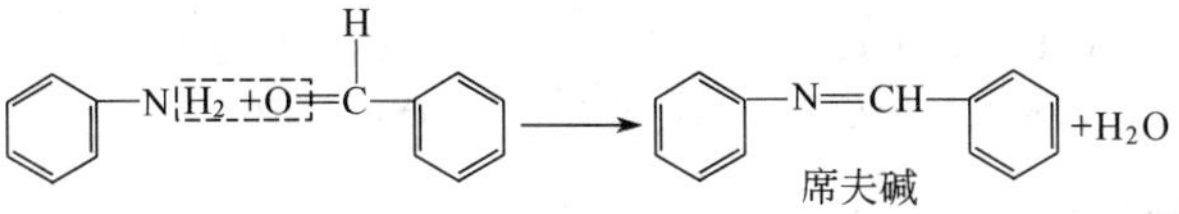

$$C_6H_5-N\boxed{H_2+O}=\overset{H}{C}-C_6H_5 \longrightarrow C_6H_5-N=CH-C_6H_5 + H_2O$$

席夫碱

磺胺类药物中的氨基可和许多芳香醛缩合成席夫碱，呈黄色。此反应很灵敏，常用作磺胺类药物薄层色谱分析时的显色剂。

三、常见的胺

（一）甲胺、二甲胺、三甲胺

甲胺、二甲胺、三甲胺在常温下都是无色气体，有特殊气味，刺激皮肤黏膜。极易溶于水，水溶液呈碱性，能与酸成盐。这三种物质都是有机合成的重要原料，主要用以合成农药、染料、药物、离子交换树脂等。

（二）乙二胺

乙二胺（$H_2NCH_2CH_2NH_2$）是一种无色黏稠液体，溶于水和醇。它的重要衍生物是乙二胺四乙酸（简称 EDTA），可与多种离子形成稳定的可溶性配合物，在分析化学中用以测定 Ca^{2+}、Mg^{2+} 等的含量。此外 EDTA 可作为血液抗凝剂，也可用于分离和提取放射性物质。乙二胺四乙酸结构式如下：

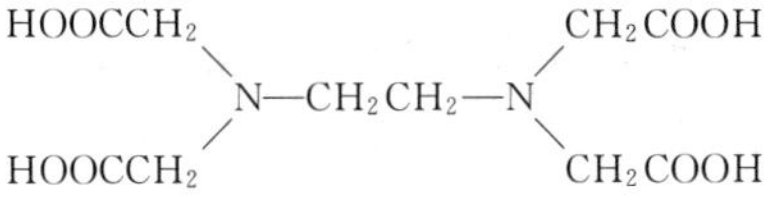

$$(HOOCCH_2)_2N-CH_2CH_2-N(CH_2COOH)_2$$

乙二胺四乙酸

（三）苯胺

苯胺是最简单也是最重要的芳香伯胺，常温下是油状液体，微溶于水，易溶于有机溶剂。纯净的苯胺无色，但久置会因氧化而颜色加深。苯胺有毒，中毒症状是头晕、皮肤苍白和四肢无力等。它是合成药物、染料、农药等的重要原料，如可以合成磺胺类药物。

苯胺与溴水反应，立即生成 2,4,6-三溴苯胺白色沉淀，可用于苯胺的鉴定。

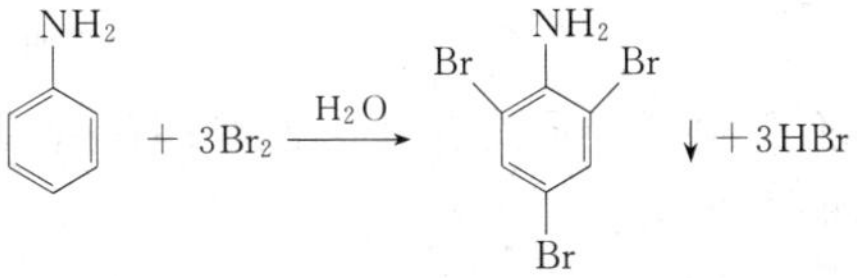

$$C_6H_5NH_2 + 3Br_2 \xrightarrow{H_2O} 2,4,6\text{-}Br_3C_6H_2NH_2\downarrow + 3HBr$$

● 课堂互动 ●

如何鉴别下列两种化合物

C_6H_5-OH　　$C_6H_5-NH_2$

四、季铵化合物

季铵化合物可看作铵根（NH_4^+）中四个氢原子都被烃基取代生成的衍生物，根据阴离子的不同，可分为季铵盐（$[R_4N^+]X^-$）和季铵碱（$[R_4N^+]OH^-$）。

(一) 季铵化合物的命名

季铵盐和季铵碱的命名，分别与铵盐和氢氧化铵的命名类似。命名时需将四个烃基名称写在“铵”字之前，烃基不同时，简单烃基写在前。如：

$[(CH_3)_4N^+]OH^-$ 氢氧化四甲铵

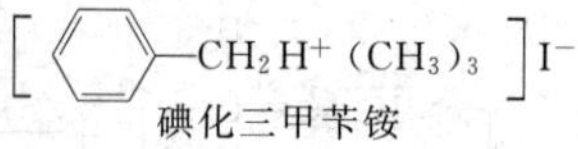

$[C_6H_5-CH_2N^+(CH_3)_3]I^-$ 碘化三甲苄铵

(二) 季铵化合物的性质

季铵盐是白色结晶固体，能溶于水，不溶于非极性有机溶剂。主要作为阳离子表面活性剂，具有去污、杀菌、消毒等功效。

季铵碱是强碱，其碱性强度相当于氢氧化钠或氢氧化钾，能吸收空气中的二氧化碳，易潮解，易溶于水；可和酸发生中和作用形成季铵盐。

(三) 常见的季铵化合物

1. 新洁尔灭

新洁尔灭是季铵盐类化合物。其结构式为：

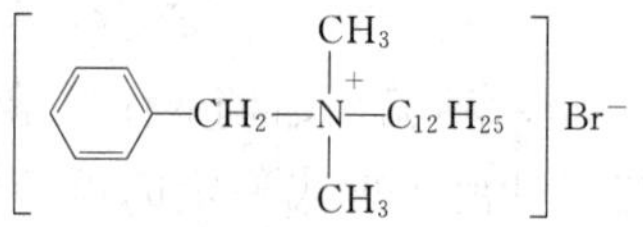

$$\left[C_6H_5-CH_2-\overset{+}{N}(CH_3)_2-C_{12}H_{25}\right]Br^-$$

在常温下，它是淡黄色胶体，芳香而味苦，易溶于水、醇，水溶液呈碱性。新洁尔灭是具有长链烷基的季铵盐，属阳离子型表面活性剂，穿透细胞能力较强，所以具有杀菌和去垢双重能力，而且毒性低。医药上通常用其0.1%的溶液作为皮肤或外科手术器械的消毒剂。

2. 胆碱

胆碱是广泛分布于生物体内的一种季铵碱，因其最初是在胆汁中发现的，故名胆碱。它是易吸湿的白色结晶，易溶于水和醇。通常以结合状态存在于生物体细胞中，胆碱是α-卵磷脂的组成部分，与脂肪代谢有关，临床上用胆碱治疗肝炎、肝中毒等疾病。

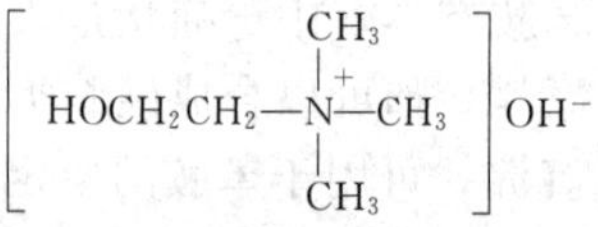

$$\left[HOCH_2CH_2-\overset{+}{N}(CH_3)_3\right]OH^-$$

胆碱

$$\left[H_3C-\overset{O}{\overset{\|}{C}}-OCH_2CH_2-\overset{+}{N}(CH_3)_3\right]OH^-$$

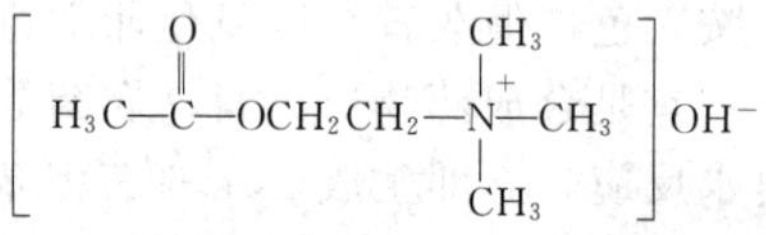

乙酰胆碱

在生物体中，胆碱多以乙酰胆碱的形式存在。乙酰胆碱存在于相邻的神经细胞之间，是通过神经节传导神经刺激的重要物质。

第三节 重氮化合物和偶氮化合物

重氮化合物和偶氮化合物均含有两个相邻的氮原子。

重氮化合物含有重氮基$-N^+\equiv N$，可简写成$-N_2^+$，其中一个氮原子呈五价。偶氮化合物含有偶氮基$-N=N-$，氮原子均为三价。如：

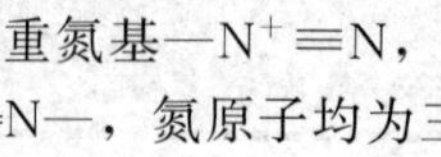

$[C_6H_5-\overset{+}{N}\equiv N]Cl^-$ 氯化重氮苯（重氮化合物）

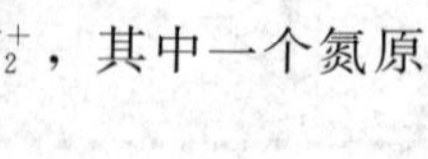

$C_6H_5-N=N-C_6H_5$ 偶氮苯（偶氮化合物）

重氮化合物中，最重要的是重氮盐，其结构为$Ar-N^+\equiv NX^-$，其中$X^-=Cl^-$、Br^-或HSO_4^-。

一、重氮盐

（一）重氮化反应

芳香伯胺在低温和无机强酸（HCl 或 H_2SO_4）水溶液中，与亚硝酸钠作用，生成重氮盐的反应，称为重氮化反应。如：

$$C_6H_5-NH_2 + NaNO_2 + HCl \xrightarrow{0\sim5℃} C_6H_5-\overset{+}{N}\equiv NCl^- + NaCl + H_2O$$

（二）重氮盐的性质

重氮盐具有盐的性质，易溶于水，不溶于有机溶剂。干燥时非常不稳定，易发生爆炸，故反应过程中通常不将其分离出来，而是直接用于下一步反应。

重氮盐的化学性质非常活泼，可发生许多反应，其中比较重要的有偶联反应。

重氮盐与芳香胺或酚进行缩合反应生成偶氮化合物，称为偶联反应。由于偶氮化合物一般是有颜色的物质，因此可利用此反应来鉴别重氮盐，甚至是芳香伯胺。例如：

$$C_6H_5-N_2^+Cl^- + C_6H_5-OH \xrightarrow{OH^-} C_6H_5-N{=}N-C_6H_4-OH + H_2O$$

对羟基偶氮苯（桔黄色）

$$C_6H_5-N_2^+Cl^- + C_6H_5-NH_2 \xrightarrow{H^+} C_6H_5-N{=}N-C_6H_4-NH_2 + H_2O$$

对氨基偶氮苯（黄色）

● 课堂互动 ●

试解释磺胺甲噁唑在《中国药典》中规定的鉴别方法

磺胺甲噁唑（$H_2N-C_6H_4-SO_2NH-$（5-甲基异噁唑-3-基），结构式中含 N、O、CH_3）在 2010 年版《中国药典》中规定的鉴别方法是：取供试品 50mg，加稀盐酸 1mL，加 0.1mol/L 亚硝酸溶液数滴，滴加碱性 β-萘酚试液数滴，即发生橙红色沉淀。

它所利用的原理就是磺胺甲噁唑具有芳香伯胺结构，能发生重氮化反应和偶联反应，生成有颜色的偶氮化合物。磺胺类药物都具有此结构，因此一般都能用此方法来鉴别，只是视供试品不同，生成由橙黄到猩红色沉淀。

二、偶氮化合物

偶氮化合物一般为有颜色的固体物质，难溶于水，溶于有机溶剂。由于偶氮化合物的颜色鲜艳且能牢固地附在纤维织品上，耐洗耐晒，所以常用作染料使用。有的偶氮化合物的颜色随溶液的酸碱度改变，可以作为酸碱指示剂使用，如甲基橙。有的可凝固蛋白质，而作为杀毒消毒的药品等。

$$(CH_3)_2N-C_6H_4-N{=}N-C_6H_4-SO_3Na$$

甲基橙

本章小结

一、基本概念

1. 硝基化合物

是指烃分子中氢原子被硝基（$-NO_2$）取代后的化合物。

2. 胺

可看成是氨分子（NH_3）中的一个或两个或三个氢被烃基取代后的化合物，因此胺有三种情况，分别是伯胺、仲胺和叔胺。

二、化学性质

1. 硝基化合物

芳香族硝基化合物在酸性介质中以铁粉还原成芳香胺。

2. 胺

（1）碱性

① 碱性大小顺序：脂肪胺＞氨＞芳香胺。

② 脂肪胺内的碱性大小顺序：仲胺＞伯胺＞叔胺。

（2）酰化反应：伯胺、仲胺引入酰基的反应，酰基主要来源为酸酐和酰卤。

（3）氧化反应：芳香胺容易被氧化。

（4）与醛的反应：伯胺与醛缩合生成有色的席夫碱。

3. 重氮化合物和偶氮化合物

伯胺可发生重氮化反应，生成重氮盐。

重氮盐与芳香胺或酚发生偶联反应，生成有颜色的偶氮化合物。

三、各种类的常见代表物

1. 硝基化合物：硝基苯、2,4,6-三硝基苯酚。

2. 胺：甲胺、二甲胺、三甲胺、乙二胺、苯胺。

3. 季铵化合物：新洁尔灭、胆碱。

习题

1. 填空题

（1）胺可以看作是________分子中的氢原子被________取代后生成的化合物。根据氮原子所连烃基的数目不同，将胺分为________、________和________。

（2）胺和氨相似，其水溶液呈________性；季铵碱的碱性与________________相当。

（3）使化合物中引入__________的反应称为酰化反应。常用的酰化剂有__________和__________，能发生酰化反应的胺有__________和__________，不能发生酰化反应的胺是________。

2. 单选题

（1）硝基化合物的官能团是（　　）。

A. —C≡N　　B. $—NO_2$　　C. $—NH_2$　　D. （仲胺结构 NH）

（2）常用作生物碱沉淀剂，其俗名又称苦味酸的分子结构是（　　）。

A. $CH_3CH_2NH_2$　　B. $(CH_3)_3N$　　C. $C_6H_5—NH_2$（苯胺）　　D. 2,4,6-三硝基苯酚（OH，O_2N，NO_2，NO_2）

（3）用系统命名法命名 $CH_3CH(CH_3)CH(NH_2)CH_2CH_3$（$CH_3\underset{|}{C}HCHCH_2CH_3$，上连 CH_3，下连 NH_2），正确的是（　　）。

A. 3-氨基-4-甲基戊烷　　B. 2-甲基-3-氨基戊烷
C. 2-甲基-3-戊烷　　D. 3-异己烷

(4) 下列化合物中碱性最强的是（　　）。

A. $(CH_3CH_2)_2NH$　　B. $CH_3CH_2NH_2$　　C. $(CH_3CH_2)_3N$　　D. C_6H_5-NH_2

(5) 不能发生酰化反应的是（　　）。

A. H_2N-C_6H_4-$COOC_2H_5$　　B. HO-C_6H_4-$NHCOCH_3$

C. C_6H_5-$N(CH_3)_2$　　D. C_6H_5-$NHCH_3$

(6) 能发生重氮化反应的是（　　）。

A. H_2N-C_6H_4-$COOC_2H_5$　　B. HO-C_6H_4-$NHCOCH_3$

C. C_6H_5-$N(CH_3)_2$　　D. C_6H_5-$NHCH_3$

(7) 不能与 C_6H_5-$\overset{+}{N}{\equiv}NCl^-$ 发生偶联的是（　　）。

A. 苯　　B. 苯酚　　C. *N*,*N*-二甲基苯胺　　D. 1,3-苯二酚

(8) 甲基橙是一种常用的酸碱指示剂，它属于（　　）。

A. 硝基化合物　　B. 胺　　C. 重氮化合物　　D. 偶氮化合物

3. 写出下列化合物的名称或结构式

(1) 间二硝基苯（1,3-$C_6H_4(NO_2)_2$）　　(2) $CH_3CH_2CH_2NH_2$　　(3) C_6H_{11}-NH_2（环己基）　　(4) H_2N-C_6H_4-COOH

(5) $(CH_3)_2CHCH_2N^+(CH_3)_3Br^-$　　(6) *N*,*N*-二甲基苯胺　　(7) 乙二胺

(8) 苄胺　　(9) 氯化甲基乙基正丙基苯基铵

4. 用化学方法区别下列各组化合物

(1) 丁二胺、三乙胺

(2) 硝基苯、苯胺和苯酚

5. 完成下列反应式

(1) H_3C-C_6H_4-NO_2 $\xrightarrow[\triangle]{Fe,\ 稀HCl}$

(2) H_3C-C_6H_4-NH_2 + C_6H_5-COCl $\longrightarrow$

(3) H_3C-C_6H_4-NH_2 $\xrightarrow{NaNO_2+HCl}$

6. 试解释《中国药典》(2010 年版) 规定的对乙酰氨基酚的鉴别方法

对乙酰氨基酚　HO-C_6H_4-NH-$\overset{O}{\overset{\|}{C}}$-$CH_3$

【鉴别】(1) 本品的水溶液加三氯化铁试液，即显蓝紫色。

(2) 取本品约 0.1g，加稀盐酸 5mL，置水浴中加热 40min，放冷；取 0.5mL，滴加亚硝酸钠试液 5 滴，摇匀，用水 3mL 稀释后，加碱性 *β*-萘酚试液 2mL，振摇，即显红色。

第十一章 杂环化合物和生物碱

学习目标

1. 了解杂环化合物的结构特点及分类。
2. 熟悉一些常见杂环化合物的名称。
3. 知道生物碱的含义、特性。
4. 熟悉一些药用生物碱的药用价值。

第一节 杂环化合物

杂环化合物是由碳原子和非碳原子共同组成环状骨架结构的一类化合物。这些非碳原子统称为杂原子，常见的杂原子有氧、硫、氮等。例如：

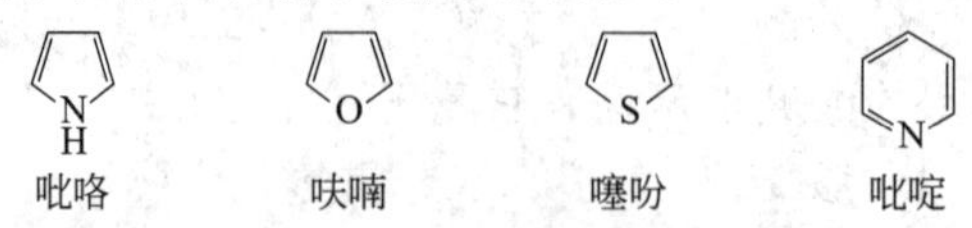

杂环化合物在自然界分布很广，许多都有重要的生理作用，例如，中草药的有效成分生物碱大多是杂环化合物；部分维生素、抗生素以及遗传因子中的核酸碱基都含有杂环化合物；目前临床使用的药物中约有 2/3 是杂环化合物。因此，杂环化合物在医药上具有重要的地位，与人类的关系十分密切。

内酯、内酸酐等结构都是杂环化合物，但是这些化合物的性质与同类的开链化合物相似，所以不在杂环化合物中讨论。本章讲的杂环化合物是环系结构比较稳定、具有一定程度芳香性的芳（香）杂环化合物。

一、杂环化合物的分类和命名

（一）杂环化合物的分类

杂环化合物的数目很多，一般可按环的大小分为五元杂环、六元杂环；按环的数目分为单杂环、稠杂环；按结构中杂原子数目分为一个、两个、多个杂原子的杂环。

（二）杂环化合物的命名

1. 杂环母环的命名

杂环化合物的名称较为复杂。IUPAC（国际纯粹与应用化学联合会）保留了特定的 45 个杂环化合物的俗名，并以此作为命名基础，这就是杂环母环。

杂环母环的命名我国通常采用音译法，即按外文读音选同音汉字，并在汉字的左边加上一个“口”字旁，用来表示环状化合物。常见的杂环母环结构和名称见表 11-1。

2. 杂环母环的编号规则

① 含一个杂原子的杂环化合物，从杂原子开始依次编号，如表 11-1 中的呋喃、吡啶。

② 含两个或两个以上杂原子的杂环化合物，若杂原子相同，则从连有氢的杂原子开始编号，并尽可能使杂原子编号最小，如咪唑、吡唑。若杂原子不同时，则按 O、S、N 的顺序排列，如噻唑、噁唑。

表 11-1　常见杂环母环的结构和名称

种　类	常见杂环母环的结构和名称
五元单环杂环	呋喃　噻吩　吡咯　噻唑　噁唑　咪唑　吡唑
六元单环杂环	吡啶　嘧啶　α-吡喃酮
稠杂环	吲哚　喹啉　嘌呤　异喹啉

③ 稠杂环一般从杂原子开始编号，共用碳原子一般不编号，如吲哚、喹啉。但也有部分稠杂环有自己特定顺序编号，如嘌呤、异喹啉。

3. 取代杂环化合物的命名

取代杂环化合物的命名一般以杂环作为母体，将取代基的位次、数目及名称依次写在杂环名称的前面。如：

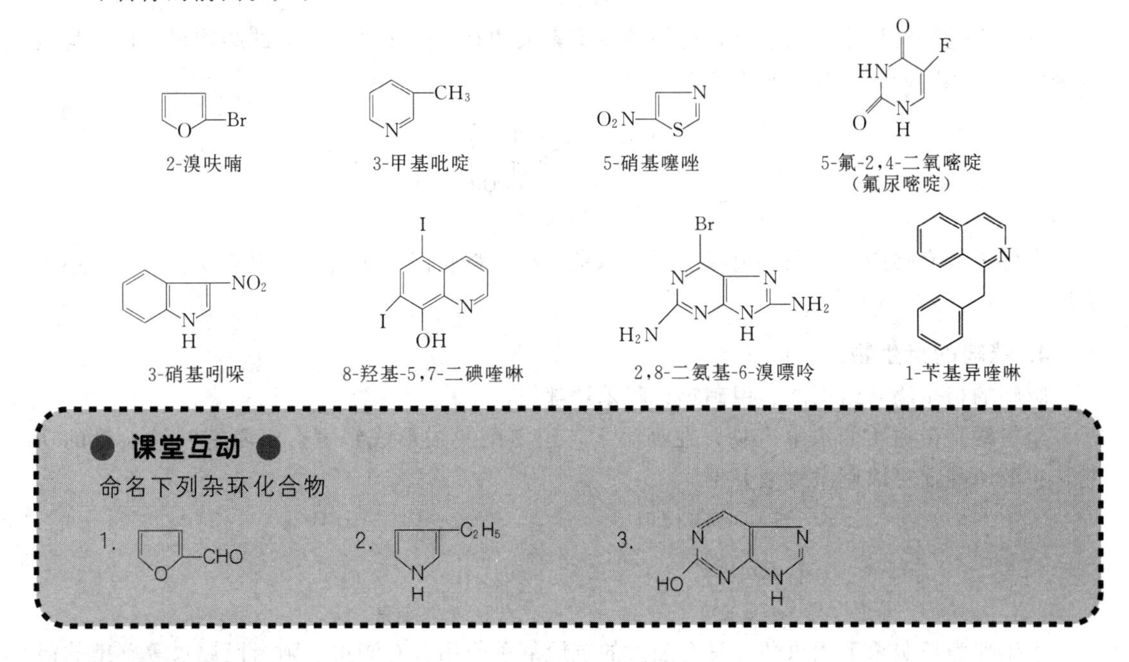

2-溴呋喃　3-甲基吡啶　5-硝基噻唑　5-氟-2,4-二氧嘧啶（氟尿嘧啶）

3-硝基吲哚　8-羟基-5,7-二碘喹啉　2,8-二氨基-6-溴嘌呤　1-苄基异喹啉

● 课堂互动 ●

命名下列杂环化合物

1.　2.　3.

二、常见的杂环衍生物

（一）五元杂环衍生物

1. 呋喃的衍生物

呋喃唑酮（痢特灵）是治疗细菌性痢疾的药物，它的结构式如下：

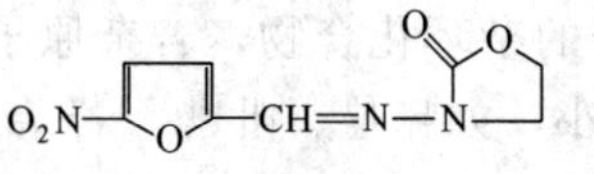

O_2N—(呋喃环)—CH=N—N(噁唑烷酮)

呋喃唑酮

2. 吡咯的衍生物

吡咯的衍生物含有四个吡咯环和四个次甲基（—CH═）交替相连而成的共轭体系——卟吩环，其取代物称为卟啉族化合物。

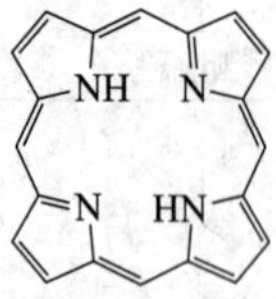

卟吩环

卟啉族化合物广泛分布于自然界，叶绿素、血红素、维生素 B_{12} 都是含卟吩环的卟啉族化合物。维生素 B_{12}（钴胺素）存在于动物肝中，是治疗恶性贫血的药物。

3. 噻唑的衍生物

含噻唑环的常见药物有维生素 B_1（盐酸硫胺素）、青霉素等。

维生素 B_1 存在于米糠、麦麸、瘦肉、豆类和酵母中，可用于防治缺乏维生素 B_1 引起的脚气病，或作为神经炎、消化不良的辅助药物。

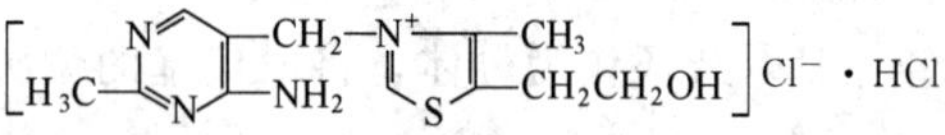

$[H_3C$—(嘧啶环, NH_2)—CH_2—N^+(噻唑环)(CH_3, CH_2CH_2OH)$]Cl^- \cdot HCl$

维生素 B_1

青霉素是一类抗生素的总称，已知的青霉素大约有 100 多种，它们的结构很相似，均具有稠合在一起的四氢噻唑环和 β-内酰胺环。

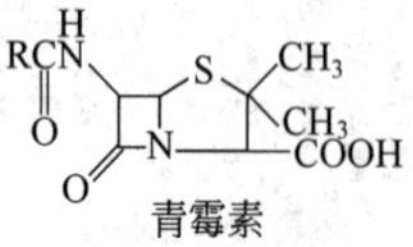

RC(=O)NH—(β-内酰胺环)(四氢噻唑环: S, CH_3, CH_3, COOH)

青霉素

青霉素具有强酸性，在游离状态下不稳定，故常将它们变成钠盐、钾盐或有机碱盐用于临床。

4. 咪唑的衍生物

咪唑的衍生物有组氨酸、甲硝唑、阿苯达唑。

组氨酸是蛋白质的水解产物，在高温下，组氨酸脱羧形成组氨。组氨有收缩血管的功能，它的磷酸盐可以刺激胃液分泌。

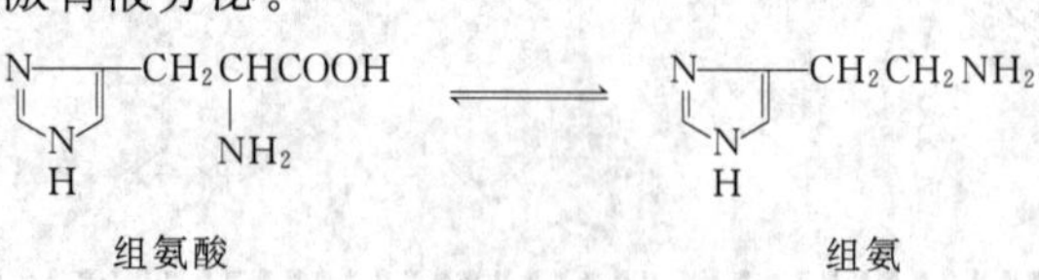

(咪唑环, N—H)—$CH_2CHCOOH$(NH_2) ⇌ (咪唑环, N—H)—$CH_2CH_2NH_2$

组氨酸　　　　组氨

甲硝唑为口服杀毛滴虫药，具有强大的抗厌氧菌作用，对滴虫、阿米巴原虫等感染的疾病有效。

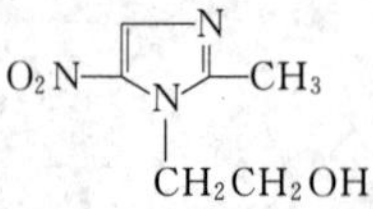

O_2N—(咪唑环)—CH_3, N—CH_2CH_2OH

甲硝唑

$CH_3CH_2CH_2S$—(苯并咪唑环, N—H)—$NHCOOCH_3$

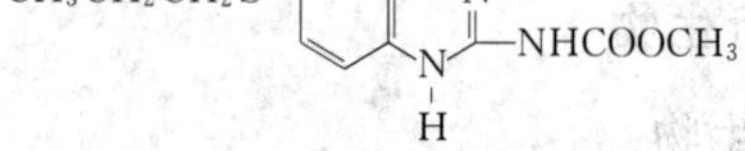

阿苯达唑

阿苯达唑（又名肠虫清）是广谱驱虫药，对线虫、吸虫及钩虫等都有高度活性，对虫卵发育也有明显的抑制作用。

（二）六元杂环衍生物

1. 吡啶的衍生物

常见的吡啶衍生物有烟酸、异烟肼和维生素 B_6。

β-吡啶甲酸又名烟酸，它和烟酰胺作用相似，能促进细胞的新陈代谢，并有扩张血管的作用。临床上主要用于防治糙皮病及维生素缺乏症。

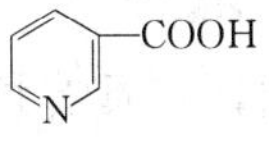

烟酸 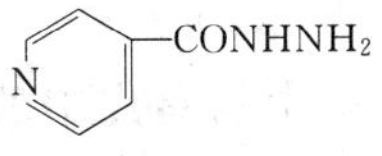　　异烟肼（雷米封）

异烟肼又称雷米封，对肺结核杆菌有强大抑制和杀灭作用，是治疗肺结核首选药物，常与链霉素等药物联用，增加疗效。

维生素 B_6 包括吡哆醇、吡哆醛和吡哆胺三种物质，它是维持蛋白质正常代谢必要的维生素，用于治疗妊娠呕吐、婴儿惊厥和白细胞减少症。由于最初分离出来的是吡哆醇，因此一般以它作为维生素 B_6 的代表。

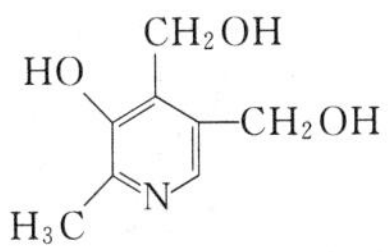

吡哆醇 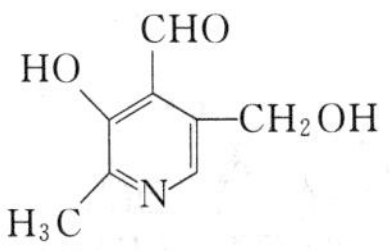　　吡哆醛 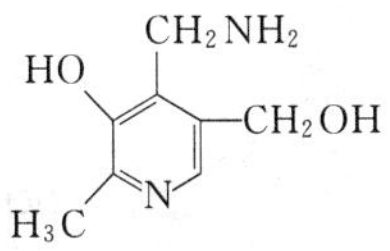　　吡哆胺

2. 嘧啶的衍生物

嘧啶的衍生物有遗传核酸分子中的嘧啶碱基、氟尿嘧啶、磺胺嘧啶和甲氧苄氨嘧啶。

核酸分子中的嘧啶碱基有：

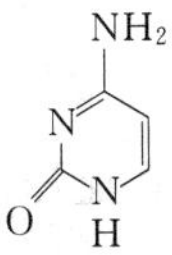

胞嘧啶 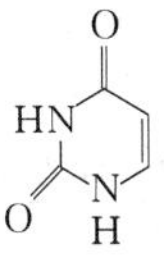　　尿嘧啶 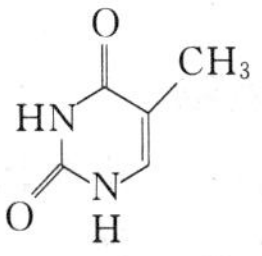　　胸腺嘧啶

氟尿嘧啶是治疗结肠癌、直肠癌、乳腺癌、卵巢癌及胃癌的药物。磺胺嘧啶（SD）是抗疟药。

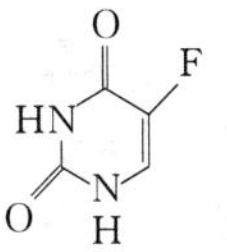

氟尿嘧啶 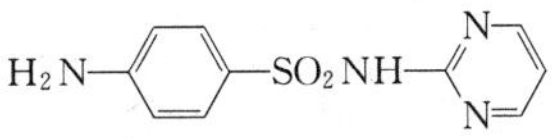　　磺胺嘧啶(SD)

甲氧苄氨嘧啶，又叫磺胺增效剂或广谱增效剂，与磺胺类药物联合使用，可增强药物的抗菌作用。

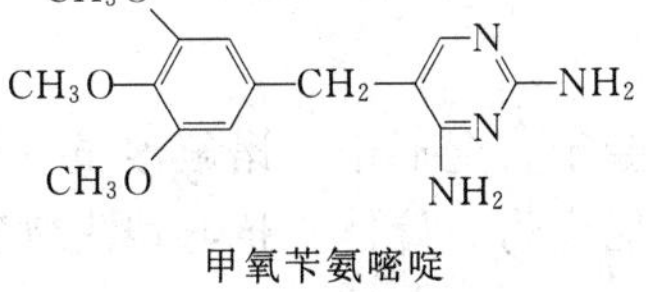

甲氧苄氨嘧啶

3. 吡喃、吡喃酮的衍生物

吡喃是含 1 个氧原子的六元杂环化合物，按环上 2 个碳碳双键的位置不同，存在 2 种异构体：α-吡喃和 γ-吡喃。因此吡喃酮也有 2 种异构体：α-吡喃酮和 γ-吡喃酮。γ-吡喃酮比 α-吡喃酮稳定。

α-吡喃　γ-吡喃　α-吡喃酮　γ-吡喃酮

含 α-吡喃酮结构的药物有中药秦皮中的七叶内酯，它具有抗菌作用，临床上用于治疗细菌性痢疾，对慢性气管炎亦有一定的疗效。

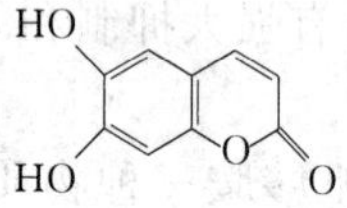

HO　HO　O

七叶内酯

含 γ-吡喃酮结构的药物有中药槐米中的芸香苷，它是用来防治高血压及动脉硬化的辅助药物。

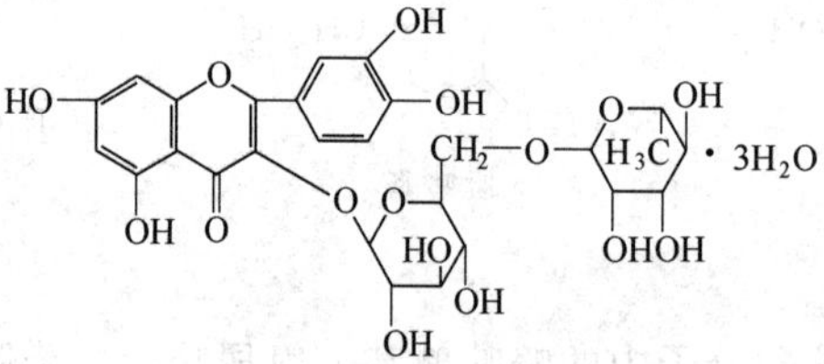

OH　HO　OH　CH_2—O　OH　H_3C　· $3H_2O$　OH　O　HO　OH　OHOH　OH

芸香苷

（三）稠杂环衍生物

1. 吲哚的衍生物

吲哚的衍生物有哺乳动物脑组织中的 5-羟基色胺，有用于治疗高血压的利舍平，有用于消炎、解热镇痛的消炎痛。

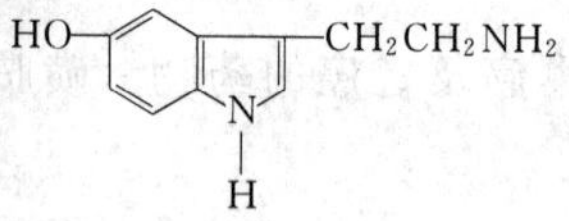

HO—　—$CH_2CH_2NH_2$　N　H

5-羟基色胺

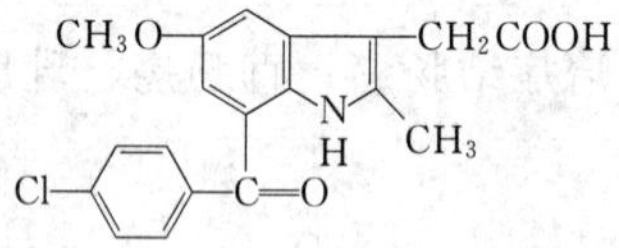

CH_3O—　—CH_2COOH　N　H　CH_3　Cl—　C═O

消炎痛

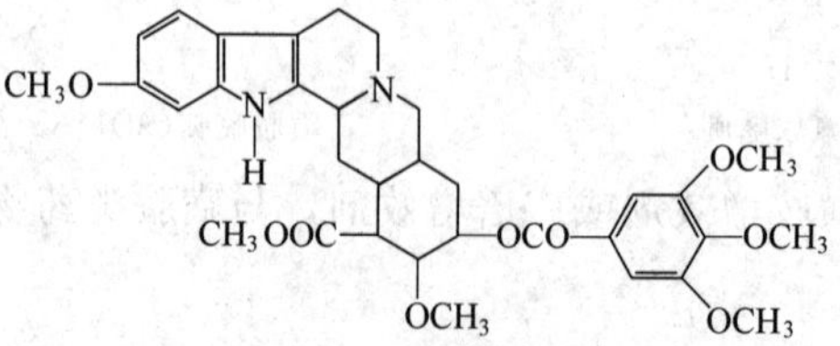

CH_3O—　N　H　N　CH_3OOC　—OCO—　OCH_3　OCH_3　OCH_3　OCH_3

利舍平

2. 喹啉、异喹啉的衍生物

喹啉的衍生物有诺氟沙星、奎宁、奎尼宁。诺氟沙星（氟哌酸）是肠道和尿路感染抗菌药。奎宁为左旋体，抗疟药；奎尼宁为右旋体，抗心律失常药。

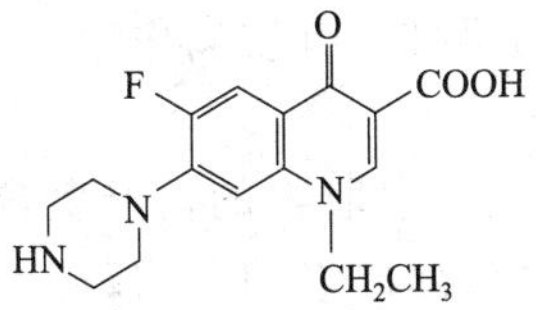

诺氟沙星（氟哌酸） 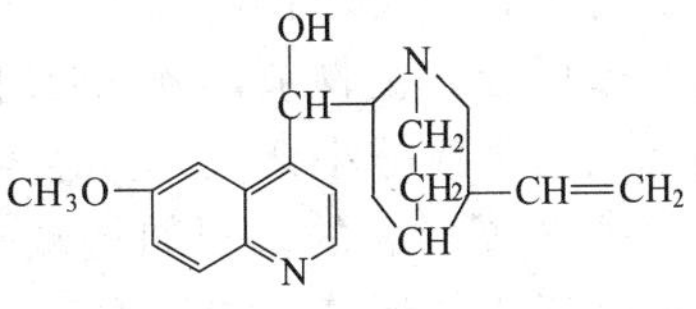　　　　奎宁

异喹啉是喹啉的同分异构体，它的衍生物有吗啡、延胡索乙素（颅通定）。

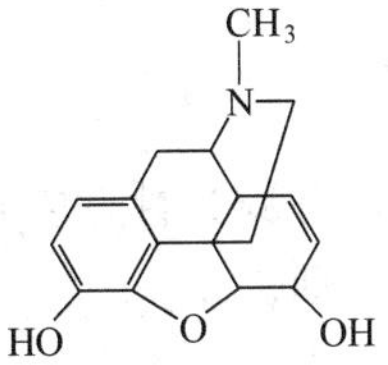

吗啡 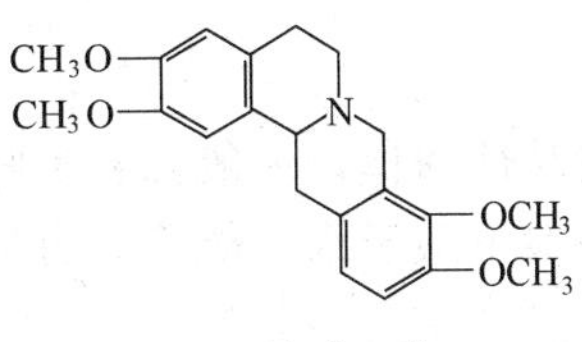　　　　延胡索乙素

3. 嘌呤的衍生物

嘌呤的衍生物广泛存在于自然界。主要有腺嘌呤、咖啡因、尿酸等。

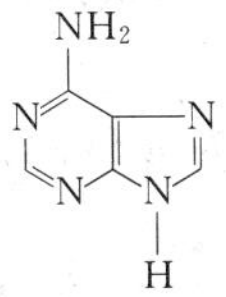

腺嘌呤 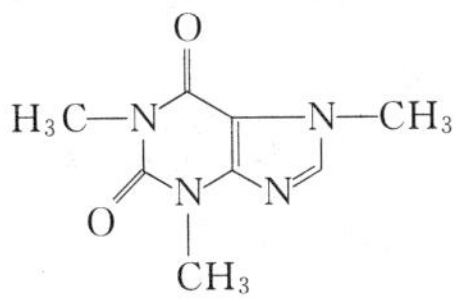　　　　咖啡因 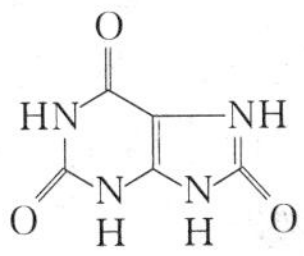　　　　尿酸

药物阿昔洛韦也含有嘌呤的结构，它对单纯性疱疹病毒、水痘带状疱疹病毒、巨细胞病毒等具有抑制作用。

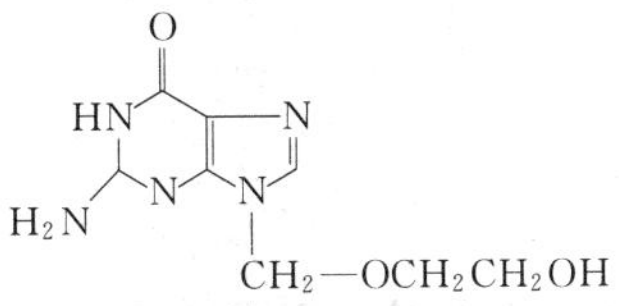

阿昔洛韦

知识链接

尿酸与痛风

尿酸是哺乳动物体内各种嘌呤衍生物的代谢产物，呈弱酸性。因其溶解度小，若体内产生过多或排泄不出，囤积体内，会导致血液中尿酸值升高，再经血液流向（软）结缔组织，以结晶体存于其中，如果有诱因引起沉积在软组织如关节膜里的尿酸结晶释出，那便导致身体免疫系统过度反应而造成炎症，即痛风症。一般常见的症状是关节处红肿、发热，关节变形、疼痛。

若患上高尿酸血症，除了在医师指导下服用降尿酸药物外，亦必须从生活与饮食杜绝一切痛风的诱因，如减少进食高嘌呤的食物，比如带壳海鲜、鱼皮、动物皮与内脏、肉汁、高汤等，也需避免饮用过量酒精饮料，尤其啤酒是痛风患者的禁忌。

第二节　生物碱

生物碱是指存在于生物体内，对生物体具有强烈生理作用的含氮碱性有机化合物。它们大多数来自植物，也有少数来自动物，但含量都比较低。

许多中草药的有效成分是生物碱，例如吗啡里的吗啡碱有镇痛作用，麻黄中的平喘成分麻黄碱，黄连中的抗菌消炎成分小檗碱（黄连素）等。

生物碱大多是根据来源命名的，例如烟碱是由烟草中取得的，麻黄碱是由麻黄中得到的。也有少数采用国际通用名译音，如尼古丁。至今分离出来的生物碱已有数千种，其中用于医药的有近百种。

一、生物碱的一般性质

（一）物理性质

生物碱绝大多数为结晶性固体，一般都有苦味，有旋光性，左旋体的生理活性往往大于右旋体。游离的生物碱一般不溶于水，能溶于有机溶剂。

（二）酸碱性

由于生物碱是一类含氮的有机物，多呈碱性，因结构不同其碱性强弱程度亦不同。利用其碱性，可与酸反应生成溶于水的盐，再加入碱作用后可使生物碱重新游离出来，可达到分离、提纯的目的。由于生物碱一般不溶于水，因此在医药上常把生物碱制成盐类来使用，如硫酸阿托品、磷酸可待因、盐酸吗啡碱等。

个别生物碱结构中因有 Ar—OH、—COOH 等基团，常表现为酸碱两性。如槟榔次碱、吗啡都是两性生物碱。

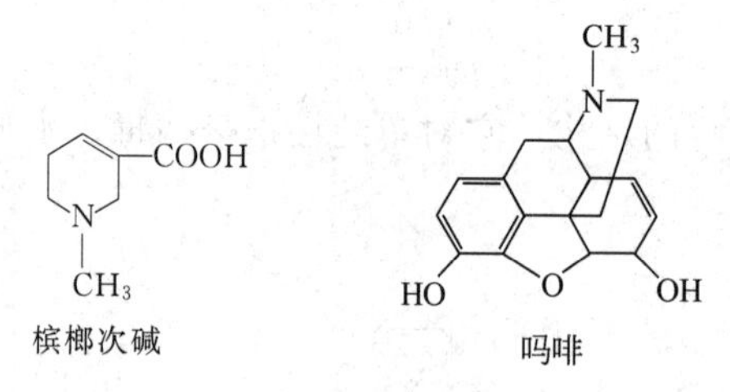

槟榔次碱　　吗啡

（三）显色反应

多数生物碱能和一些试剂产生显色反应，不同试剂显示不同的颜色。这些能使生物碱产生颜色反应的试剂叫生物碱显色剂。常用的生物碱显色剂有钼酸钠、钒酸铵、甲醛、硝酸、重铬酸钾和高锰酸钾的浓硫酸溶液。如甲醛-浓硫酸试剂遇可待因显蓝色、遇吗啡显紫红色。利用显色反应可检查和鉴别生物碱。

（四）沉淀反应

大多数生物碱或其盐的水溶液，能与一些试剂反应生成难溶性的盐或配合物而沉淀。这些试剂称为生物碱沉淀试剂。常用的生物碱沉淀试剂有碘化汞钾（K_2HgI_4，与生物碱作用多生成白色或淡黄色沉淀）、碘化铋钾（$BiI_3 \cdot KI$，与生物碱作用多生成红棕色沉淀）、碘-碘化钾、鞣酸、苦味酸等。利用沉淀反应可检查和鉴别生物碱，也可用来精制和分离生物碱。

二、常见的生物碱

（一）麻黄碱

$$C_6H_5-\overset{*}{C}H(OH)-\overset{*}{C}H(NHCH_3)-CH_3$$

麻黄碱

麻黄碱又名麻黄素，存在于中药麻黄中的一种生物碱，味苦。其分子中含有两个不相同的手性碳原子，组成两对对映体，其中一对为麻黄碱，另一对为伪麻黄碱。但在药材麻黄中只有左旋麻黄碱和右旋伪麻黄碱两种异构体存在。

麻黄碱能兴奋交感神经，增高血压，扩张支气管，有发汗、兴奋、止咳、平喘的功效。临床上常用它的左旋体的盐酸盐治疗支气管哮喘、过敏性反应、鼻黏膜肿胀和低血压等。

（二）莨菪碱

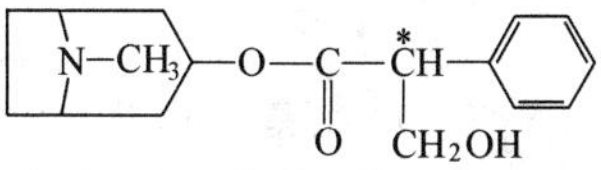

莨菪碱

莨菪碱分布于颠茄、莨菪、曼陀罗、洋金花等茄科植物中，味苦。莨菪碱为左旋体，在碱性或加热条件下，转变为外消旋体即阿托品。

医药上常用的是硫酸阿托品，它具有解除平滑肌痉挛、抑制腺体分泌及扩大瞳孔作用，临床上用于治疗平滑肌痉挛、胃及十二指肠溃疡、散瞳、有机磷农药中毒等。

（三）烟碱

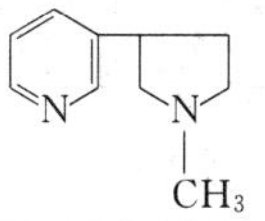

烟碱

烟碱又名尼古丁，是存在于烟草中的一种吡啶类生物碱。烟碱有毒，少量可使中枢神经系统兴奋，呼吸增强，血压升高；大量则抑制中枢神经，出现恶心、呕吐、头痛，使心脏麻痹以致死亡。

（四）小檗碱

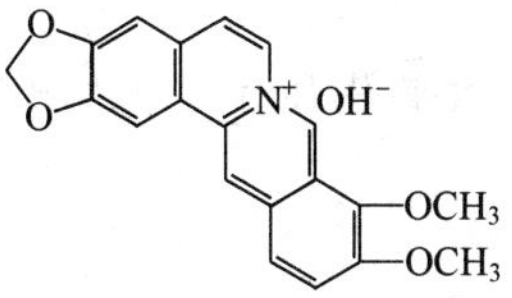

小檗碱

小檗碱又名黄连素，从小檗科植物或黄连等药材中提取而得，属异喹啉类生物碱。黄连素味极苦，具有抗菌消炎作用，对痢疾杆菌、葡萄球菌、链球菌均有抑制作用，临床上常用其盐酸盐来治疗肠胃炎和细菌性痢疾等。

（五）吗啡碱

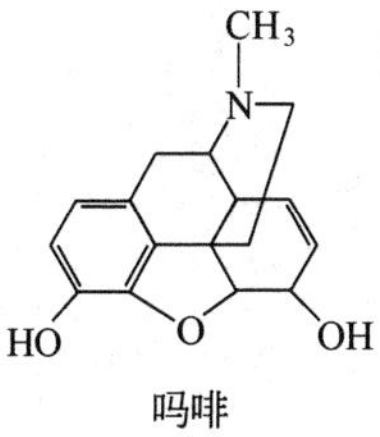

吗啡

吗啡是从罂粟科植物中提取的一种生物碱。它有很强的镇痛和解痉作用，但易成瘾，并有抑制呼吸中枢的副作用。

知识链接

珍爱生命　拒绝毒品

我国刑法规定，毒品是指鸦片、海洛因、甲基苯丙胺（冰毒）、吗啡、大麻、可卡因以及国家规定管制的其他能够使人形成瘾癖的麻醉药品和精神药品。

海洛因化学名称“二乙酰吗啡”，服用后极易成瘾，医学上曾用于麻醉镇痛，但成瘾快，极难戒断；长期使用会破坏人的免疫功能，并导致心、肝、肾等主要脏器的损害，被称为世界毒品之王。

随着社会发展，新型毒品层出不穷，如冰毒、摇头丸、K粉等，由于这些多发生在娱乐场所，西方社会称之为“舞会药”。“舞会药”在全球范围形成流行性滥用势头，滥用群体从早期的摇滚乐队、流行歌手和一些精神堕落群体蔓延到以青少年为主的社会各阶层。开始吸食摇头丸时身体瘫软，一旦接触到节奏狂放的音乐，便会条件反射般强烈扭动、手舞足蹈，“狂劲”一般会持续数小时甚至更长，直到药性渐散身体虚脱为止；服用K粉具有很强的依赖性，服用后会产生意识与感觉的分离状态，导致神经中毒反应、幻觉和精神分裂症状，表现为头昏、精神错乱、过度兴奋、幻觉、幻视、幻听、运动功能障碍及抑郁等。

毒品给社会造成的危害越来越大，毒品犯罪往往与黑社会、暴力、凶杀联系在一起，是许多严重刑事犯罪和治安问题的重要诱因，同时也是艾滋病感染的一大途径。毒品带给人类的只会是毁灭。我们应珍爱生命，拒绝毒品。

本章小结

一、基本概念

1. 杂环化合物的定义

杂环化合物是由碳原子和非碳原子共同组成环状骨架结构的一类化合物。

2. 生物碱的定义

生物碱是指存在于生物体内，对生物体具有强烈生理作用的含氮碱性有机化合物。

二、杂环化合物的分类及命名

1. 杂环化合物的分类方法

按环的大小分为五元杂环、六元杂环；按环的数目分为单杂环、稠杂环；按结构中杂原子数目分为一个、两个、多个杂原子的杂环。

2. 常见杂环母环结构和名称，见表11-1。

三、生物碱的一般性质

1. 物理性质

2. 酸碱性

3. 显色反应

4. 沉淀反应

四、常见的药用杂环衍生物和生物碱

1. 五元杂环衍生物

2. 六元杂环衍生物

3. 稠杂环衍生物

4. 生物碱

习题

1. 填空题

(1) 杂环化合物中，较常见的杂原子有________、________、________等。

(2) 杂环化合物按照环的大小分类，通常可分为__________和__________两类。

(3) 喹啉是苯环和________环稠合而成的。

(4) 生物碱是存在于________中，具有明显________性的一类含________有机化合物。

(5) 生物碱一般难溶于水，若要改善其水溶性，方法之一是利用其具有________性，能与________反应，形成溶于水的盐的性质。

(6) 麻黄碱又名__________，烟碱又名__________，小檗碱又名__________。

(7) 阿托品是__________的外消旋体。

2. 单选题

(1) 下列有机物中，(　　) 不是杂环化合物。

A. 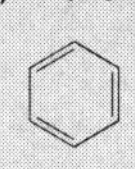　　B. 　　C. 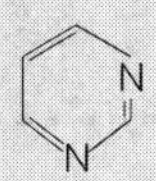　　D.

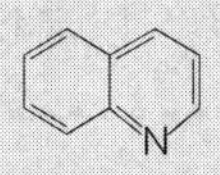

(2) 下列化合物不是五元杂环化合物的是 (　　)。

A. 吡唑　　B. 嘧啶　　C. 噻吩　　D. 噻唑

(3) 下列属于稠杂环的是 (　　)。

A. 呋喃　　B. 吲哚　　C. 噻吩　　D. 嘧啶

(4) 下列化合物中，(　　) 是两性的生物碱。

A. 麻黄碱　　B. 尼古丁　　C. 嘌呤　　D. 吗啡

(5) 下列生物碱对人体中枢神经有抑制作用的是 (　　)。

A. 麻黄碱　　B. 尼古丁　　C. 小檗碱　　D. 吗啡

3. 对下列化合物的杂环进行编号，并且命名

(1) 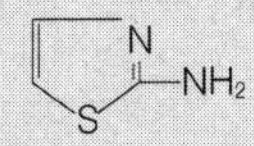　　(2) 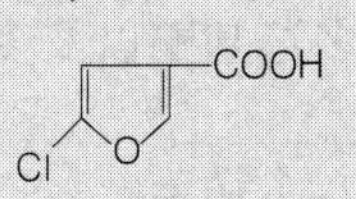　　(3)

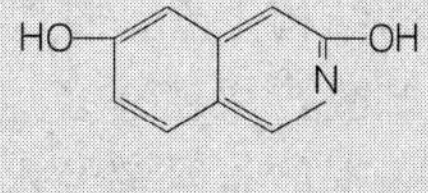

(4) 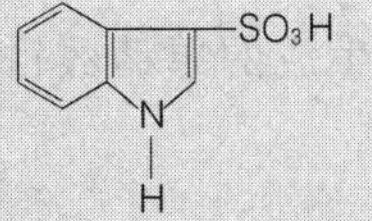　　(5)

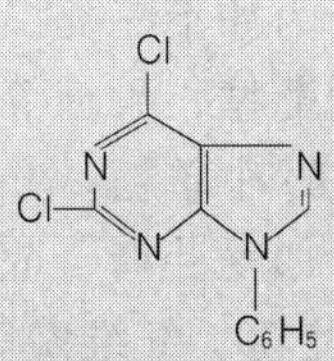

4. 指出下列药物结构中含有杂环母环的名称

(1) 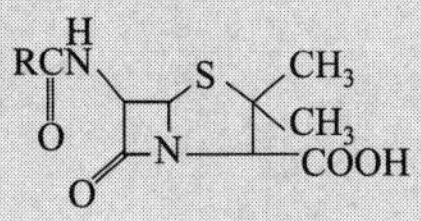 青霉素　　(2) 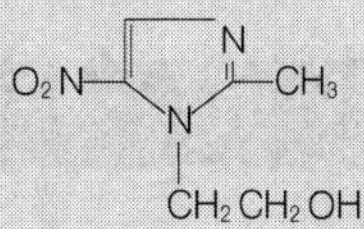 甲硝唑

(3) 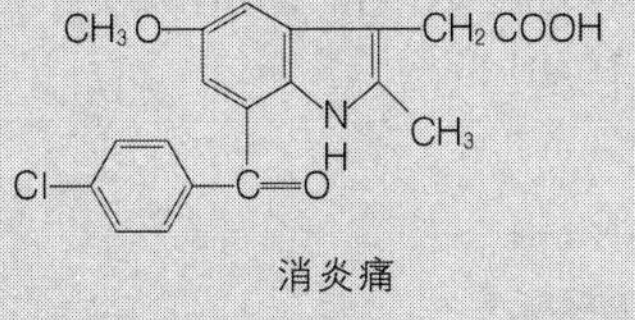 消炎痛　　(4) 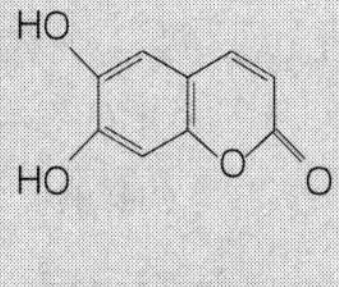 七叶内酯

5. 生物碱有哪些通性?

第十二章

糖类化合物

学习目标

1. 掌握：单糖（主要为葡萄糖）的结构（包括开链结构、环状结构、呋喃型及吡喃型糖），糖的环状结构中α-异构体和β-异构体，从结构上理解糖的变旋光现象及吡喃型糖的稳定构象，糖构型的标记方法；单糖的化学性质，从结构上理解还原性糖；单糖的差向异构化。

2. 熟悉：双糖的概念及其结构，一些重要的双糖如麦芽糖、纤维二糖、蔗糖。

3. 了解：以淀粉和纤维素为例了解多糖的结构。

糖类化合物也称为碳水化合物，是自然界分布最广的一类天然有机化合物，如葡萄糖、果糖、蔗糖、淀粉和纤维素等。糖类化合物是人类食物的主要成分，提供人体所需能量的70%以上。糖类化合物也是人类和动植物体内组织细胞的重要成分，是体内合成脂肪、蛋白质、核酸的基本原料。糖类化合物和药物的关系也很密切，如病人需要的葡萄糖输液，生产片剂时常用淀粉作赋型剂等。中草药的有效成分中有一类重要化合物苷类，它是糖的衍生物，如大黄中含大黄酸葡萄糖苷，人参中含人参皂苷等。某些维生素和抗生素都含有糖的部分，如维生素 B_2 含核糖部分，维生素 C 是山梨糖的衍生物，链霉素分子含链霉糖部分。一些新型药用辅料如羧甲基纤维素钠等也是糖类化合物的衍生物。糖的结构特点对药物生理活性具有重要意义。

从化学结构上看，糖类是多羟基醛或多羟基酮以及多羟基醛、酮的缩合物。例如：葡萄糖是多羟基醛，果糖是多羟基酮。

糖类根据能否水解及水解后的情况可分为如下三类。

单糖：不能水解的多羟基醛或酮。如葡萄糖、果糖等。

低聚糖：又叫寡糖。它能水解生成2～10个单糖，并根据水解生成的单糖数目，再分为二糖、三糖、四糖等。其中以二糖最常见，如麦芽糖、蔗糖等。

多糖：能水解生成10个以上单糖，如淀粉、纤维素等。

糖类多根据其来源采用俗名。一般不用系统命名法命名。

第一节 单糖

单糖是构成低聚糖和多糖的基本单位。单糖按所含羰基的类型分为醛糖和酮糖；按分子中碳原子数目又分为丙糖、丁糖、戊糖及己糖等。最简单的糖是丙醛糖和丙酮糖。

CHO | CHOH | CH_2OH 丙醛糖	CH_2OH | C═O | CH_2OH 丙酮糖

丙醛糖分子中有一个手性碳原子，存在一对对映异构体，它们的费歇尔投影式如下：

```
    CHO                 CHO
H—┼—OH            HO—┼—H
   CH₂OH               CH₂OH
```

D-(+)-甘油醛　　　　L-(−)-甘油醛

自然界的单糖以含有 5 个或 6 个碳原子的戊糖和己糖最普遍。其中以核糖、葡萄糖和果糖最为重要。

一、单糖的分子结构

（一）葡萄糖的分子结构

1. 葡萄糖的链状结构

葡萄糖的分子式是 $C_6H_{12}O_6$，属己醛糖，其结构式如下：

```
         *     *     *     *
CH2—CH—CH—CH—CH—CHO
 |     |     |     |     |
OH   OH   OH   OH   OH
```

葡萄糖

分子中含有 4 个手性碳原子，应有 $2^n=16$ 个光学异构体，自然界存在的只有 3 个，天然存在的葡萄糖只是其中的一个。其费歇尔投影式如下：

```
    1CHO
 H—2—OH
HO—3—H
 H—4—OH
 H—5—OH
    6
   CH2OH
```

葡萄糖醛式结构的构型由编号最大的手性碳原子上的羟基决定，葡萄糖 C-5 上的羟基位于碳链右侧，与 D-(+)-甘油醛相同，因此天然葡萄糖属于 D 型糖，又因葡萄糖的水溶液具有右旋性，所以全名写为 D-(+)-葡萄糖。

葡萄糖的 16 个光学异构体都是已知物，其中 D-(+)-葡萄糖、D-(+)-半乳糖和 D-(+)-甘露糖是天然产物，其余都是人工合成的。它们的投影式如下，为了简便起见，以竖线代表碳链，短线“—”代表羟基。

```
 CHO          CHO          CHO
  |—          —|           |—
 —|           —|          —|
  |—           |—         —|
  |—           |—          |—
 CH2OH        CH2OH        CH2OH
```

D-(+)-葡萄糖　　D-(+)-甘露糖　　D-(+)-半乳糖

> **课堂互动**
>
> 写出 D-(+)-葡萄糖、D-(+)-甘露糖和 D-(+)-半乳糖的对映异构体。

2. D-葡萄糖的环状结构

D-葡萄糖有两种结晶：一种是常温下从乙醇中析出的晶体，熔点 146℃，新配制的水溶液的比旋光度 $[\alpha]_D^{20}$ 为 +112°，称为 α-D-(+)-葡萄糖；另一种是在 98℃以上从吡啶中析出的晶体，熔点 150℃，新配制的水溶液的比旋光度 $[\alpha]_D^{20}$ 为 +18.7°，称为 β-D-(+)-葡萄糖。上述两种葡萄糖水溶液的比旋光度在放置过程中逐渐变化，直至达到 +52.5°的恒定值。这种新配制的葡萄糖水溶液自行改变比旋光度最终达到恒定值的现象称为变旋光现象。

联系到醛可以与醇反应生成半缩醛，葡萄糖是一个多羟基醛，分子中的醇羟基和醛基也可以发生类似反应，生成环状半缩醛，生成的半缩醛羟基也叫苷羟基。由于六元环最稳定，故由 C-5 上的羟基与醛基进行加成，形成半缩醛，并构成六元环状化合物。

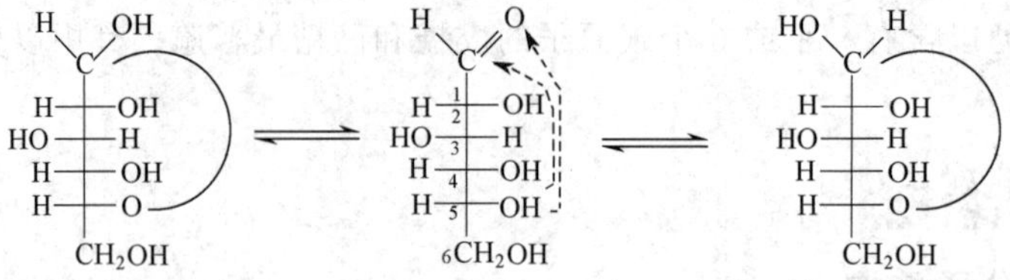

α- D- (+)- 吡喃葡萄糖　　D- (+)- 葡萄糖　　β- D- (+)- 吡喃葡萄糖

在形成环状结构过程中，由于羟基可以从羰基平面的两侧进攻羰基碳原子，结果生成两种不同的构型异构体 α 构型和 β 构型。通常把半缩醛羟基与决定单糖构型的羟基位于碳链同侧的称为 α 型；位于碳链异侧的称为 β 型。α 型和 β 型是含有多个手性碳原子的非对映体，其物理性质和比旋光度是不相同的。像这种含有多个手性碳原子的旋光异构体，其中只有一个手性碳原子的构型不同，而其他的手性碳原子构型都相同，则这两个旋光异构体互称为差向异构体。α 型和 β 型葡萄糖仅第一个手性碳原子的构型不同，它们互为 C-1 差向异构体或端基异构体。

将葡萄糖的两种异构体中的任何一种溶于水，α 型葡萄糖和 β 型葡萄糖可通过开链式相互转化而达到平衡。这就是糖具有变旋光现象的原因。所有的单糖都有变旋光现象。

半缩醛葡萄糖分子环状结构中的环与含氧六元杂环吡喃环相当，所以把六元环的糖叫做吡喃糖。

3. 葡萄糖的哈沃斯式

糖的半缩醛氧环结构投影式不能反映出各个基团的相对空间位置。为了更清楚地反映糖的氧环结构，哈沃斯透视式是最直观的表示方法。

可以用下面方法，把链状结构投影式改写为哈沃斯式。以 D-葡萄糖为例说明。

首先画一个六元氧环，氧原子一般位于右后方，环上碳原子略写，并按顺时针方向编号。

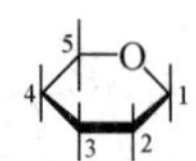

然后将投影式中碳链左侧的原子或原子团写在环的上方；右侧的原子或原子团写在环的下方，即左上右下（相当于投影式顺时针方向倒下）的原则；D 型糖的 C-5 上的—CH_2OH 写在环的上方。α-D-(＋)-吡喃葡萄糖和 β-D-(＋)-吡喃葡萄糖哈沃斯式如下：

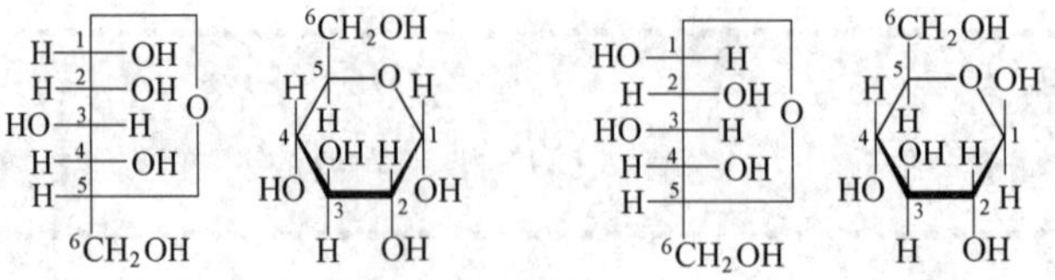

α-D-(＋)-吡喃葡萄糖　　β-D-(＋)-吡喃葡萄糖

在上面的哈沃斯式中，对于 D 型糖来说，半缩醛羟基处于环的下方的为 α 型葡萄糖，处于环的上方的为 β 型葡萄糖。

4. 葡萄糖的构象

研究证明，吡喃型糖的六元环主要是以椅式构象存在于自然界的。

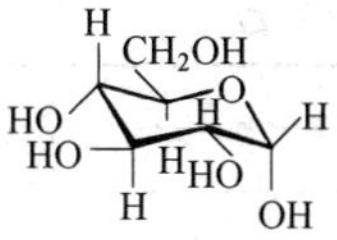

α-D-(+)-吡喃葡萄糖 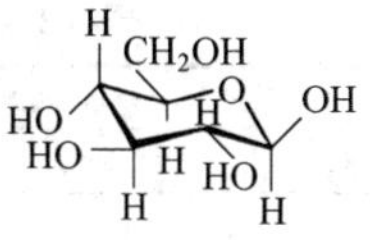　　β-D-(+)-吡喃葡萄糖

从 D-(＋)-吡喃葡萄糖的构象可以看出，在 β-D-(＋)-吡喃葡萄糖中，较大的取代基—OH 和—CH_2OH 都在 e 键上；而在 α-D-(＋)-吡喃葡萄糖中，C-1 上的半缩醛羟基在 a 键上。因此 β 型是比较稳定的构象，因而在平衡体系中的含量较多。

● 课堂互动 ●

写出 β-D-(＋)-吡喃半乳糖、α-D-(＋)-吡喃甘露糖的哈沃斯式。

（二）果糖的分子结构

果糖是己酮糖，分子式为 $C_6H_{12}O_6$。果糖有 3 个手性碳原子，应有 8 个旋光异构体。天然存在的果糖属 D 型左旋糖。

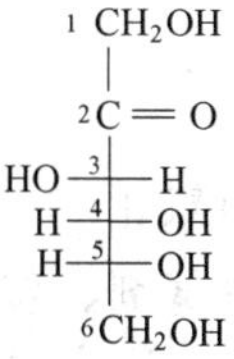

D-(−)-果糖

果糖在形成环状结构时，可由 C-5 上的羟基与羰基形成含氧五元环，也可由 C-6 上的羟基与羰基形成含氧六元环。两种氧环式都有 α 型和 β 型两种构型，因此，果糖可能有五种构型。

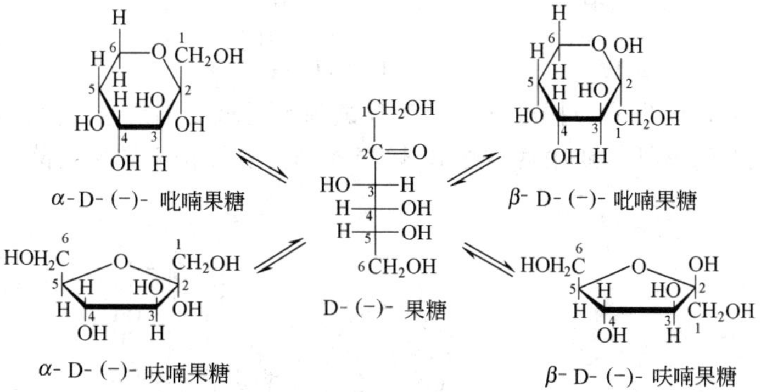

α-D-(−)-吡喃果糖　　D-(−)-果糖　　β-D-(−)-吡喃果糖

α-D-(−)-呋喃果糖　　β-D-(−)-呋喃果糖

果糖的五元环是由 4 个碳原子和 1 个氧原子构成的，与呋喃相当，所以把五元环的果糖叫做呋喃糖。自然界中存在的果糖便是 β-D-(−)-呋喃果糖。

二、单糖的物理性质

单糖都是无色结晶，有甜味，具有吸湿性，易溶于水，常能形成过饱和溶液——糖浆，难溶于乙醇。单糖有旋光性，溶于水后有变旋光现象。

几种重要糖的环状半缩醛式异构体的比旋光度，以及水溶液中平衡混合物的比旋光度见表 12-1。

表 12-1 糖的物理常数

名　称	比旋光度$[\alpha]_D^{20}$/(°)			糖脎熔点/℃
	α式	β式	平衡混合物	
D-核糖	—	—	−23.7	160
D-葡萄糖	+112	+18.7	+52.7	210
D-甘露糖	+29.9	−16.3	+14.5	210
D-半乳糖	+150.7	+52.8	+80.2	186
D-果糖	−21	−133.5	−92	210
麦芽糖	—	+112	+136	206
乳糖	+85	—	+55.4	200
蔗糖		+66.5		—

三、单糖的化学性质

单糖分子中既含有羰基又含有羟基，所以它们可发生一些羰基的反应，如氧化还原反应，与 $H_2N—OH$、苯肼等羰基试剂反应；也可发生羟基的反应，如成酯、成醚的反应等。

单糖在水溶液中是以链状结构和环状结构的互变平衡体系存在的，所以它们在性质上还有一些特性。

(一) 还原性

1. 被托伦试剂、费林试剂、班氏试剂氧化

醛糖分子中含有醛基，所以能还原托伦试剂、费林试剂和班氏试剂，分别生成银镜或氧化亚铜沉淀。

H O
C
H—OH
HO—H
H—OH
H—OH
CH_2OH
D-葡萄糖
\+ 托伦试剂 费林试剂 △ →
HO O
C
H—OH
HO—H
H—OH
H—OH
CH_2OH
D-葡萄糖酸
\+ Ag↓(银镜) Cu_2O↓(砖红色)

果糖虽然是酮糖，但也能与托伦试剂、费林试剂等弱氧化剂反应。这是因为果糖可以在托伦试剂、费林试剂的碱性介质中通过酮式-烯醇式的互变异构而转变成醛糖的缘故。

1CH_2OH
2C=O
HO—3—H
H—4—OH
H—5—OH
6CH_2OH
D-果糖
⇌ (a)
H—O H
1C
2C
O—H
HO—C—H
H—4—OH
H—5—OH
6CH_2OH
烯醇式中间体
(a) (b) (c)
(b) ⇌
H O
C 1
HO—2—H
HO—3—H
H—4—OH
H—5—OH
6CH_2OH
D-甘露糖
(c) ⇌
H O
C 1
H—2—OH
HO—3—H
H—4—OH
H—5—OH
6CH_2OH
D-葡萄糖

所以醛糖与酮糖都能还原托伦试剂、费林试剂和班氏试剂，这种性质叫做还原性。具有还原性的糖称为还原糖，所有单糖（无论醛糖或酮糖）都是还原糖。

临床上用班氏试剂测定血液和尿液中葡萄糖的含量。班氏试剂是由硫酸铜、碳酸钠和柠檬酸钠配制的溶液，含有 2 价铜离子的配合物，与单糖反应的原理与费林试剂相同。

2. 被溴水氧化

溴水是弱氧化剂，可将醛糖的醛基氧化为羧基，生成相应的糖酸。酮糖不被溴水氧化，所以可以用溴水区别醛糖与酮糖。

$$\underset{\text{醛糖}}{\begin{matrix}CHO\\|\\(CHOH)_n\\|\\CH_2OH\end{matrix}} \xrightarrow{Br_2+H_2O} \underset{\text{糖酸}}{\begin{matrix}COOH\\|\\(CHOH)_n\\|\\CH_2OH\end{matrix}}$$

3. 被稀硝酸氧化

稀硝酸的氧化性比溴水强，不仅可以氧化醛基，而且还可以氧化另一端的羟甲基，使醛糖氧化成糖二酸。

$$\underset{\text{D-葡萄糖}}{\begin{matrix}CHO\\H-C-OH\\HO-C-H\\H-C-OH\\H-C-OH\\CH_2OH\end{matrix}} \xrightarrow{\text{稀 }HNO_3} \underset{\text{D-葡萄糖二酸}}{\begin{matrix}COOH\\H-C-OH\\HO-C-H\\H-C-OH\\H-C-OH\\COOH\end{matrix}}$$

葡萄糖酸制得的钙盐与维生素 D 合用，用于治疗缺钙症和过敏症。葡萄糖二酸中一个羧基用适当方法还原成醛基，即得葡萄糖醛酸，具有保肝和解毒作用，药名为肝泰乐。

● 课堂互动 ●

果糖为什么能还原托伦试剂?

(二) 生成糖脎

糖与苯肼反应生成苯腙，当苯肼过量时，可进一步反应生成糖脎。例如：

$$\underset{\text{D-葡萄糖}}{\begin{matrix}CHO\\H-C-OH\\HO-C-H\\H-C-OH\\H-C-OH\\CH_2OH\end{matrix}} \xrightarrow{C_6H_5NHNH_2} \underset{\text{D-葡萄糖苯腙}}{\begin{matrix}HC{=}NNHC_6H_5\\H-C-OH\\HO-C-H\\H-C-OH\\H-C-OH\\CH_2OH\end{matrix}} \xrightarrow{C_6H_5NHNH_2} \underset{\text{D-葡萄糖脎}}{\begin{matrix}HC{=}NNHC_6H_5\\C{=}NNHC_6H_5\\OH-C-H\\H-C-OH\\H-C-OH\\CH_2OH\end{matrix}}$$

糖脎是不溶于水的黄色结晶，不同的糖成脎时间、结晶性状及形成的糖脎的熔点也不相同，可用于糖的定性鉴定。仅 C-1、C-2 上结构不同的糖（其余碳的结构相同）形成相同的糖脎。

(三) 成苷反应

糖分子中的半缩醛羟基与其他含羟基的化合物（如醇、酚）脱水而生成缩醛结构的化合物，该反应称为“成苷反应”，产物称为“糖苷”，全名为“某糖某苷”。

半缩醛羟基

$$\underset{\beta\text{-D-(+)-吡喃葡萄糖}}{\text{(吡喃环，C-1 上 OH)}} + CH_3OH \xrightarrow{\text{干燥HCl}} \underset{\beta\text{-D-(+)-吡喃葡萄糖甲苷}}{\text{(吡喃环，C-1 上 }O-CH_3\text{)}} + H_2O$$

糖苷由两部分组成。糖的部分称为糖基，非糖部分称为配基或苷元。相连糖基与配基的键称苷键。糖苷具有缩醛结构，分子中没有半缩醛（酮）羟基，故不能转变成开链结构，因此糖苷无还原性和变旋光现象。糖苷在酸和酶的作用下，可以水解为糖基和苷元。

糖苷类化合物在自然界广泛存在，具有一定的生理活性，是许多中草药的有效成分。

例如，存在于苦杏仁和桃树根中的苦杏仁苷具有止咳作用，是由龙胆二糖和羟基苯乙腈失水生成的糖苷。

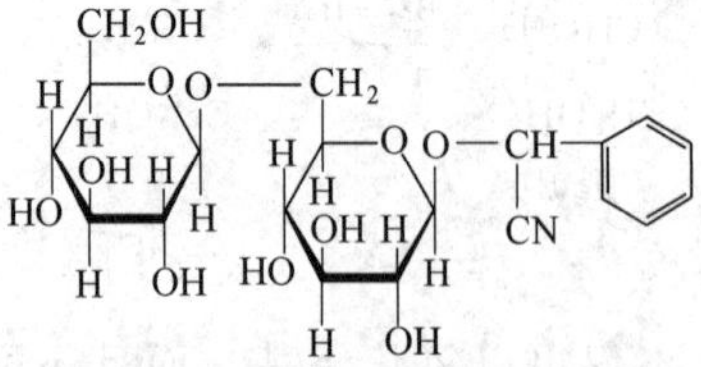

苦杏仁苷

● 课堂互动 ●

分析下列糖苷结构，指出糖基、配基和苷键。

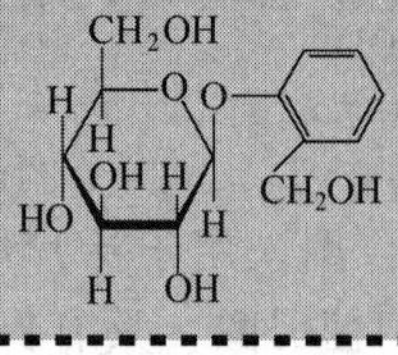

（四）成酯反应

单糖分子中的羟基在适当条件下都可以与酸作用生成酯。在生物体内，很多糖类分子都以磷酸酯的形式存在并参与反应，在生命过程中具有重要作用。如 α-D-吡喃葡萄糖-1-磷酸酯是人体内合成糖原的原料，也是糖原在体内分解的最初产物。

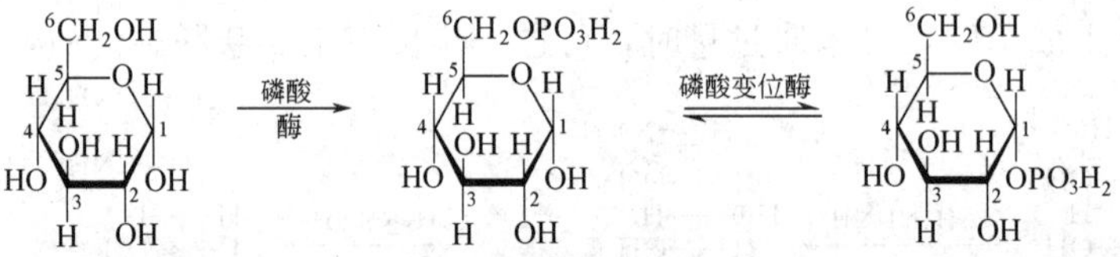

α-D-吡喃葡萄糖　　α-D-吡喃葡萄糖-6-磷酸酯　　α-D-吡喃葡萄糖-1-磷酸酯

α-D-呋喃果糖-1,6-二磷酸酯在临床上可用于急救及抗休克等的辅助治疗。

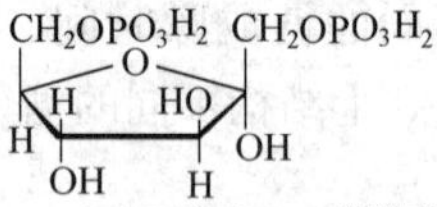

α-D-呋喃果糖-1,6-二磷酸酯

四、重要的单糖

1. 核糖、2-脱氧核糖

D-(−)-核糖与 D-(−)-2-脱氧核糖是极为重要的戊糖，常与磷酸及某些杂环化合物结合而存在于核蛋白中，是核糖核酸及脱氧核糖核酸的重要组分之一。它们的环式和链式结构式如下：

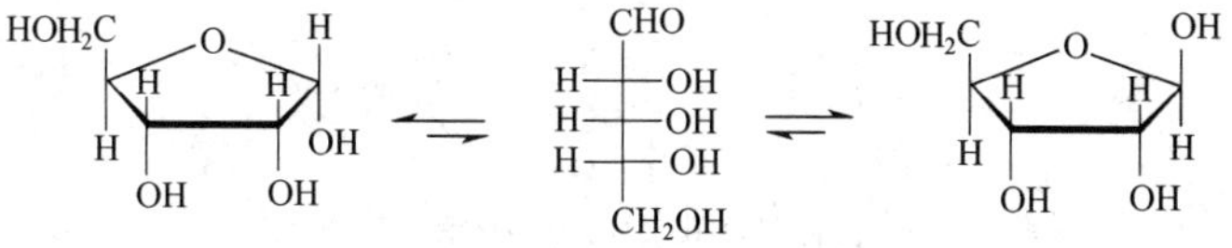

α-D-(-)-核糖　　D-(-)-核糖　　β-D-(-)-核糖

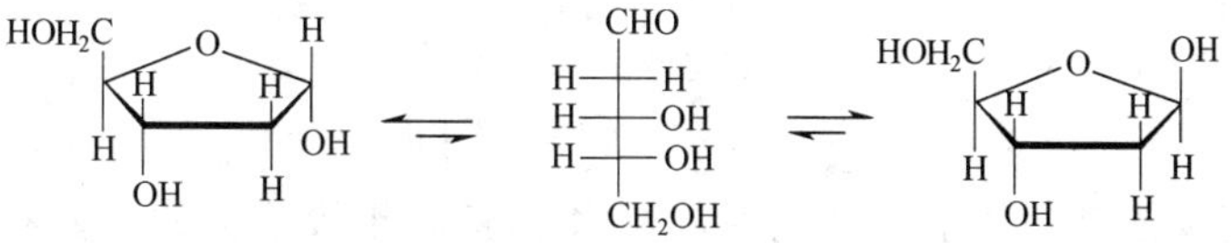

α-D-(-)-2-脱氧核糖　　D-(-)-2-脱氧核糖　　β-D-(-)-2-脱氧核糖

2. 葡萄糖

D-葡萄糖是自然界分布最广、最重要的己醛糖。游离态的葡萄糖常见于植物果实、蜂蜜、动物血液、淋巴液及尿液中。葡萄糖为无色结晶，易溶于水，微溶于乙醇，具右旋性，又称右旋糖。葡萄糖是人体内新陈代谢不可缺少的营养物质，在医药上用作营养剂，并有强心、利尿、解毒等作用。

3. 果糖

D-(－)-果糖是最甜的一种糖，存在于水果和蜂蜜中。果糖为无色结晶，易溶于水，具左旋性，又称左旋糖。1,6-二磷酸果糖是高能营养药物，有增强细胞活力和保护细胞的作用，可作为急性心肌梗死及各类休克的辅助药物。

4. 半乳糖

D-(＋)-半乳糖是许多低聚糖（如乳糖）和多糖的重要组分，存在于许多植物的种子或树胶中。半乳糖是无色结晶，能溶于水和乙醇。

它的环式和链式异构体的结构式如下：

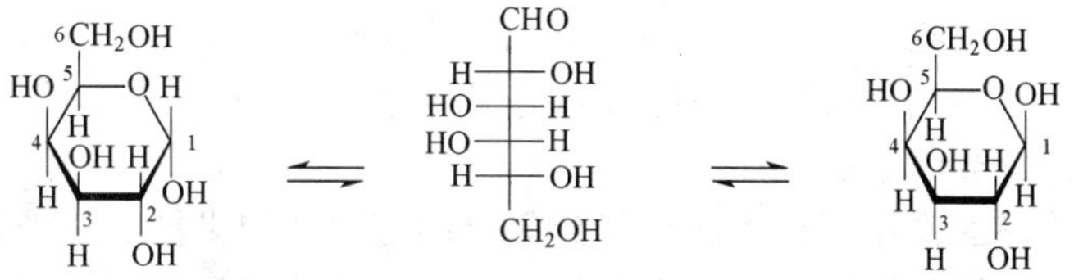

α-D-(+)-半乳糖　　D-(+)-半乳糖　　β-D-(+)-半乳糖

第二节　二糖

二糖是由两分子单糖脱水缩合而成的化合物，也可以看作是糖苷，不过糖基和配基都是单糖。二糖在酸或酶催化下水解生成两分子单糖。

一、重要的二糖

重要的二糖有乳糖、麦芽糖、蔗糖。它们的分子式为 $C_{12}H_{22}O_{11}$。

（一）乳糖

乳糖主要存在于哺乳动物的乳汁中，牛乳中含乳糖 4%～5%，人乳中含 5%～8%，有些水果中也含有乳糖。乳糖的甜味只有蔗糖的 70%。乳糖是由一分子 β-D-吡喃半乳糖上的半缩醛羟基与一分子 D-吡喃葡萄糖 C-4 上的醇羟基通过 β-1,4-苷键连接而成。乳糖的结构表示如下：

β-1,4-苷键

β-D-半乳糖单位　　D-葡萄糖单位

乳糖分子中还保留有一个半缩醛羟基，在水溶液中环状结构的 α 型和 β 型可通过链状结构互变形成动态平衡，平衡时 $[\alpha]_D^{20}=+55°$，从而显示变旋光现象，能形成糖苷，具有还原性。

在稀酸或酶的作用下，乳糖水解生成半乳糖和葡萄糖。

乳糖是白色晶粉，甜度小，水溶性较小，没有吸湿性。用于食品及医药工业，常作散剂、片剂的填充剂。

（二）蔗糖

蔗糖广泛存在于所有光合植物中，在甘蔗和甜菜中含量最多。蔗糖是由一分子 α-D-吡喃葡萄糖 C-1 上的半缩醛羟基与一分子 β-D-呋喃果糖 C-2 上的半缩醛羟基脱水，通过 α-1,2-苷键连接而成。其结构式如下：

α-1,2-苷键

α-D-葡萄糖单位　　β-D-果糖单位

蔗糖分子中没有半缩醛羟基，在水溶液中无变旋光现象，不能再形成糖苷，无还原性。

蔗糖是无色结晶，熔点 183℃，甜味仅次于果糖。易溶于水，难溶于酒精，具有右旋性，在水溶液中的比旋光度 $[\alpha]_D^{20}=+66.5°$。

蔗糖在酸或转化酶的作用下，水解后得到等量的葡萄糖和果糖。蔗糖具有右旋性，而水解后生成的葡萄糖和果糖的混合物具有左旋性，由于水解前后旋光性发生了改变，所以把蔗糖水解后的产物称为转化糖。蜂蜜的主要成分就是转化糖。

$$\underset{\substack{\text{蔗糖}\\ [\alpha]_D^{20}=+66.5°}}{C_{12}H_{22}O_{11}} + H_2O \xrightarrow{H^+\text{或转化酶}} \underset{\substack{\alpha\text{-D-葡萄糖}\\ [\alpha]_D^{20}=+52.7°}}{C_6H_{12}O_6} + \underset{\substack{\beta\text{-D-果糖}\\ [\alpha]_D^{20}=-92°}}{C_6H_{12}O_6}$$

转化糖 $[\alpha]_D^{20}=-19.8°$

蔗糖在医药上用作矫味剂，制成糖浆应用。由蔗糖加热生成的褐色焦糖，在饮料和食品中用作着色剂。

● 课堂互动 ●

为什么蔗糖溶液无还原性，而其水解液具有？

二、二糖的分类

从上可知，两分子单糖失水形成的二糖有两种可能的结合方式，一种是一个单糖的苷羟基与另一分子单糖的醇羟基失水而成的，生成的二糖仍保留游离的苷羟基，可以开环形成单糖的链状结构，这类二糖具有一般单糖的性质，即水溶液有变旋光现象和还原性，也能继续形成苷，称为还原性二糖，如麦芽糖、乳糖等。另一种是两个单糖的苷羟基间失水而成的，两个单糖都是苷，不能开环形成单糖的链状结构，这类二糖就没有变旋光现象和还原性，也不能继续形成苷，称为非还原性二糖，如蔗糖。

● 课堂互动 ●

在下列二糖中，指出成苷部分的单糖名称，指出苷键名称，二糖的类型。

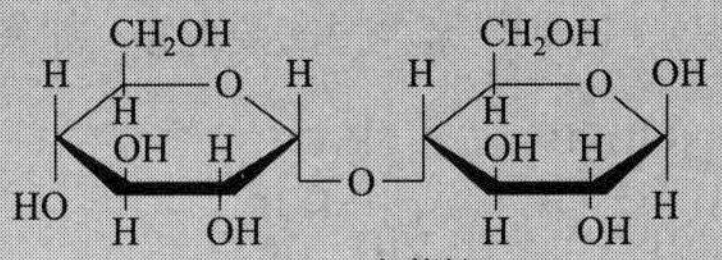

β-(+)-麦芽糖

第三节 多糖

多糖是一类天然高分子化合物，是自然界分布最广的糖类。多糖是由成百上千的单糖分子脱水缩合而成的高聚物。如植物的骨架——纤维素，植物贮藏的养分——淀粉，动物体内贮藏的养分——糖原等许多物质都是由多糖构成。还有一些多糖具有特殊的生理功能，如肝素是天然的抗凝血物质。

多糖与单糖及二糖在性质上有较大的区别。多糖没有甜味，大多不溶于水，但有些能溶于水而形成胶体溶液，也没有还原性和变旋光现象。多糖是聚合度不同的高聚体的混合物。

一、淀粉

淀粉是人类的主要食物之一。它是植物体内贮藏最丰富的多糖。在稻米、小麦、玉米及薯类中含量十分丰富。淀粉是白色无定形粉末。天然淀粉根据结构和性质可分为直链淀粉和支链淀粉两类。两种淀粉水解的最终产物其结构单位都是α-D-葡萄糖。

（一）直链淀粉

直链淀粉存在淀粉的内层，相对分子质量比支链淀粉小。直链淀粉不易溶于冷水，但能溶于热水形成透明的胶体溶液。一般是由数百至数千个α-D-吡喃葡萄糖通过α-1,4-苷键连接而成的直链多糖。

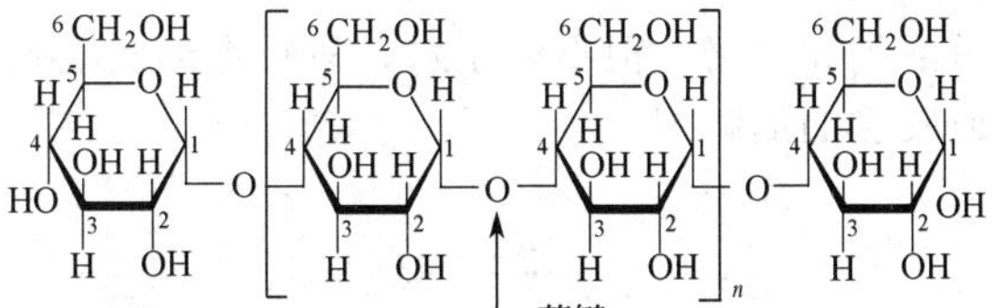

α-1,4-苷键

直链淀粉的结构式

直链淀粉的链状分子具有规则的螺旋状空间排列（如图12-1）。直链淀粉与碘-碘化钾试剂作用显蓝色，是由于碘分子与淀粉之间利用范德华力将碘分子嵌入淀粉螺旋结构的空穴

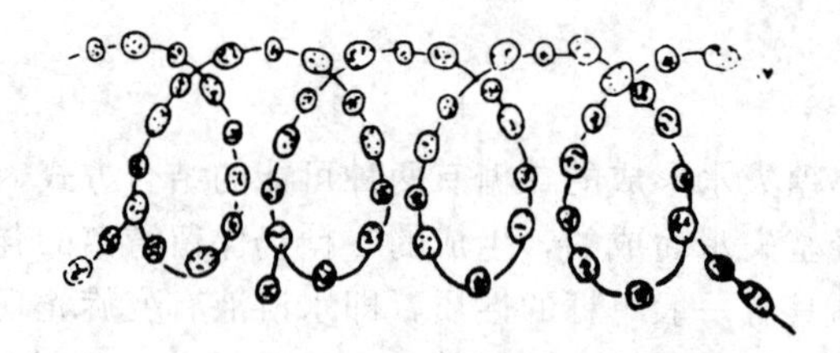

图 12-1　直链淀粉的结构示意图

中，形成一种配合物而呈深蓝色。这个反应非常灵敏，加热蓝色即消失，冷却又显色。在分析化学中，淀粉可用作碘量法的指示剂。

（二）支链淀粉

支链淀粉存在于淀粉的外层，一般由数千至数万个 α-D-吡喃葡萄糖单位组成，主要也是通过 α-1,4-苷键相连，支链以 α-1,6-苷键与主链相连。如图 12-2 所示。

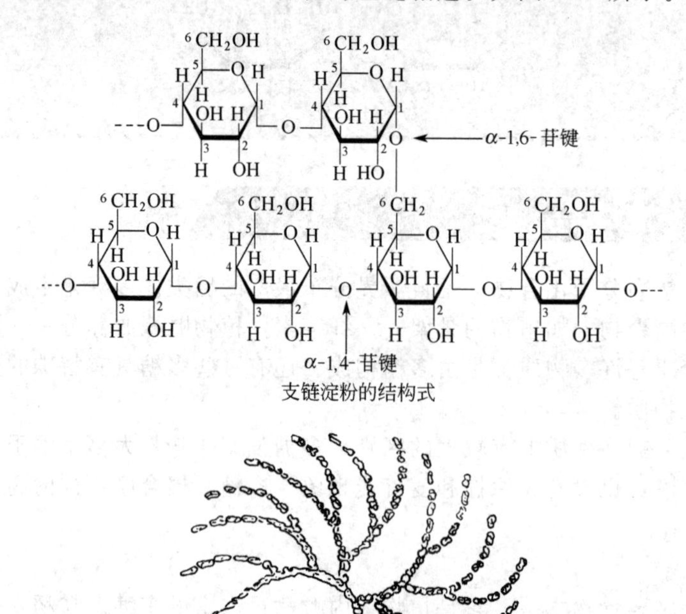

支链淀粉的结构式

图 12-2　支链淀粉的结构示意图

淀粉在药物制剂中被大量用作赋形剂，还可用作制葡萄糖等药物的原料。此外，淀粉在碱的存在下与一氯乙酸钠反应得到羧甲基淀粉钠（CMSNa）。羧甲基淀粉钠具有较强的吸湿性，吸水后其体积最大可溶胀 300 倍，但不溶于水，只吸水形成凝胶，不会使溶液的黏度明显增加。本品可作药片或胶囊的崩解剂。

二、糖原

糖原是人和动物体内贮存的一种多糖，主要存在于肝脏和肌肉中，因此有肝糖原和肌糖原之分。

糖原的结构与支链淀粉相似，通过 α-1,4-苷键和 α-1,6-苷键相连而成。但分支程度比支链淀粉要高，支链更多、更短，3～4个葡萄糖单位出现一个分支，每个分支包含12～18个D-吡喃葡萄糖单位。

糖原为无定形粉末，不溶于冷水，遇碘呈紫红色。

糖原是人体所需能量的主要来源，对维持血糖浓度起着重要作用。

三、纤维素

纤维素是自然界分布最广、存在量最多的一种多糖，是构成植物细胞壁的主要成分。

纤维素是由成千上万个β-D-吡喃葡萄糖分子间脱水，以β-1,4-苷键连接而成的直链多糖，一般无支链。纤维素分子的链与链之间通过氢键相互作用绞扭成绳索状，形成纤维状物质。

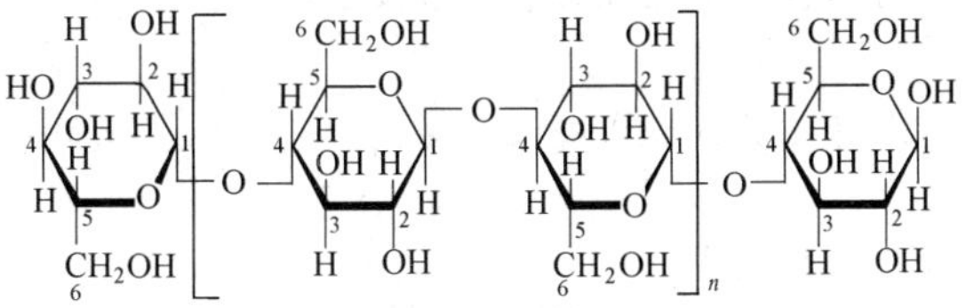

β-1,4-苷键

纤维素的分子结构

纤维素为白色微晶形固体，不溶于水，无还原性，也不溶于一般常用的有机溶剂。

人体缺乏断裂β-1,4-苷键的酶，因此纤维素不能被人体分解而利用。但它具有刺激胃肠蠕动、促进排便及保持胃肠道微生态平衡等作用。草食动物如牛、羊等的消化道中有能分解β-1,4-苷键的酶，可以利用纤维素作营养物质。

纤维素用强酸处理后，得到白色微晶纤维素，它的黏合力很强，在片剂生产中用作黏合剂、填充剂、崩解剂、润滑剂，又是良好的赋形剂。另外，纤维素也是重要的工业原料。

拓展视野

纤维素衍生物

1. 醋酸纤维素

纤维素在硫酸催化下与过量醋酐反应，纤维素全部羟基乙酰化生成三醋酸纤维素。三醋酸纤维素具有良好的生物相容性，对皮肤无致敏性，它几乎能与所有的医用辅料配伍，并可在辐射下或用环氧乙烷灭菌，近几年来用作透皮吸收制剂的载体。

2. 羧甲基纤维素钠（CMCNa）

纤维素在氢氧化钠溶液中与氯乙酸作用，生成含有羧甲基的纤维素醚，通常应用它的钠盐。羧甲基纤维素钠为白色吸湿性粉末或颗粒，无臭无毒，可溶于水，是常用的药用辅料，常用作混悬剂的助悬剂，乳剂的稳定剂、增稠剂，软膏的基质，片剂的黏合剂、崩解剂。药用为轻泻剂。

本章小结

糖类化合物可分为单糖、二糖和多糖三大类。

一、单糖

1. 单糖的开链式结构及环状结构

（1）单糖的开链式结构可用费歇尔投影式表示。其构型一般用D、L法标记。

（2）环状结构的异构体可用哈沃斯式表示，苷羟基在环平面下方的称α型，苷羟基在环平面上方的称β型。

2. 单糖的化学性质

单糖分子中既含有羰基又含有羟基，所以它们可发生一些羰基的反应，如氧化反应；也可以发生羟基的反应，如成酯、成醚的反应等；还有一些特殊性质。主要反应有：

（1）还原性；

（2）成苷反应；

（3）成酯反应。

二、二糖

二糖可分为还原糖和非还原糖两类。

1. 还原二糖

分子中仍存在苷羟基的二糖，有还原性、成苷反应等。

2. 非还原糖

分子中没有苷羟基，没有还原性和成苷反应等。

三、多糖

多糖中最重要的是淀粉和纤维素。

四、性质比较

试剂	葡萄糖	果糖	乳糖	蔗糖	淀粉	淀粉水解物
托伦试剂	银镜现象	银镜现象	银镜现象	—	—	银镜现象
班氏试剂	砖红色沉淀	砖红色沉淀	砖红色沉淀	—	—	砖红色沉淀
碘溶液	—	—	—	—	变蓝	—

习题

1. 写出D-(+)-葡萄糖和D-(−)-核糖的开链结构及环状结构的哈沃斯式。说明D，L；(+)，(−)；α，β；吡喃糖与呋喃糖的含义。

2. 根据下列4个单糖的结构式

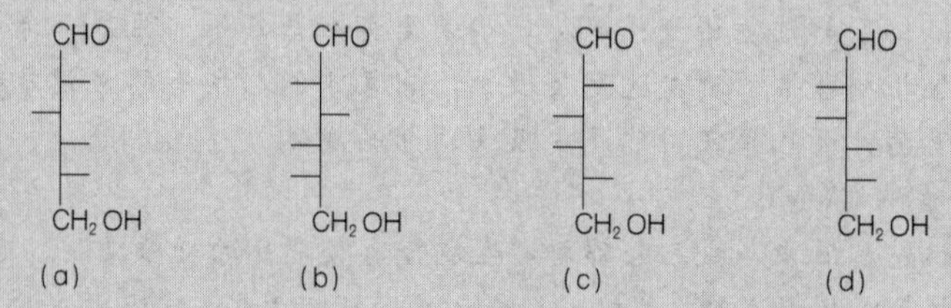

（1）写出构型与名称

（2）哪些是对映体

（3）哪些是非对映体

（4）哪些是差向异构体

3. 写出D-半乳糖与下列试剂反应的反应式

（1）溴水　（2）硝酸　（3）班氏试剂　（4）$CH_3OH+HCl$（干）

4. 用简单化学方法鉴别下列各组化合物

（1）葡萄糖、果糖、蔗糖

（2）麦芽糖、蔗糖、淀粉

5. 指出下列药物结构中糖基、配基和苷键

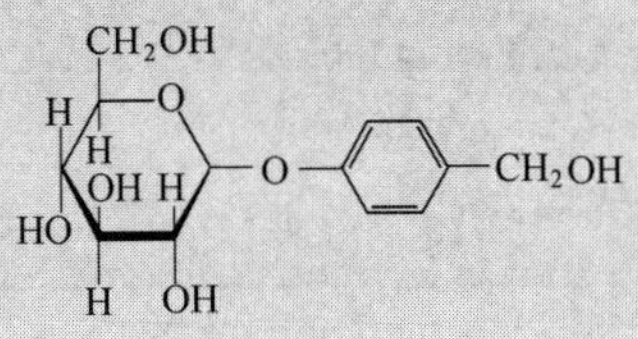

天麻素 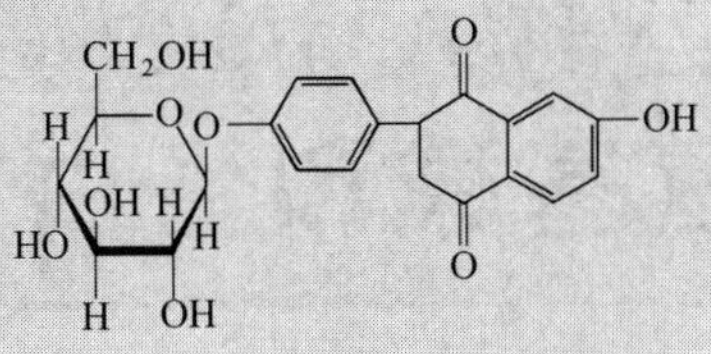　　　　甘草苷

6. 是非题

(1) 单糖和部分低聚糖有还原性。

(2) 单糖和纤维素不能水解，低聚糖和淀粉可水解。

(3) 用 I_2 可鉴别淀粉。

(4) 葡萄糖和果糖互为同分异构体。

(5) 核糖和脱氧核糖互为同分异构体。

(6) 葡萄糖、果糖和核糖都是醛糖。

(7) 单糖都能发生银镜反应。

(8) 班氏试剂还原后生成砖红色的 Cu_2O 沉淀。

(9) 可用溴水鉴别葡萄糖和果糖。

(10) 果糖是最甜的糖。

7. 选择题

(1) 糖类物质的概念是（　　）。

A. 一定是碳水化合物

B. 有甜味的物质

C. 含有碳、氢和氧三种元素的物质

D. 多羟基醛或多羟基酮和能水解生成此类化合物的物质

(2) 葡萄糖和果糖的关系是（　　）。

A. 互为同分异构体　　B. 同一物质的不同命名　　C. 差向异构体

(3) 比较下列化合物，可发生银镜反应的是（　　），遇碘会变蓝色的是（　　），使溴水褪色的是（　　）。

A. 葡萄糖　　B. 果糖　　C. 蔗糖　　D. 淀粉

(4) 蔗糖水解的产物是（　　），麦芽糖水解的产物是（　　），乳糖的水解产物是（　　），淀粉水解的产物是（　　）。

A. α-氨基酸　　B. α-D-果糖　　C. β-D-半乳糖　　D. α-D-葡萄糖

(5) 区别醛糖和酮糖用（　　），区别还原性糖和非还原性糖用（　　）。

A. 班氏试剂　　B. 托伦试剂　　C. 溴水　　D. 席夫试剂

第十三章

氨基酸和蛋白质

学习目标

1. 掌握氨基酸的官能团、分类、构型、命名、化学性质。
2. 掌握蛋白质的定义、性质。
3. 了解蛋白质的结构。

氨基酸是构成生命的首要物质——蛋白质的基本组成单元，是人体必不可少的物质，是生命的物质基础。

第一节 氨基酸

羧酸分子中烃基上的氢原子被氨基取代后的生成物叫做氨基酸。蛋白质在酸、碱和酶的作用下水解，经分离可得多种 α-氨基酸。氨基酸是组成蛋白质的基本单位。

一、氨基酸的分类、命名和构型

1. 氨基酸的分类

氨基酸是分子中同时含有氨基和羧基的一类化合物。按分子中氨基和羧基的相对位置分类，氨基酸可分为 α-氨基酸、β-氨基酸、γ-氨基酸等，其中 α-氨基酸最重要。例如：

$$\underset{\displaystyle NH_2}{CH_3\underset{|}{C}HCOOH}$$

α-氨基酸

$$CH_3\underset{\underset{\displaystyle NH_2}{|}}{C}HCH_2COOH$$

β-氨基酸

$$\underset{\underset{\displaystyle NH_2}{|}}{CH_2}CH_2CH_2COOH$$

γ-氨基酸

人体蛋白质水解可得到二十多种 α-氨基酸。常见 α-氨基酸见表 13-1。表 13-1 中带 * 的氨基酸是人体内不能合成的，必须由食物供给，称为必需氨基酸。在 α-氨基酸中，根据分子中所含氨基和羧基的相对数目还可分为：中性氨基酸（分子中氨基与羧基数目相等）、酸性氨基酸（分子中羧基数目多于氨基）和碱性氨基酸（分子中氨基数目多于羧基）。

2. 氨基酸的命名

氨基酸的命名通常是根据其来源和性质用俗名来表示。如甘氨酸由于具有甜味，天冬氨酸最初是从天冬的幼苗中发现的而得名。氨基酸的系统命名法是以羧酸为母体，氨基为取代基来命名。

3. 氨基酸的构型

组成蛋白质的 20 种 α-氨基酸中，除甘氨酸外，分子中的 α-碳原子都是手性碳原子，因此都具有旋光性。

氨基酸的构型有 D 型和 L 型。组成人体内蛋白质的 20 多种 α-氨基酸都是 L 型的，其费歇尔投影式可用通式表示为：

表 13-1 常见的 α-氨基酸

分类	俗名	系统命名	结构式	等电点
中性氨基酸	甘氨酸	α-氨基乙酸	$CH_2(NH_2)COOH$	5.97
	丙氨酸	α-氨基丙酸	$CH_3CH(NH_2)COOH$	6.00
	半胱氨酸	α-氨基-β-巯基丙酸	$CH_2(SH)CH(NH_2)COOH$	5.05
	苏氨酸*	α-氨基-β-羟基丁酸	$CH_3CH(OH)CH(NH_2)COOH$	5.60
	缬氨酸*	α-氨基-β-甲基丁酸	$(CH_3)_2CHCH(NH_2)COOH$	5.96
	蛋氨酸*	α-氨基-γ-甲巯基丁酸	$CH_3SCH_2CH_2CH(NH_2)COOH$	5.74
	苯丙氨酸*	α-氨基-β-苯基丁酸	$C_6H_5-CH_2CH(NH_2)COOH$	5.48
	酪氨酸	α-氨基-β-对羟苯基丙酸	$HO-C_6H_4-CH_2CH(NH_2)COOH$	5.66
	色氨酸*	α-氨基-β-(吲哚基)丙酸	(吲哚-3-基, N-H)$-CH_2CH(NH_2)COOH$	5.98
酸性氨基酸	天冬氨酸	α-氨基丁二酸	$HOOCCH_2CH(NH_2)COOH$	2.77
	谷氨酸	α-氨基戊二酸	$HOOCCH_2CH_2CH(NH_2)COOH$	3.22
碱性氨基酸	精氨酸	α-氨基-δ-胍基戊酸	$H_2N-\overset{\overset{NH}{\parallel}}{C}-NHCH_2CH_2CH_2CH(NH_2)COOH$	10.76
	赖氨酸*	α,ω-二氨基己酸	$H_2NCH_2CH_2CH_2CH_2CH(NH_2)COOH$	9.74
	组氨酸	α-氨基-β-(5-咪唑基)丙酸	(咪唑-5-基, N, N-H)$-CH_2CH(NH_2)COOH$	7.59

$$\begin{array}{c} COOH \\ H_2N-\!\!\!+\!\!\!-H \\ R \end{array}$$

L-α-氨基酸

二、氨基酸的性质

(一) 物理性质

α-氨基酸都是无色晶体，熔点较高，常在200～300℃之间，熔化时分解放出CO_2。一般能溶于水，也能溶于强酸或强碱溶液中，难溶于酒精、乙醚等有机溶剂。

某些氨基酸具有鲜味，例如食用味精就是谷氨酸钠盐，但也有不少氨基酸无味或具有苦味。

(二) 化学性质

氨基酸分子中同时含有氨基和羧基，所以氨基酸除具有氨基和羧基的一些典型性质外，还具有两种官能团相互作用和相互影响而表现出的一些特殊性质。

1. 两性电离和等电点

氨基酸分子中既有显酸性的羧基又有显碱性的氨基，与酸或碱作用都能生成盐，所以氨基酸是两性化合物。

$$R-\underset{NH_2}{\underset{|}{CH}}-COOH + HCl \longrightarrow R-\underset{NH_3^+Cl^-}{\underset{|}{CH}}-COOH$$

$$R-\underset{NH_2}{\underset{|}{CH}}-COOH + NaOH \longrightarrow R-\underset{NH_2}{\underset{|}{CH}}-COO^-\ Na^+ + H_2O$$

氨基酸分子中的氨基和羧基可互相结合成盐，这种同一分子中的碱性基团和酸性基团所生成的盐称为内盐。内盐分子中同时带有正电荷和负电荷，所以内盐又称为两性离子或偶极离子。

$$\underset{\substack{|\\NH_3^+}}{R-CH}-COO^-$$

内盐

内盐具有盐的性质，是氨基酸具有挥发性低、熔点较高、易溶于水、难溶于非极性有机溶剂的根本原因。

● 课堂互动 ●

写出丙氨酸与乙醇的反应方程式。

氨基酸溶于水时，能进行酸式电离和碱式电离。

酸式电离：$$H_2N-\underset{\substack{|\\R}}{CH}-COOH \rightleftharpoons H_2N-\underset{\substack{|\\R}}{CH}-COO^- + H^+$$

碱式电离：$$H_2N-\underset{\substack{|\\R}}{CH}-COOH \underset{-H_2O}{\overset{+H_2O}{\rightleftharpoons}} H_3N^+-\underset{\substack{|\\R}}{CH}-COOH + OH^-$$

氨基酸在酸碱性溶液中的变化，可形成如下平衡体系：

$$H_2N-\underset{\substack{|\\R}}{CH}-COOH$$

$$\Updownarrow$$

$$\underset{\substack{(阴离子)\\pH>pI}}{H_2N-\underset{\substack{|\\R}}{CH}-COO^-} \underset{OH^-}{\overset{H^+}{\rightleftharpoons}} \underset{\substack{(两性离子)\\pH=pI}}{H_3N^+-\underset{\substack{|\\R}}{CH}-COO^-} \underset{OH^-}{\overset{H^+}{\rightleftharpoons}} \underset{\substack{(阳离子)\\pH<pI}}{H_3N^+-\underset{\substack{|\\R}}{CH}-COOH}$$

根据化学平衡原理，当加入酸时，平衡向右移动，在酸性较强的溶液中，氨基酸主要以阳离子形式存在，在电场中向负极移动；在碱性较强的溶液中，氨基酸主要以阴离子形式存在，在电场中向正极移动。

● 课堂互动 ●

某氨基酸 $RCH(NH_2)COOH$ 水溶液显碱性，问该氨基酸以何种离子存在？

在中性氨基酸的水溶液中，由于羧基的酸式电离程度略大于氨基的碱式电离程度，因而其水溶液的 pH 不等于 7，适当调节溶液的 pH，可使氨基酸的酸式电离和碱式电离相等，氨基酸以电中性的两性离子存在，在静电场中不发生定向移动，这时溶液的 pH 值，称为氨基酸的等电点，可用“pI”表示。各种氨基酸的等电点见表 13-1。如甘氨酸的水溶液呈酸性，主要以阴离子形式存在，要使甘氨酸以两性离子存在，必须加入少量的酸，抑制酸式电离，当加入的酸调节到甘氨酸的酸式电离和碱式电离相等时，溶液的 pH 值为 5.97，所以甘氨酸的 pI 为 5.97。中性氨基酸和酸性氨基酸的等电点都小于 7，碱性氨基酸的等电点都大于 7。

由此可见，加酸能抑制酸式电离，促进碱式电离，当 $pH<pI$ 时，氨基酸主要以阳离子形式存在。加碱能抑制碱式电离，促进酸式电离，当 $pH>pI$ 时，氨基酸主要以阴离子形式存在。在等电点时，氨基酸主要以两性离子形式存在，呈电中性，但其溶液的酸碱性不是中性的（$pH\neq7$）。这时的氨基酸溶解度最小，容易从溶液中结晶析出。因此可以利用调节溶液 pH 值的方法，使不同的氨基酸在其等电点时结晶析出，以分离提纯氨基酸。

> **● 课堂互动 ●**
>
> 1\. 某氨基酸 $RCH(NH_2)COOH$ 水溶液 pH 值为 5，问该氨基酸是 $pI>5$，还是 $pI<5$?
>
> 2\. 写出丙氨酸在下列 pH 值溶液中的主要存在形式：
>
> (1) pH=2　　(2) pH=10　　(3) pH=6

2. 茚三酮反应

α-氨基酸与茚三酮的水溶液共热时，能生成蓝紫色的缩合物。这个反应非常灵敏，所以广泛应用于α-氨基酸的定性和定量分析。

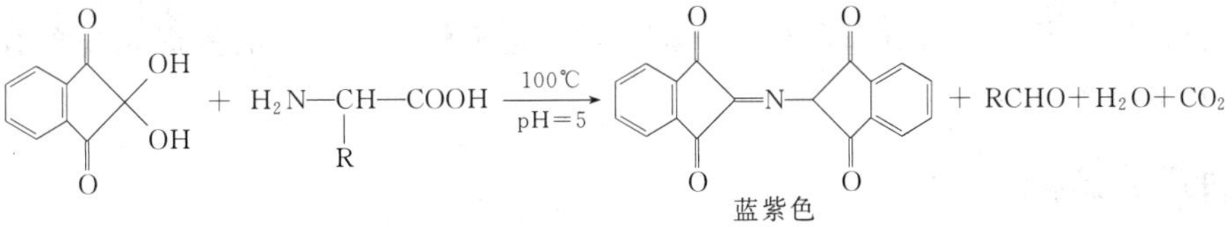

$$\text{(茚三酮)} + H_2N-\underset{\displaystyle R}{\underset{|}{CH}}-COOH \xrightarrow[pH=5]{100℃} \text{(蓝紫色缩合物)} + RCHO + H_2O + CO_2$$

蓝紫色

3. 脱水生成肽

两个α-氨基酸分子，在酸或碱存在下，受热脱水生成酰胺，又称为二肽。例如：

$$H_2N-\underset{\displaystyle R}{\underset{|}{CH}}-COOH + H_2N-\underset{\displaystyle R'}{\underset{|}{CH}}-COOH \longrightarrow H_2N-\underset{\displaystyle R}{\underset{|}{CH}}-\overset{\displaystyle O}{\overset{\|}{C}}-NH-\underset{\displaystyle R'}{\underset{|}{CH}}-COOH + H_2O$$

二肽分子中的酰胺键（ $-\overset{\displaystyle O}{\overset{\|}{C}}-NH-$ ）结构称为酰胺键或肽键。二肽还可以再和另一个氨基酸分子脱水以肽键结合，生成三肽。如此类推可以生成四肽、五肽……不同的氨基酸分子通过多个肽键连接起来，形成多肽。例如：

$$H_2N-\underset{\displaystyle R^1}{\underset{|}{CH}}-\overset{\displaystyle O}{\overset{\|}{C}}-NH-\underset{\displaystyle R^2}{\underset{|}{CH}}-\overset{\displaystyle O}{\overset{\|}{C}}-NH-\underset{\displaystyle R^3}{\underset{|}{CH}}-\overset{\displaystyle O}{\overset{\|}{C}}\cdots\cdots-NH\underset{\displaystyle R^n}{\underset{|}{CH}}-COOH$$

由此可知，肽是由两个或两个以上氨基酸分子脱水后以肽键连接的化合物。由多种氨基酸分子按不同的排列顺序以肽键相互结合，可以形成许许多多长链状的多肽。相对分子质量在 6000 以上的多肽称为蛋白质。

三、重要的氨基酸

1. 甘氨酸（H_2N-CH_2-COOH）

甘氨酸为无色晶体，具有甜味。存在于多种蛋白质中，也以酰胺的形式存在于胆酸、马尿酸和谷胱甘肽中。在医药上可用于治疗肌肉萎缩等疾病。

2. 谷氨酸［$HOOC-CH_2CH_2CH(NH_2)COOH$］

谷氨酸是难溶于水的晶体，左旋谷氨酸的单钠盐就是味精，由糖类物质在微生物作用下发酵制得。

3. 色氨酸［(吲哚-3-基)$-CH_2CH(NH_2)COOH$，环上 N—H］

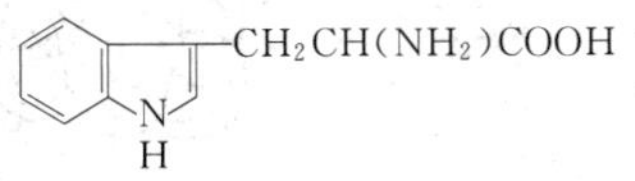

色氨酸是动物生长必不可少的氨基酸，存在于大多数蛋白质中。在医药上用于防治癞皮病。

4. 蛋氨酸［$CH_3-S-CH_2CH_2CH(NH_2)COOH$］

蛋氨酸由酪蛋白水解得到，有维持机体生长发育的作用。用于治疗肝炎、肝硬化和因痢疾引起的营养不良症等。

第二节 蛋白质

蛋白质是生命的物质基础，是人体的基本组成物质。酶和许多激素也是蛋白质。在生命活动中蛋白质起着重要的作用。例如血红蛋白能把氧运送到各种组织中，激素在新陈代谢中起调节作用，酶是生物体内的催化剂。

经分析得知，所有蛋白质都含有碳、氢、氧、氮四种元素，有的蛋白质还含有硫、磷、铁、碘、锌等元素。

一、蛋白质的结构

蛋白质是许多个 α-氨基酸分子以一定的顺序通过肽键（ $-\overset{O}{\overset{\|}{C}}-NH-$ ）连接而成的高分子化合物。多肽链是蛋白质的基本结构。链中氨基酸的连接方式和排列顺序称为蛋白质的一级结构。

蛋白质的空间结构有二级结构、三级结构和四级结构。蛋白质的二级结构是指蛋白质分子中肽链在空间的实际排布关系。如通过氢键绕成螺旋形，叫 α-螺旋结构。在二级结构中氢键起着维系和固定的作用。见图 13-1。

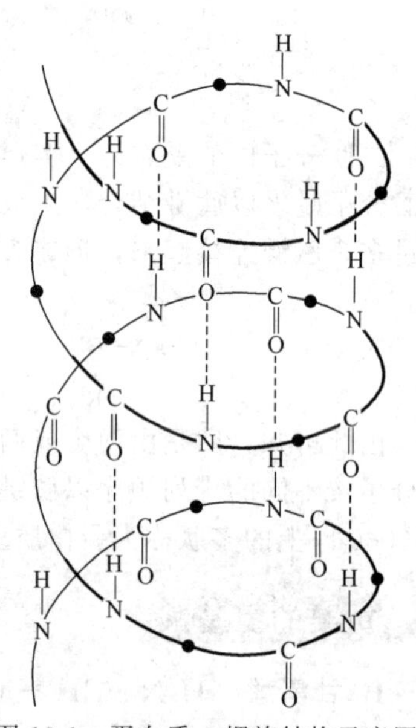

图 13-1　蛋白质 α-螺旋结构示意图

在二级结构的基础上，多肽链通过副键或肽键之间的范德华力，进一步折叠盘曲形成更复杂的空间结构，称为蛋白质的三级结构。由两条或多条具有三级结构的多肽链以一定形式聚合成一定空间构型的聚合体，就形成了蛋白质的四级结构。图 13-2 是蛋白质的一、二、三、四级结构示意图。

蛋白质的立体结构决定了其生理活性、药理活性。

二、蛋白质的性质

蛋白质是由氨基酸分子组成的高分子化合物，因此既具有一些与氨基酸相似的性质，也具有高分子化合物的某些特性。

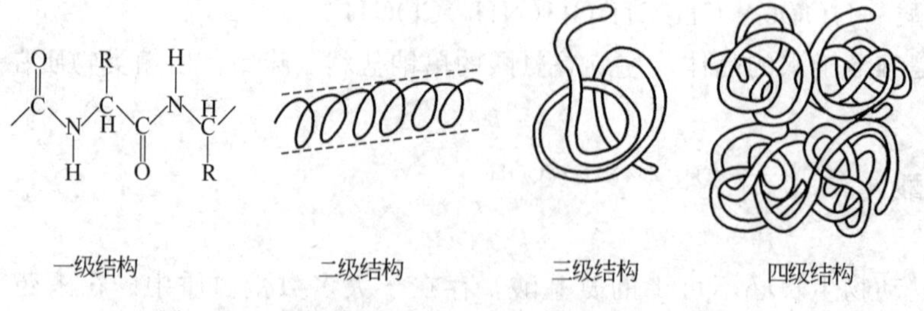

图 13-2　蛋白质的一、二、三、四级结构示意图

（一）两性电离和等电点

蛋白质和氨基酸一样，也是两性物质，也能进行两性电离并具有等电点。大多数蛋白质的等电点小于 7。

（二）变性反应

蛋白质在外界因素的影响下，导致分子的空间结构改变，引起蛋白质某些理化性质和生理活性改变，这种现象称为蛋白质的变性。能使蛋白质变性的因素有物理因素（如干燥、加热、高压、紫外线、超声波等）和化学因素（如强酸、强碱、尿素、重金属盐、有机溶剂等）。

蛋白质的变性分为可逆变性和不可逆变性。如引起变性的因素比较温和，蛋白质的立体结构改变较小，一旦除去这些因素，仍可恢复空间构型和生物功能，这就是可逆变性；反之，称为不可逆变性。

蛋白质的变性应用较广，在医药上，加热加压消毒、紫外线消毒、酒精甲酚消毒等，就是使细菌和病毒蛋白质变性而失去致病性和繁殖能力。在中药提取时利用浓乙醇使浸出液中的蛋白质变性沉淀以除去蛋白质杂质。而在提取具有生物活性的酶、激素、抗血清、疫苗等大分子时，要选择不会导致变性的工艺条件。

（三）沉淀反应

如果在蛋白质溶液中加入适当的电解质，或调节溶液的 pH 至等电点，再加入脱水剂，蛋白质胶粒能够互相凝聚而从溶液中析出，这种现象称为蛋白质沉淀。

沉淀蛋白质的方法有以下几种。

1. 盐析

应用电解质盐类使蛋白质析出沉淀的过程称为盐析。盐析时所需盐的最小浓度，称为盐析浓度。盐析出来的蛋白质可以再度溶于水，并不影响蛋白质的性质，所以盐析作用是一个可逆过程，可用于提纯蛋白质。如在食品加工中制作豆腐是利用钙盐或镁盐使大豆蛋白盐析凝固。

2. 加脱水剂

酒精和丙酮等脱水剂对水的亲和能力较强，能破坏蛋白质胶粒的水化膜，在等电点时加入这些脱水剂可使蛋白质沉淀析出。沉淀后如迅速将蛋白质与脱水剂分离，仍可保持蛋白质原来的性质；若蛋白质与脱水剂长时间接触，沉淀的蛋白质会丧失生理活性，称为蛋白质的变性，即变性蛋白，且不能重新溶解。95％的酒精吸水能力较强，与细菌接触，细菌表面的蛋白质立即凝固，使酒精不能继续扩散到细菌内部，细菌只是暂时丧失活力而并未死亡。75％的酒精扩散渗透入细菌体内，使细菌体内蛋白质变性，所以 75％的酒精消毒效力最好。在制备中草药注射剂的过程中，常需加入浓乙醇使其含量达 75％以上，以沉淀除去蛋白质。

3. 加入重金属盐

重金属可使蛋白质变性，形成沉淀，失去原有活性。重金属的毒性作用是由于它能使蛋白质变性。

4. 加入生物碱沉淀试剂

生物碱沉淀试剂如磷钨酸、苦味酸、鞣酸等，一般都是有机酸或无机酸，而蛋白质在 pH 值低于其等电点的溶液中带正电荷，可与生物碱沉淀试剂的酸根结合，生成不溶性的沉淀物质。

（四）颜色反应

蛋白质的颜色反应有以下几种。

1. 缩二脲反应

蛋白质分子中含有许多与缩二脲结构类似的肽键，因此也能像缩二脲一样，在强碱溶液中遇到 Cu^{2+} 的溶液出现紫色或紫红色。

2. 茚三酮反应

蛋白质与氨基酸一样，与水合茚三酮一起加热，会生成蓝紫色物质。

3. 黄蛋白反应

含有芳香族氨基酸的蛋白质溶液遇到硝酸后，产生白色沉淀，加热时沉淀变为黄色，加碱碱化后，转变为橙黄色，这个反应称为黄蛋白反应。

本章小结

一、氨基酸的分类

1. 按分子中氨基和羧基的相对位置分类，氨基酸可分为 α-氨基酸、β-氨基酸、γ-氨基酸等。

2. 根据分子中所含氨基和羧基的相对数目还可分为：中性氨基酸、酸性氨基酸和碱性氨基酸。

二、氨基酸的构型

组成人体蛋白质的二十多种 α-氨基酸（除甘氨酸外）均为L型。其通式为：

$$\begin{array}{c} COOH \\ H_2N-\!\!\!+\!\!\!-H \\ R \end{array}$$

三、氨基酸的特性

1. 两性电离和等电点：当 $pH<pI$ 时，氨基酸主要以阳离子形式存在；当 $pH>pI$ 时，氨基酸主要以阴离子形式存在；在等电点时，氨基酸主要以两性离子形式存在，呈电中性。

2. α-氨基酸与茚三酮的水溶液共热时，生成蓝紫色的缩合物。

3. 两个氨基酸分子间的氨基和羧基脱水生成二肽。

四、蛋白质的性质

1. 两性电离和等电点：当 $pH<pI$ 时，主要以阳离子形式存在；当 $pH>pI$ 时，主要以阴离子形式存在；在等电点时，主要以两性离子形式存在，呈电中性。

2. 蛋白质的变性：有可逆变性和不可逆变性。

3. 蛋白质的沉淀方法：盐析、加脱水剂、加重金属盐、加生物碱沉淀试剂。

4. 颜色反应：茚三酮反应（蓝紫色）；缩二脲反应（紫色或紫红色）；黄蛋白反应（黄色）。

习题

1. 选择、填空题

(1) 氨基酸是________分子中烃基上的氢原子被________取代后的产物。氨基酸分子中既有酸性基团________，又有碱性基团________，所以氨基酸具有________和________。

(2) 蛋白质主要是由________、________、________、________四种元素构成。

(3) 蛋白质是________物质。

A. 酸性　　B. 碱性　　C. 两性　　D. 中性

(4) 氨基酸在等电点时的溶解度________。

(5) 构成蛋白质分子的主键是________。

A. 氢键　　B. 二硫键　　C. 酯键　　D. 肽键

(6) 蛋白质溶液中，加入碱液和 $CuSO_4$ 溶液显紫红色的反应是________。

A. 黄蛋白反应　　B. 缩二脲反应　　C. 水解反应　　D. 茚三酮反应

2. 是非题

(1) 蛋白质盐析沉淀，其空间结构未被破坏。(　　)

(2) 蛋白质变性后，其副键没有改变，加水后可以恢复其生理活性。(　　)

(3) 蛋白质沉淀一定变性，变性的蛋白质也一定沉淀。(　　)

3. 写出结构式或命名下列化合物

(1) 赖氨酸　　(2) 丙氨酸　　(3) 酪氨酸

(4) 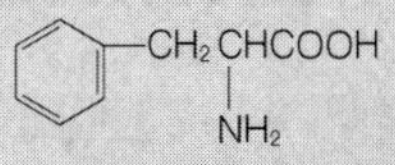 $C_6H_5-CH_2CH(NH_2)COOH$　　(5) $CH_3CH(OH)CH(NH_2)COOH$

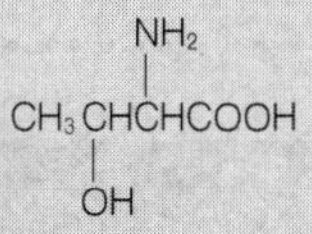

4. 写出各氨基酸在下列介质中的主要形式

(1) 丙氨酸在 pH＝2 时　　(2) 谷氨酸在 pH＝2 时　　(3) 赖氨酸在 pH＝12 时

5. 用化学方法鉴别各组化合物

(1) α-氨基酸　　β-氨基酸

(2) 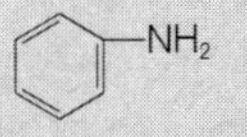 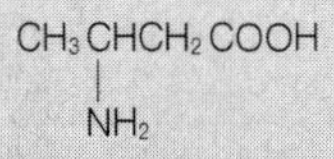 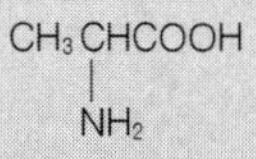 $C_6H_5-NH_2$　　$CH_3CH(NH_2)CH_2COOH$　　$CH_3CH(NH_2)COOH$

6. 根据蛋白质的性质，回答下列问题

(1) 为什么可以用高温加热的方法给医疗器械消毒？

(2) 为什么用 75% 的酒精能杀菌消毒？

7. 某氨基酸的等电点为 8.5，该氨基酸的水溶液呈酸性还是碱性？为什么？怎么调节其水溶液的 pH 值使蛋白质处于等电点状态？

8. 某氨基酸完全溶于 pH＝7 的纯水后，所得氨基酸溶液 pH＝6，试问该氨基酸的等电点在什么范围内？是大于 6，小于 6，还是等于 6？

第十四章

萜类和甾体化合物

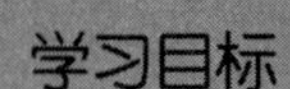
学习目标

1. 熟悉：甾体化合物的结构、命名及常见的甾体药物。
2. 了解：萜类化合物的基本结构、分类及常见的萜类药物。

第一节 萜类化合物

萜类化合物广泛分布于植物的花、果、叶、茎及根中。可用水蒸气蒸馏或溶剂提取得到具有挥发性和芳香性气味的香精油或挥发油，如薄荷油中的薄荷醇，松节油中的蒎烯。萜类化合物多具有一定的生理活性，如祛痰、止咳、驱风、发汗或镇痛等。

一、萜类化合物的结构

萜类化合物的结构特征是分子中的碳原子数都是五的整数倍。可看作是由若干个异戊二烯分子以首尾相连而成的，该结构特征为异戊二烯规律。

异戊二烯的分子式为 C_5H_8，其结构式为：

$$CH_2{=}\underset{\displaystyle CH_3}{\overset{}{C}}{-}CH{=}CH_2$$

或

头

尾

如：

柠檬烯　　薄荷醇　　α-蒎烯

山道年　　松香酸

其中山道年、松香酸可分别看作是由三和四个异戊二烯单位连接而成的。因此，萜类化合物可以看作是两个或两个以上的异戊二烯的聚合物及其氢化物或含氧衍生物。

二、萜类化合物的分类

萜类化合物是按照异戊二烯单位的数目进行分类的，见表 14-1。

表 14-1 萜的分类

异戊二烯单位	碳原子数	类 别	实 例	异戊二烯单位	碳原子数	类 别	实 例
2	10	单萜	柠檬醛、龙脑、樟脑	6	30	三萜	甘草次酸
3	15	倍半萜	山道年、杜鹃酮	8	40	四萜	胡萝卜素
4	20	二萜	维生素 A	>8	>40	多萜	
5	25	二倍半萜	少见				

其中单萜、倍半萜类化合物是某些植物挥发油的主要成分，而二、三和四萜等萜类化合物多为植物中树脂、皂苷和色素的主要成分。

三、常见的萜类化合物

(一) 单萜类化合物

单萜类化合物是挥发油的主要成分。根据异戊二烯单位的连接方式不同，单萜可分为开链单萜类、单环单萜类和双环单萜类。

1. 开链单萜类

开链单萜类化合物是由两个异戊二烯单位聚合而成的开链化合物。这类化合物的基本碳架为：

或简写为

重要的开链单萜类化合物有柠檬醛、香叶醇和香茅醇等，它们都是含氧开链单萜。分别存在于柠檬油、玫瑰油、香茅油中。它们均可用于配制香料，其中柠檬醛又是合成维生素 A 的重要原料。

柠檬醛　　香叶醇　　香茅醇

柠檬醛是 α-柠檬醛（香叶醛）和 β-柠檬醛（橙花醛）的混合物，其中 α-柠檬醛约占 90%，为 E 构型。香叶醇具有 E 构型，其 Z 构型的橙花醇是它的异构体，存在于橙花油中。香茅醇分子中因有一个手性碳原子，所以具有一对对映异构体。

2. 单环单萜类

单环单萜类化合物结构中有一个六元碳环，它们的母体是萜烷，萜烷的结构式及碳原子编号如下：

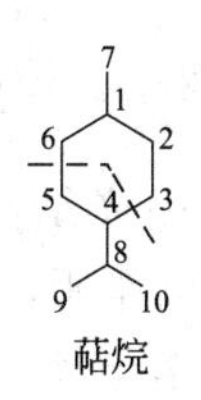

萜烷

单环单萜类化合物有薄荷醇，又叫薄荷脑，化学名为3-萜醇，是萜烷的含氧衍生物，存在于薄荷油中。薄荷醇是薄荷油中的主要成分，含量为80%左右，其次还有少量的薄荷酮。

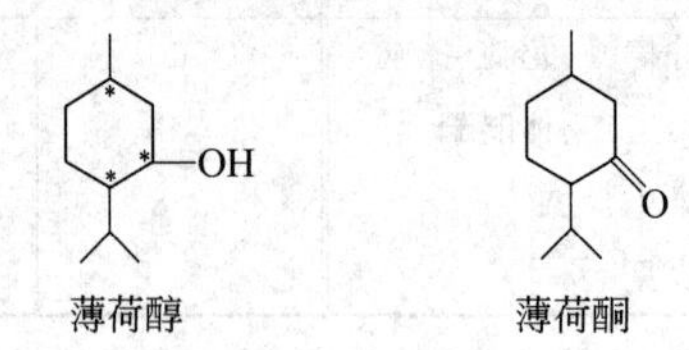

薄荷醇　　薄荷酮

薄荷醇分子中有3个不同的手性碳原子，应该具有 $2^3=8$ 个旋光异构体。天然薄荷醇是(－)-薄荷醇。薄荷醇为无色针状或柱状结晶，熔点为42～44℃，沸点216℃。难溶于水，易溶于乙醇、乙醚、氯仿、石油醚等有机溶剂。具有发汗解热、杀菌、驱风、局部止痛作用，是清凉油、仁丹等药品中的主要成分。

3. 双环单萜类

双环单萜类化合物结构中含有两个碳环。它们的母体是蒎烷、莰烷、蒈烷、苧烷等几种双环单萜，这些母体可以看作是萜烷变化而来的，它们的结构及环上碳原子的编号如下（系统命名与桥环化合物命名相同）：

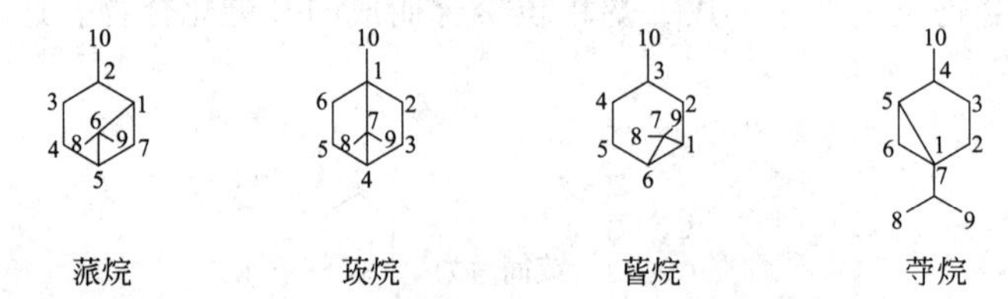
蒎烷　　莰烷　　蒈烷　　苧烷

这四种双环单萜烷在自然界并不存在，而它们的衍生物广泛分布于植物体内。

(1) 蒎烯　蒎烯有两种异构体：α-蒎烯和β-蒎烯，存在于松节油中。

α-蒎烯　　β-蒎烯

α-蒎烯是从松树（马尾树）提取得到的，是松节油的主要成分，沸点为155～156℃，是合成龙脑和樟脑的原料。β-蒎烯的沸点为164℃。此外，松节油在医药上用作跌打摔伤、肌肉、关节的局部止痛剂。

(2) 龙脑　龙脑又称冰片，为透明六角形片状结晶，熔点206～208℃，气味似薄荷，不溶于水，而易溶于醇、醚、氯仿及甲苯等有机溶剂。龙脑具有开窍散热、发汗、镇痉、止痛等作用，是仁丹、冰硼散的主要成分，外用有消肿止痛的功效。

CH_3　H　OH

龙脑(冰片)

(3) 樟脑（O）主要存在于樟树中。樟脑是樟脑油的主要成分。

自然界存在的樟脑为右旋体，为白色闪光结晶，熔点176～177℃。难溶于水，易溶于有机溶剂。容易升华，有愉快香味，有驱虫作用，常代替臭丸用作衣物的防蛀虫剂。樟脑能反射性地兴奋呼吸或循环系统，但因其不溶于水，不易被人体吸收，若在C-10处引入磺酸基可增大其水溶性，加快在体内的吸收，可用于呼吸与循环系统功能急性障碍的急救。

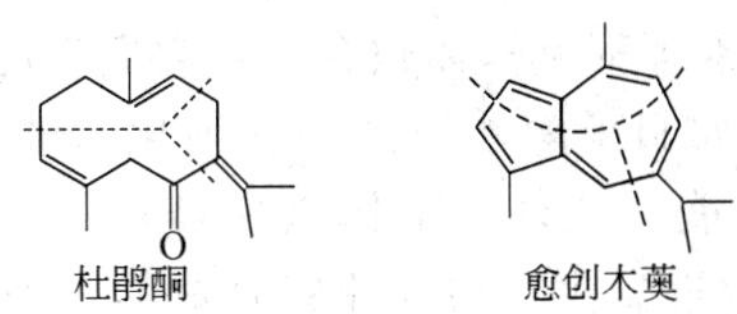

樟脑　　樟脑-10-磺酸　　樟脑-10-磺酸钠

（二）倍半萜类化合物

倍半萜类化合物可看作是由三个异戊二烯连接而成。例如杜鹃酮、愈创木薁等。其结构式为：

杜鹃酮　　愈创木薁

杜鹃酮又叫牻牛儿酮，存在于满山红（兴安杜鹃）的挥发油中。具有祛痰镇咳作用，常用于治疗急、慢性支气管炎等疾病。

愈创木薁存在于满山红或桉叶等挥发油中，具有消炎、促进烫伤或灼伤创面愈合及防止辐射热等功效，是国内烫伤膏的主要成分。

（三）二萜类化合物

二萜类化合物可看作是由四个异戊二烯单位连接而成的。如维生素 A。

维生素 A

维生素 A 主要存在于奶油、蛋黄、鱼肝油等物质中，是一种黄色晶体，又叫视黄醇，熔点 62～64℃，为哺乳动物正常生长发育所必需的维生素，人体内缺乏维生素 A，可导致皮肤粗糙、眼睛角膜干燥（干眼症）和夜盲症。

维生素 A，易溶于有机溶剂，不溶于水，为脂溶性维生素，对紫外线、高温、氧化剂不稳定，应低温和避光贮存。

（四）三萜类化合物

三萜类化合物是由 6 个异戊二烯单位连接而成的，存在于药用植物树脂、皂苷和苦味素等物质中。例如甘草次酸是五环三萜类化合物，熔点 296℃，存在于药用植物（中药）甘草中，是甘草皂苷的水解产物。

甘草次酸

（五）四萜类化合物

四萜类化合物是由 8 个异戊二烯单位连接而成的，存在于植物色素中。例如生理活性最强的 β-胡萝卜素，是二环四萜类化合物，广泛存在于胡萝卜等植物中，在体内酶的作用下可转化成维生素 A。

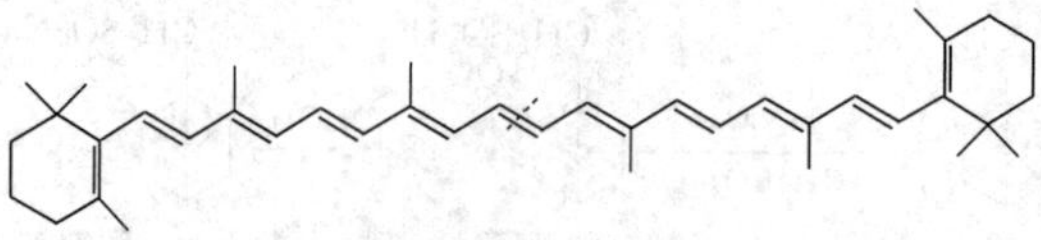

β-胡萝卜素

第二节　甾体化合物

胆甾醇、维生素 D、甾体激素等都是甾体化合物，它们广泛存在于动植物体内，也是一类具有明显生理活性的化合物。如胆甾醇能导致动脉硬化，维生素 D 能促进钙的吸收，性激素能促进性的发育及影响性功能。此外，甾体激素类药物如炔诺酮（避孕药）、氟轻松（皮肤消炎药）等，都是以甾体激素类化合物为原料合成的。因此，甾体化合物也是一类重要的天然产物。

一、甾体化合物的结构及命名

甾体化合物结构中都有一个基本骨架——甾烷。它有四个环，可以看作是由全氢化菲与环戊烷稠合而成。甾烷中碳原子的编号如下：

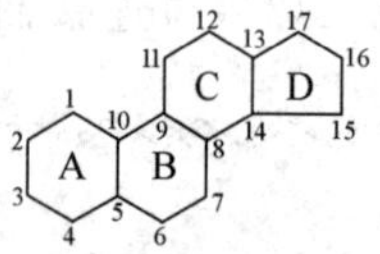

甾烷

一般情况下，甾体化合物的 C-10、C-13上有两个甲基侧链（称为角甲基），C-17上连接各种不同的烃基、含氧原子团或其他原子团。并且有的甾体化合物在不同的位置含有双键。甾为象形字，甾中的“田”表示 A、B、C、D 四个环，“巛”表示环上有三个侧链。如：

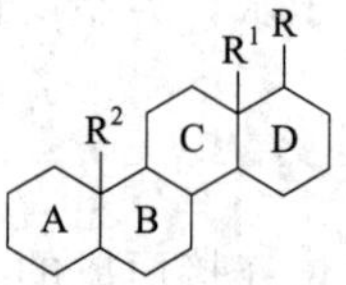

常见的甾体母核有 6 种，即甾烷、雌甾烷、雄甾烷、孕甾烷、胆烷及胆甾烷。

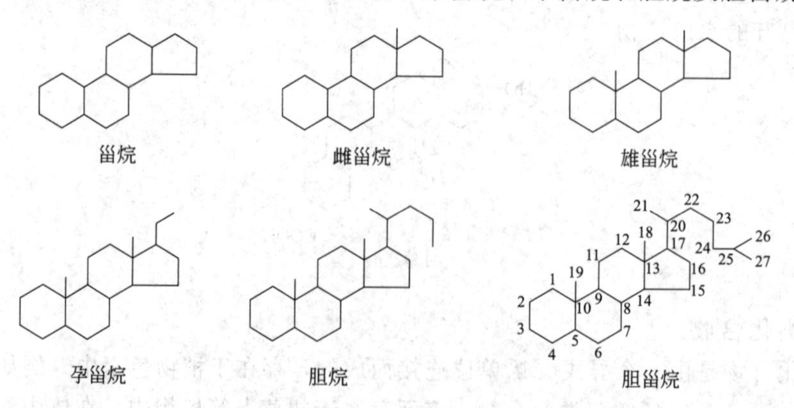

甾烷　雌甾烷　雄甾烷
孕甾烷　胆烷　胆甾烷

在甾体化合物中，C-5、C-8、C-9、C-10、C-13、C-14、C-17七个碳原子均为手性碳原子，理论上甾体化合物应有 $2^7=128$ 个旋光异构体。实际上自然界存在的甾体化合物只有两种构型，即只有A、B两环顺式或反式两种稠合（B、C两环都是反式稠合，C，D两环除强心苷元和蟾毒苷元外也都是反式稠合）。

A、B两环顺式稠合的称为正系，即C-5上的氢原子和C-10上的角甲基处于环平面的同侧，用实线相连表示；A、B两环反式稠合的称为异系（或别系），即C-5上的氢原子和C-10上的角甲基分别处于环平面的两侧，用虚线相连表示。

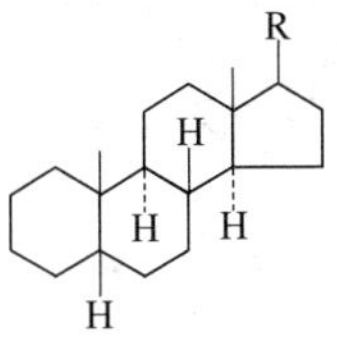

正系(A、B顺式) 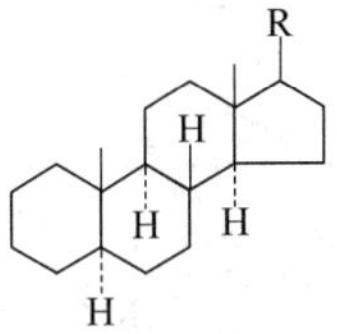　　别系(A、B反式)

如果在C-4～C-5、C-5～C-6或C-6～C-10间具有双键时，A、B两环稠合的构型则无正系与异系之分。

此外，甾体化合物环上的取代基也有不同的空间取向，其构型的确定方法为：环上取代基与C-10、C-13两个角甲基在环系平面同侧的，称为β构型，用实线相连表示；环上取代基与C-10、C-13两个角甲基在环系平面异侧的，称为α构型，用虚线相连表示。如果环取代基在环系平面的取向无法确定，用波浪线相连表示。

双键的位次亦用所在碳原子的编号表示，如1,3,5（10)-三烯，代表C-1～C-2、C-3～C-4、及C-5～C-10位存在双键；后者以区别C-5～C-6位双键。习惯上有时采用“Δ”表示双键，如Δ^5代表C-5～C-6存在双键（系统命名法不用）。

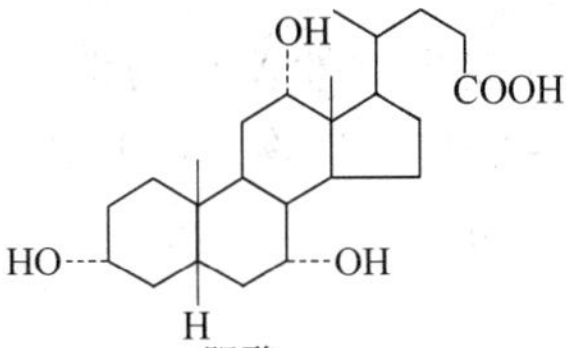

胆酸
（环系构型：正系）
（C-3、C-7、C-12上的OH都为α型）

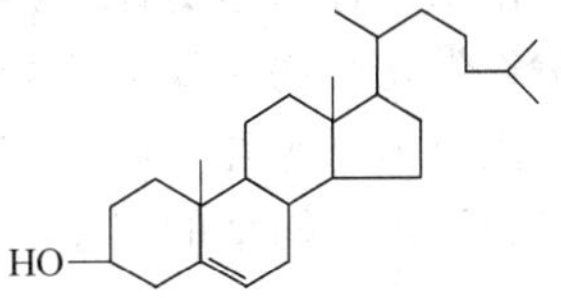

胆甾醇
（环系构型：别系）
（C-3上的OH为β型）

二、重要的甾体化合物

甾体化合物种类很多，一般可分为甾醇类、胆酸类、甾体激素类、强心苷类和甾体皂苷等。

(一) 甾醇类化合物

甾醇类化合物广泛存在于自然界中，是最早发现的一类甾体化合物。根据其来源，甾醇分动物甾醇和植物甾醇两类。

1. 胆甾醇和7-脱氢胆甾醇

胆甾醇又叫胆固醇，是无色蜡状物，熔点为148.5℃。微溶于水，易溶于热乙醇、乙醚和氯仿。若将胆固醇溶解在氯仿中，再加入醋酸酐、浓硫酸，则发生颜色反应，先由浅红色变为蓝紫色，然后再变成绿色，在中草药化学中，常利用这个颜色反应作为强心苷、甾体皂苷等甾体化合物的定性鉴定。

胆固醇是最早发现的重要动物甾醇，它存在于动物的脂肪、血液和神经组织中，鸡蛋的蛋黄中也有较高含量的胆固醇，血液中胆固醇过高时可引起胆结石和动脉硬化。

7-脱氢胆甾醇存在于动物组织与人体皮肤中，经太阳的紫外线照射转化成维生素 D_3。

2. 麦角甾醇

麦角甾醇存在于麦角、酵母中，最初从麦角中发现，是一种重要的植物甾醇。麦角甾醇经过日光照射，或在紫外线的作用下转化成维生素 D_2。维生素 D_2 为无色晶体，熔点 115～117℃，有抗软骨病作用，又叫钙化醇或骨化醇。

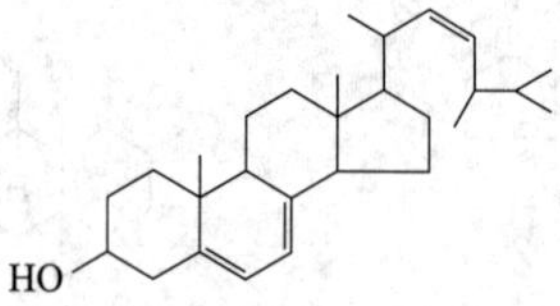

HO

麦角甾醇

（二）胆酸类化合物

胆酸类化合物存在于动物的胆汁中，因其结构与胆甾醇相似的甾酸而得名。胆酸具有乳化油脂的作用，在肠道中帮助油脂水解，便于动物机体的消化、吸收。

（三）甾体激素类化合物

激素是人或动物体内各种内分泌腺分泌的一类化学活性物质，具有重要的生理作用。根据其来源和生理功能的不同，甾体激素可分为性激素和肾上腺皮质激素两类。

1. 性激素类化合物

性激素主要是人或动物体内性腺（睾丸和卵巢）所分泌的物质，具有促进性器官形成及第二性征发育的作用。性激素有雄性激素和雌性激素两类。

（1）雄性激素类化合物　睾丸素由睾丸分泌，具有促进雄性器官的发育、生长等作用。但它在体内及消化道内易破坏，故口服无效。临床上多用其衍生物如甲基睾丸素（在睾丸素的基础上，C-17处引入 α 构型的甲基），其性质稳定，可供口服。

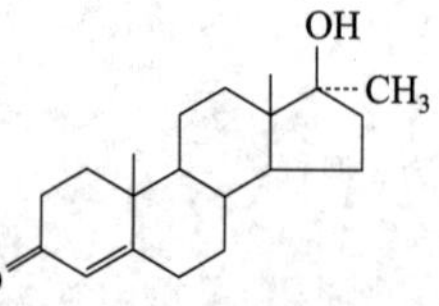

OH

CH_3

O

17α-甲基-17β-羟基雄甾-4-烯-3-酮

（甲基睾丸素）

（2）雌性激素类化合物　β-雌二醇，是由卵巢中成熟的卵泡产生的（又称卵泡激素），具有促进女性第二性征发育和性器官最后形成的作用。β-雌二醇的异构体 α-雌二醇（C-17处为 α 构型的羟基）也是一种卵泡激素，其生理活性很弱。

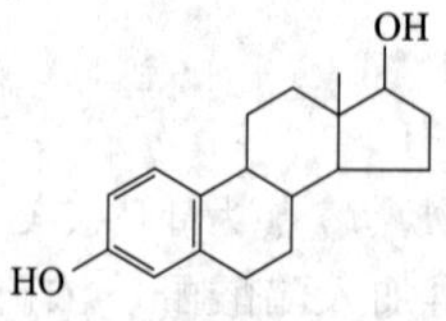

OH

HO

3,17β-二羟基-1,3,5(10)-雌三烯

（β-雌二醇）

黄体酮，是卵巢排卵后由卵泡形成的黄体产生的，叫黄体激素，又称孕激素，具有保胎作用。黄体酮口服无效，常作肌内注射，临床上用于治疗习惯性流产。

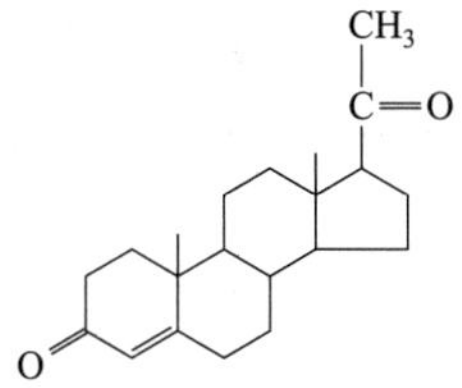

黄体酮

2. 肾上腺皮质激素

肾上腺皮质激素是肾上腺皮质中所分泌的一类激素，对维持生命活动起重要作用。根据生理作用，分为糖代谢皮质激素和电解质代谢皮质激素两类。

(1) 可的松和醋酸可的松　可的松具有抗炎症、抗过敏、抗毒素、抗休克等作用，临床上用于治疗风湿性关节炎、过敏性疾病，但副作用较多。

醋酸可的松，即可的松 C-21上的羟基形成的醋酸酯，醋酸可的松为白色粉末，不溶于水，易溶于氯仿，其生理作用较可的松略有增强，但副作用较小。

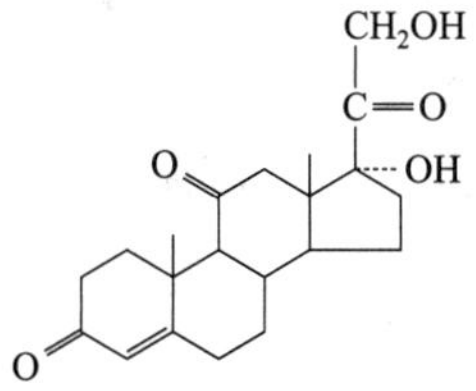

可的松 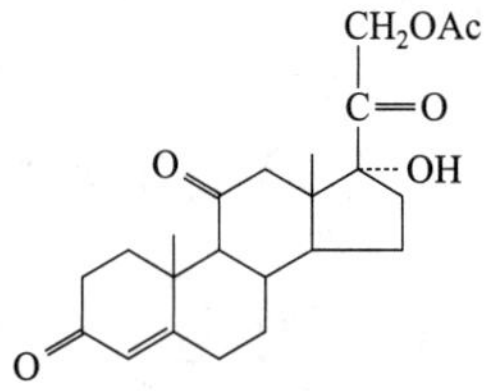　　醋酸可的松

(2) 氢化可的松　可的松 C-11处的酮基经加氢后的化合物叫氢化可的松，其药理作用与可的松相似，但作用较可的松强而迅速。

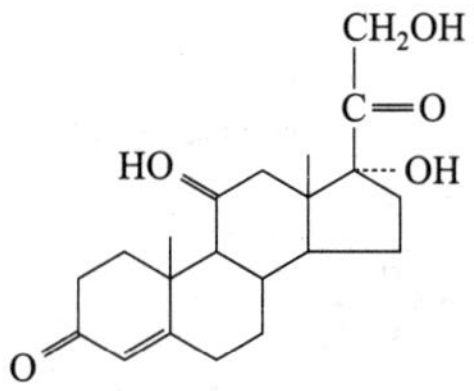

氢化可的松

(四) 强心苷类化合物

存在于许多有毒的植物中，在玄参科、百合科或夹竹桃科植物的花和叶中最为普遍。小剂量使用能使心跳减慢，强度增加，具有强心作用，故称为强心苷。强心苷临床上用作强心剂，用于心力衰竭和心律紊乱的治疗。

(五) 甾体皂苷

皂苷是一类结构较为复杂的苷类化合物，它溶于水即成胶体，振荡会产生泡沫，而且能溶解红细胞，引起溶血现象，类似肥皂，故称皂苷。例如从薯蓣科植物（如萸山药、穿山龙）中可提取到薯蓣皂苷，水解得到糖和薯蓣皂苷配糖基，薯蓣皂苷元是合成性激素、肾上腺皮质激素等甾体药物的重要原料。

本章小结

一、萜类化合物

萜类化合物的结构特征是分子中的碳原子数都是五的整数倍。可看作是由两个或两个以上异戊二烯分子按不同方式首尾相连而成。

二、甾体化合物

甾体化合物的基本骨架——甾烷，可以看作是由全氢化菲与环戊烷稠合而成，甾烷中碳原子的编号如下：

甾烷

甾体化合物母体构型：正系和别系。

环上取代基的构型：α 构型和 β 构型。

习题

1. 萜类化合物的分子结构有何特点？如何分类？

2. 写出下列化合物的结构式，并划分异戊二烯单位，请指出它们各属于哪一类萜？若为单萜指明为几环萜。

(1) 柠檬醛　　(2) 薄荷醛　　(3) α-蒎烯

(4) 樟脑　　(5) 愈创木薁　　(6) 维生素 A

3. 判断下列化合物是否具有旋光性。

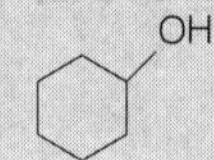

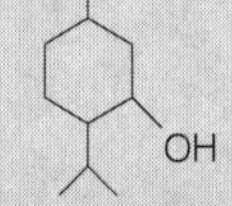

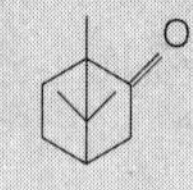

4. 甾体化合物的基本骨架是什么？它一般可分为几类？

5. 写出甾烷、雌甾烷、雄甾烷、孕甾烷的结构。

6. 写出下列甾体化合物的化学名称

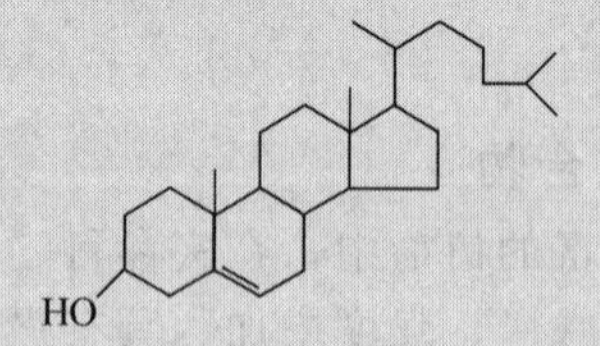

第十五章
药用高分子化合物

学习目标

1. 了解高分子化合物概念、分类、结构。
2. 了解重要的药用高分子化合物。

高分子化合物简称高分子，是指相对分子质量很高（大多数在10^4～10^6之间）的一类化合物，它已成为人们的衣、食、住、行以及现代工业、农业、尖端科学技术不可或缺的应用材料。

在医药领域上，随着高分子化合物的不断发展和应用得越来越广泛，提供了越来越多的药用辅料和新的高分子药物，为防病治病提供了新的手段。本章简要介绍高分子化合物的一般概念和一些常用的药用高分子化合物。

第一节 高分子化合物概述

一、高分子化合物的一般概念

高分子化合物尽管分子量很大，但其组成很有规律性，大多数具有规则的重复结构单元，即都是一种或几种小分子化合物（单体）聚合而成，故高分子化合物又称为高聚物。

例如，聚乙烯是由乙烯聚合而成的。

$$nCH_2{=}CH_2 \xrightarrow{\text{聚合}} {-}\!\!\left[CH_2{-}CH_2\right]\!\!{-}_n$$

聚乙烯是由很多个“$-CH_2-CH_2-$”结构单元重复连接而成的，这种组成高分子链的重复结构单元称为链节。能够聚合成高分子的小分子化合物称为单体，例如上式中的乙烯。n表示链节的数目，称为高分子的聚合度。

高分子化合物的相对分子质量＝聚合度×链节的相对分子质量

在高分子材料中，各分子的聚合度不是完全相同的，所以n是指平均聚合度，由此所得的高分子化合物的相对分子质量是平均相对分子质量。

二、高分子化合物的分类

① 按来源，可分为天然高分子和合成高分子。

② 按所制成材料的性能和用途，可分为塑料、橡胶、纤维三大类。

③ 按应用功能的不同，可分为通用高分子、特殊高分子、功能高分子、仿生高分子、医用高分子、高分子药物、高分子催化剂和生物高分子等。

④ 按聚合反应类型，可分为加聚物和缩聚物。如聚合物的化学组成与单体的化学组成基本没有变化的称为加聚物；如反应中有小分子副产物生成，聚合物的化学组成与单体不同的称为缩聚物。

⑤ 根据高分子的主链结构，可分为有机高分子、元素有机高分子和无机高分子三大类。

三、高分子化合物的命名

（一）习惯命名

天然高分子大都有其专门的名称，例如纤维素、淀粉、蛋白质等。一些高分子化合物是由天然高分子衍生或改性而来，它们的名称则是在天然高分子名称前冠以衍生的基团名，例如羧甲基纤维素、羧甲基淀粉等。

最常用的简单命名按照单体名称为基础进行命名。由一种单体聚合得到的高分子，在单体名称前加一个“聚”字，如聚乙烯、聚丙烯等。由两种单体聚合得到的高分子，是在两种单体形成的链节结构名称前加一个“聚”字。例如对苯二甲酸和乙二醇的聚合物称为聚对苯二酸乙二酯；己二酸和己二胺的聚合物称为聚己二酰己二胺。

（二）商品名

许多高分子材料都有它们各自的商品名。现将常见的通用高分子化合物名称列表15-1。

表15-1 常见高分子化合物的习惯名称或商品名称

名 称	化学名称	习惯名称或商品名称	简写符号
塑料	聚乙烯	聚乙烯	PE
	聚丙烯	聚丙烯	PP
	聚氯乙烯	聚氯乙烯	PVC
	聚苯乙烯	聚苯乙烯	PS
合成纤维	聚对苯二甲酸乙二醇酯	涤纶	PET
	聚己二酰己二胺	锦纶66或尼龙66	PA
	聚丙烯腈	腈纶	PAN
	聚乙烯醇缩甲醛	维纶	PVA
合成橡胶	丁二烯苯乙烯共聚物	丁苯橡胶	SBR
	聚顺丁二烯	顺丁橡胶	BR
	聚顺异戊二烯	异戊橡胶	IR
	乙烯丙烯共聚物	乙丙橡胶	EPR

高分子化合物名称有时很长，往往用英文缩写符号表示，且每个字母均要大写。

（三）系统命名

习惯命名和商品名称简单实用，但不够科学，容易引起混乱，因此国际纯粹与应用化学联合会（IUPAC）提出系统命名法，其规则如下：

① 确定重复单元结构；

② 排好重复单元中次级单元的次序；

③ 按照小分子有机物的系统命名规则命名重复结构单元，并在重复单元名称前加一个“聚”字，即为高分子的名称。

系统命名法科学严谨，但较繁琐，目前尚未广泛使用。

知识链接

塑料杯子下符号的秘密

看底部三角形内数字。1号PET：耐热至65℃，耐冷至－20℃。2号HDPE：建议不要循环使用。3号PVC：若装饮品不要购买。4号PE：耐热性不强。5号PP：微波炉餐盒、保鲜盒，耐高温120℃。6号PS：又耐热又抗寒，但不能放进微波炉中。7号PC其他类：水壶、水杯、奶瓶。

四、高分子化合物的结构

高分子化合物的结构类型可分为两类：一类是线形结构，即组成高分子化合物的原子呈链状排列，链和链之间彼此独立，有些带支链的也属这种结构；另一类是体形结构，即高分子化合物的链与链之间通过某些结构将它们交联起来，包括分子间存在少量交联的网状结构的高分子化合物。如图 15-1 所示。两类型高分子化合物的比较见表 15-2。

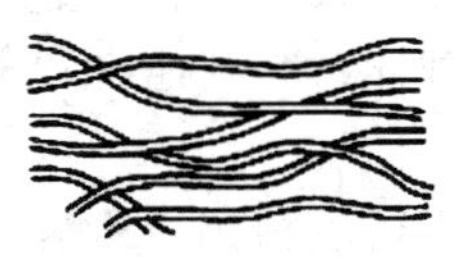

(a) 线形结构

(b) 线形结构（带有支链的）

(c) 体形（网状）结构

图 15-1　高分子化合物的分子结构示意图

表 15-2　线形高分子和体形高分子的比较

结构类型	结构特征	性质区别	举　例
线形	高分子链是独立存在的，且构成主链的 σ 键可以自由旋转	柔软、有弹性，在溶剂中能够溶解，受热软化甚至熔融，是热塑性材料，但其硬度和脆性小	聚乙烯，聚氯乙烯，合成纤维
体形	高分子链是相互交联的，链之间不能相互移动，σ 键自由旋转受到阻碍	没有弹性和可塑性，不能溶解于溶剂，受热不能熔融，只能溶胀，但其硬度和脆性都较大	酚醛树脂，合成橡胶

第二节　重要的药用高分子化合物

高分子化合物在药学领域的应用主要在两方面：一是作为药物制剂的辅料，利用它们某些特殊的性质，改善了药物的渗透性、湿润性、黏着性、溶解性以及增稠性等多方面的性能，有利于改进主药的药物动力学作用，促进了更多使用方便、疗效提高的新剂型出现；二是合成高分子药物。一些高分子药物本身具有生理活性，而另一些则是将具有生理活性的低分子挂接到高分子化合物上形成的，与低分子药物比较，高分子药物具有定向、长效、缓释和毒副作用小等优点。本节只讨论作为制剂辅料的高分子化合物。

用作制剂辅料的高分子化合物种类很多，如天然的高分子化合物有淀粉、纤维素等，合成的种类最多，应用也最广阔。下面主要介绍一些常用的药用高分子化合物。

一、药用天然高分子化合物

（一）淀粉

淀粉广泛存在于绿色植物的须根和种子中。药用淀粉多以玉米淀粉为主，由于它有许多独特的优点，虽然近年来有许多化学合成辅料问世，但它仍然是目前最主要的药用辅料。

淀粉在药物制剂中大量被用作赋形剂，还用作葡萄糖等药物的原料。此外，淀粉还用于制备羧甲基淀粉钠（CMSNa）。

羧甲基淀粉钠具有较强的吸湿性，吸水后最多可使其体积溶胀 300 倍，但不溶于水，只吸水形成凝胶，不会使沉淀的黏度明显增加。本品可用作药片和胶囊的崩解剂。

（二）纤维素

纤维素是植物纤维的主要组分之一。药用纤维素的主要原料来自棉纤维，少数来自木材。

纤维素经酸处理后可得到微晶纤维素，微晶纤维素的黏合力很强，可用作口服片剂及胶囊剂的黏合剂、稀释剂和吸附剂，适用于湿法制粒及直接压片，也可作为倍散的稀释剂和丸剂的赋形剂。

纤维素经碱处理后可得到粉状纤维素，粉状纤维素在水中不溶胀，可用作片剂的稀释剂、硬胶囊或散剂的填充剂。在软胶囊剂中可用作油性悬浮性内容物的稳定剂，以减轻其沉降作用。也可作口服混悬剂的助悬剂。

纤维素分子中的羟基可被酯化成各种纤维素酯，如醋酸纤维酯。它广泛应用于口服制剂中，几乎能与所有的医用辅料配伍，亦可作为透皮吸收的载体；与其他物质合用，也可实现缓释的目的。

纤维素分子中的羟基也可被醚化，生成各种纤维素醚类衍生物，如乙基纤维素、羟丙基纤维素等。乙基纤维素广泛用作缓释制剂、固体分散载体，适用于对水敏感的药物。羟丙基纤维素在制剂中广泛用作黏合剂或粒剂、薄膜包衣材料等。

二、药用合成高分子化合物

（一）聚丙烯酸和聚丙烯酸钠（PAA，PAA-Na）

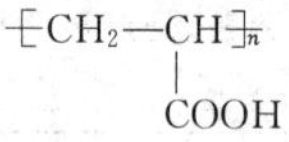

$$\left[CH_2-\underset{\displaystyle COOH}{\underset{|}{CH}}\right]_n \qquad\qquad \left[CH_2-\underset{\displaystyle COONa}{\underset{|}{CH}}\right]_n$$

PAA 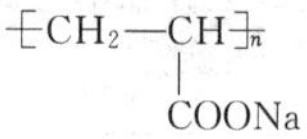　　　　　　PAA-Na

聚丙烯酸和聚丙烯酸钠可作为霜剂、搽剂、软膏等外用药剂及化妆品中作基质、拉稠剂、增黏剂和分散剂，在面粉发酵食品中用作保鲜剂、黏合剂等。聚丙烯酸钠可在交联剂作用下形成不溶性高聚物，是一种高吸水性树脂材料，大量用作医用尿布、吸血巾、妇女卫生巾等的主要填充剂或添加剂。

（二）卡波姆

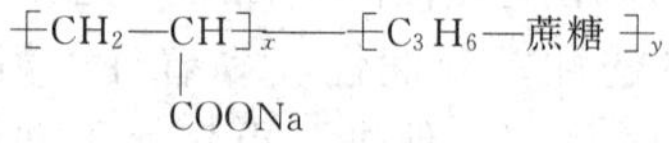

$$\left[CH_2-\underset{\displaystyle COONa}{\underset{|}{CH}}\right]_x\!\!-\!\!\left[C_3H_6-\text{蔗糖}\right]_y$$

卡波姆为强吸湿性的白色松散粉末，无毒，对皮肤无刺激性，但对眼黏膜有严重的刺激。它在药物制剂生产中有广泛的应用，高分子的卡波姆可作为软膏、霜剂或植入剂的亲水性凝胶基质，低分子量的可作内服或外用药液的增黏剂。卡波姆亦用于制备黏膜黏附片剂以达到缓释药物的效果。高聚物的大分子链可与黏膜的糖蛋白分子相互缠绕而使黏附的时间延长，与某些水溶性纤维素衍生物配伍使用效果更好。

（三）丙烯酸树脂

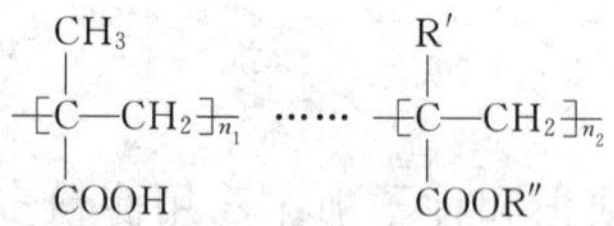

$$\left[\underset{\displaystyle COOH}{\underset{|}{\overset{\displaystyle CH_3}{\overset{|}{C}}}}-CH_2\right]_{n_1}\cdots\cdots\left[\underset{\displaystyle COOR''}{\underset{|}{\overset{\displaystyle R'}{\overset{|}{C}}}}-CH_2\right]_{n_2}$$

丙烯酸树脂是一类无毒、安全的药用高分子材料，对药品起到防潮、避光、掩色、掩味的作用。它主要用作片剂、微丸剂、硬胶囊剂等的薄膜包衣，防止药物受胃酸破坏，或用作对胃刺激性较大药物的包衣。依据树脂类型的不同可作胃溶型薄膜包衣、肠溶性薄膜包衣。近年来丙烯酸树脂亦用于制备微胶囊、固体分散体，并用作控释、缓释药物剂型的包衣材料。

（四）聚乙烯醇（PVA）

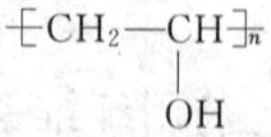

$$\left[CH_2-\underset{\displaystyle OH}{\underset{|}{CH}}\right]_n$$

聚乙烯醇对眼、皮肤无毒，是一种安全的外用辅料，在药品及化妆品中应用非常广泛，可用于糊剂、软膏、面霜、面膜及定型发胶等的制备。聚乙烯醇可用作药液的增黏剂，是一种良好的水溶性成膜材料，可用于制备缓释制剂和透皮给药制剂等。

(五) 聚乙二醇（PEG）

$$HO\!\left[CH_2-CH_2-O\right]_nH$$

聚乙二醇可作软膏、栓剂的基质，常以固体及液态聚乙二醇混合使用以调节稠度、硬度及熔化温度；用于液体药剂的助悬剂、增黏剂与增溶剂；可作固体分散体的载体，用热熔法制备一些难溶药物的低共溶物，加速药物的溶解与吸收。液态聚乙二醇可作为与水相混溶的溶剂填装于软明胶胶囊中，由于其可选择性地吸收囊壳中水分而使囊壳变硬。

(六) 泊洛沙姆

$$HO\!\left[CH_2-CH_2-O\right]_a\!\!-\!\!\left[\underset{}{\overset{CH_3}{\overset{|}{C}H}}-CH_2-O\right]_b\!\!-\!\!\left[CH_2-CH_2-O\right]_cH$$

泊洛沙姆无味、无臭、无毒，对眼黏膜、皮肤具有很高的安全性。它是目前使用的静脉乳剂中唯一的合成乳化剂。在口服制剂中，泊洛沙姆可增加药物的溶出度和体内吸收；在液体药剂中，可作增稠剂、助悬剂。近年来，利用高分子量泊洛沙姆水凝胶制备药物控释制剂，如埋植剂、长效滴眼液等。

拓展视野

医用高分子化合物——聚四氟乙烯

聚四氟乙烯（PTFE）是由四氟乙烯加聚而成，结构式为：

$$\left[CF_2-CF_2\right]_n$$

它具有极高的稳定性，能够耐受400℃的高温且不易老化，并耐强酸和强碱，有着“塑料王”之美称。它无毒，有自润滑作用，是一种非常理想的医用塑料。它可用作人工心脏瓣膜、整形材料和人造血管等。

本章小结

一、基本概念

高分子化合物简称高分子，是指相对分子质量很高（大多数在$10^4 \sim 10^6$之间）的一类化合物，大多数具有规则的重复结构单元。

二、高分子化合物的分类

1. 按来源，可分为天然高分子和合成高分子。
2. 按所制成材料的性能和用途，可分为塑料、橡胶、纤维三大类。
3. 按应用功能的不同，可分为通用高分子、特殊高分子、功能高分子、仿生高分子、医用高分子、高分子药物、高分子催化剂和生物高分子等。
4. 按聚合反应类型，可分为加聚物和缩聚物。
5. 根据高分子的主链结构，可分为有机高分子、元素有机高分子和无机高分子三大类。

三、常用的药用高分子化合物

1. 淀粉
2. 纤维素
3. 聚丙烯酸和聚丙烯酸钠（PAA，PAA-Na）
4. 卡波姆

5. 丙烯酸树脂
6. 聚乙烯醇（PVA）
7. 聚乙二醇（PEG）
8. 泊洛沙姆

习 题

1. 什么是高分子化合物？其结构特点是什么？

2. 高分子化合物在药学领域的主要应用有哪些？请举例说明。

3. 填空题

（1）高分子化合物按性能和用途，可分为________、________和________。

（2）聚氯乙烯 $\mathrm{\text{+}CH_2—\underset{\underset{Cl}{|}}{CH}\text{+}_n}$ 的单体是________、链节是________、聚合度是________。

（3）聚氯乙烯的简写是__________，涤纶的简写是__________，丁苯橡胶的简写是__________。

（4）高分子化合物的基本结构有两种类型，一种是________结构，另一种是________结构。

（5）药用天然高分子有________________，药用合成高分子有________________（至少写出三种）。

4. 写出下列聚合物的单体结构式

（1）$\mathrm{\text{+}CH_2—CH_2\text{+}_n}$　（2）$\mathrm{\text{+}CH_2—\underset{\underset{Cl}{|}}{CH}\text{+}_n}$　（3）$\mathrm{\text{+}CH_2—CH{=}\underset{\underset{Cl}{|}}{C}—CH_2\text{+}_n}$

实验篇

第十六章 有机化学实验的一般知识

第一节 有机化学实验室规则

为了保证有机化学实验正常进行，培养良好的实验习惯与工作作风，并保证实验室的安全，学生必须遵守下列规则。

① 进实验室之前认真预习有关实验的全部内容，明确实验的目的要求、基本原理、操作步骤，了解实验所需的试剂、仪器和装置，考虑实验应注意的事项，写出预习报告。

② 实验室是进行教学的重要场所。进入实验室要严格遵守各项规定，衣着整洁，保持安静。实验室内严禁吃零食。实验时严格按照规定的步骤进行实验，遵守操作规程，注意安全。

③ 在实验过程中，要遵从教师的指导，做到操作规范，精神集中，观察细致，积极思考，如实地做好实验记录，实验时不得擅自离开实验室，随时注意仪器及反应的情况是否正常。

④ 公用仪器、原料、试剂和工具应在指定的地点使用，用后立即放回原处。严格控制试剂的用量。破损仪器应及时报损补充，并按规定赔偿。

⑤ 经常保持实验台面及地面的整洁，任何固体废物应放到指定的地点，不得乱丢，更不得丢入水槽，废酸、废碱应倒入指定的地方。

⑥ 实验完毕后必须将所用的仪器洗净，放置整齐。并将实验原始记录或实验报告交指定老师签字后方能离开实验室。

⑦ 轮流值日的学生应将实验室内外的清洁卫生搞好，所有仪器洗涤干净，摆放整齐，征得教师检查合格同意后才能离开实验室。

第二节 实验室安全知识

有机化学实验所用原料药物、试剂多数是有毒、易燃、易爆、有腐蚀性的。所用的仪器大部分又是玻璃制品，还经常使用电器设备，若粗心大意或使用不当，就易发生事故，如割伤、烧伤、中毒、爆炸或触电等。因此，必须重视安全问题。下面介绍实验室的安全守则及实验室事故的预防和处理。

一、保护眼睛和其他个人安全防护

眼睛是心灵的窗户，一定要保护好自己的眼睛，所以，在使用强酸、强碱或其他腐蚀性化学试剂和材料时一定要防止沾到皮肤或黏膜上，特别是眼睛上，否则有可能造成化学灼伤。一般可戴防护手套和防护眼镜来保护。

（一）试剂灼伤的处理

1. 酸灼伤

皮肤灼伤可立即用大量水冲洗，然后用5%碳酸氢钠溶液洗涤后，涂上软膏。眼睛灼伤可立即用生理盐水洗，或用干净橡皮管接上水龙头用细水流对准眼睛冲洗，然后再用1%碳酸氢钠溶液洗涤。

2. 碱灼伤

皮肤灼伤可用水冲洗，再用硼酸溶液或2%醋酸溶液洗涤。眼睛灼伤立即用生理盐水洗，再用1%硼酸溶液洗。

3. 溴灼伤

立即用大量的水冲洗，再用酒精擦洗。然后涂上甘油。

（二）烫伤的处理

烫伤轻者涂烫伤软膏，重者涂烫伤软膏后立即送医务室诊治。

二、防火

（一）火灾的预防

① 在操作易燃溶剂时应远离火源；勿将易燃溶剂放在敞口容器内（如烧杯内）直火加热；加热必须在水浴中进行，当附近有露置的可燃溶剂时，不要点火。

② 蒸馏易燃有机物时，严禁直火加热，装置不能漏气，如发现漏气，应立即停止加热，不要立即拆装仪器，待冷却后方能拆换装置。加热的烧瓶内液量不能过满也不能过少。

③ 用油浴加热蒸馏或回流时，切勿使冷凝用水溅入热油浴中，以免使油外溅到热源上而起火。

④ 不得把燃着的或者带有火星的火柴梗或纸条等乱抛乱扔。

⑤ 不得将易燃易挥发物倒入废液缸内，量大的要专门回收，少量的可倒入水槽内用水冲掉。

⑥ 使用电器之前要检查用电仪器设备，防止短路现象发生。

⑦ 注意检查煤气或天然气的阀门、管路是否漏气。

（二）火灾的处理

① 如果地面或桌面着火，若火势不大，可用湿抹布来灭火。

② 如果油类着火，要用沙或灭火器灭火。也可撒上干燥的固体碳酸氢钠粉末灭火。

③ 如果反应瓶内有机物着火，可用湿抹布或石棉网盖住瓶口，使之隔绝空气而熄灭，绝不能用口吹。

④ 如果电器着火，应切断电源，然后再用二氧化碳或四氯化碳灭火器灭火。决不能用水和泡沫灭火器灭火，因为水能导电，可能使人触电。

⑤ 如果衣服着火，切勿奔跑，应立即在地上打滚或用自来水冲淋使火熄灭。

三、防爆炸

爆炸事故容易造成严重的后果，必须引起高度的重视，杜绝此类事件的发生。

① 反应或蒸馏装置必须正确，不能造成密闭的加热系统。

② 操作易燃易爆的有机溶剂时，应防止其蒸气散发到室内，因为空气中易燃易爆物的蒸气达到一定比例时，如遇明火即可发生爆炸。

③ 使用易燃易爆的气体如乙炔、氢气等可燃气体时，应保持空气流通，严禁明火，并防止一切火花的产生。

④ 对于易爆炸的有机化合物，如重金属乙炔化物、苦味酸金属盐等都不能重压或撞击，对危险的实验物残渣必须小心处理，如重金属炔化物可用浓硝酸或浓盐酸破坏。

⑤ 减压蒸馏时，减压要用圆底烧瓶或吸滤瓶作接收器，不得使用机械强度不大的仪器

作接收器。

⑥ 反应过于猛烈时，要根据不同情况采取冷却和控制加料速度等措施。

四、防中毒

（一）中毒事故的预防

化学药品大多具有不同程度的毒性，产生中毒的主要原因是皮肤或呼吸道接触了有毒药品。在实验中，要防止中毒，应切实做到以下几点。

① 对有毒药品应妥善保管，实验后的有毒残渣必须及时按要求处理，不得乱放，乱丢。

② 有毒化学品可经消化道、呼吸道或皮肤、黏膜被人体吸收而中毒。因此，不要在实验室吃食物，以防毒物入口；切勿使易挥发或易升华的有毒物吸入呼吸道；切勿使有毒物质接触皮肤或黏膜。针对不同的有机物应采取不同的防中毒措施。如戴防护手套、口罩，加强实验室通风等。

（二）中毒的处理

溅入口中而尚未咽下的毒物应立即吐出来，用大量水冲洗口腔。若已将毒物吞下，应根据毒物的性质服解毒剂，并立即送医院急救。

① 腐蚀性毒物中毒：对于强酸，先饮大量的水，再服鸡蛋白或牛奶；对于强碱，也要先饮大量的水，然后服醋、鸡蛋白或牛奶，不要吃呕吐剂。

② 刺激性及神经性中毒：先服牛奶或鸡蛋白，再服硫酸铜溶液催吐，有时也可用手指伸入喉部催吐，并立即送医院。

③ 吸入气体中毒：将中毒者移至室外，解开衣领及钮扣，吸入少量氯气和溴气者，可用碳酸氢钠溶液漱口。

五、割伤救护

（一）割伤的预防

① 玻璃管或玻璃棒切割后断面应在火上烧熔以消除棱角。

② 将玻璃管或温度计插入塞中时，要注意操作方法，不可用力过猛。

③ 在清理破碎玻璃仪器的碎片时注意不要划伤手，留在实验台上的玻璃碎屑一定要清理干净。

（二）割伤的处理

① 如伤口内无玻璃碎粒，伤势不重，用蒸馏水洗净伤口后涂上碘酊或红汞后包扎好即可。

② 若伤势较为严重，流血不止时，应先做止血处理，然后立即送到医务室就诊。

六、实验室应备的急救箱

（一）消防器材

泡沫灭火器、四氯化碳灭火器、二氧化碳灭火器、砂、石棉、毛毡、棉胎。

（二）急救药箱

红汞、紫药水、碘酒、双氧水、饱和硼酸溶液、1%醋酸溶液、5%碳酸氢钠溶液、75%酒精、玉树油、万花油、药用蓖麻油、硼酸膏或凡士林、磺胺药粉、洗眼杯、消毒棉花、纱布、胶布、绷带、剪刀、镊子、橡皮管。

第三节　常用的玻璃仪器和装置

一、常用的普通玻璃仪器

有机化学实验常用普通玻璃仪器如图 16-1 所示。在无机化学实验中所用到的玻璃仪器如试管、烧杯、玻璃漏斗等从略。

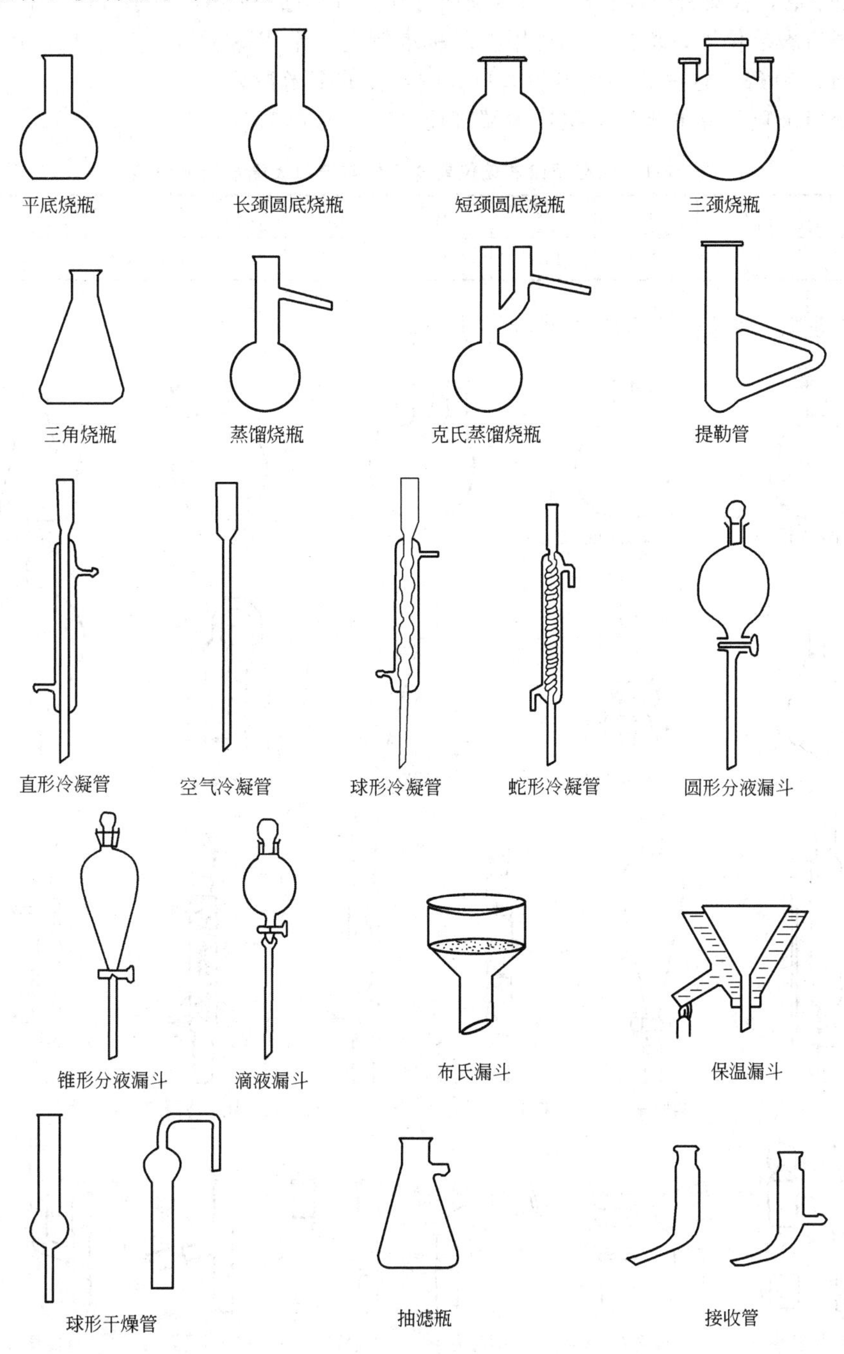

图 16-1　有机化学实验常用普通玻璃仪器

二、常用的标准磨口玻璃仪器

标准磨口玻璃仪器是具有标准磨口或磨塞的玻璃仪器。由于口塞尺寸的标准化、系列化，所以，凡属同类型规格的磨口仪器均可任意互换，各配件可组合成不同的成套仪器装置。不同类型规格的磨口仪器虽然无法直接连接，但可使用变径接头连接起来。使用标准磨口玻璃仪器既可省去配塞子的麻烦，又能避免反应物和橡胶塞作用而溶胀或产物被塞子沾污的现象；由于磨口仪器密闭性好，对减压蒸馏有利；对于毒物或挥发性液体的实验较为安全。

标准磨口玻璃仪器，均按国际通用技术标准制造，常用的规格有 10、12、14、16、16、24、29、34、40 等。这些数字编号指磨口大端直径的毫米整数。

标准磨口玻璃仪器的规格与接口大端直径的对照见表 16-1。

表 16-1　标准磨口玻璃仪器的规格与接口大端直径的对照

规格	10	12	14	16	16	24	29	34	40
大端直径/mm	10	12.5	14.5	16	18.8	24	29.2	34.5	40

各种标准磨口玻璃仪器的示意图见图 16-2。

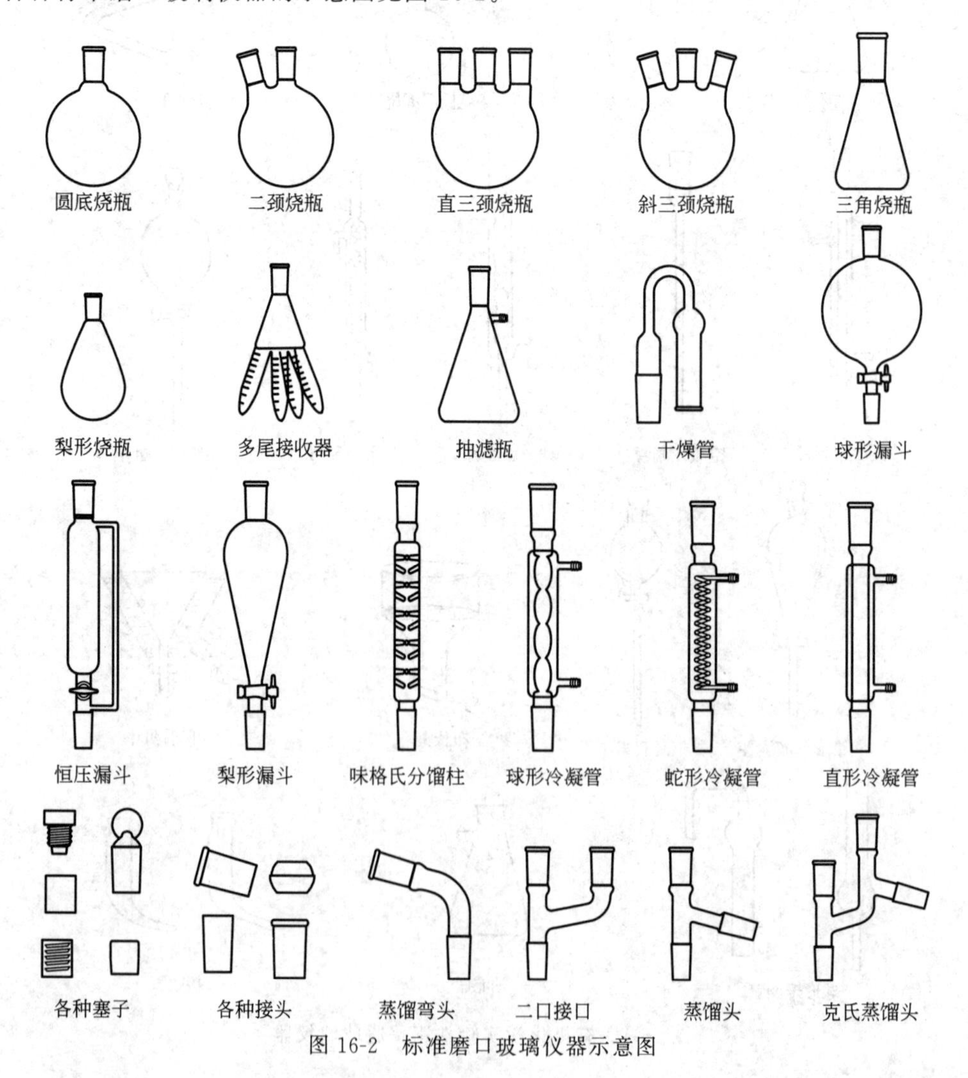

图 16-2　标准磨口玻璃仪器示意图

三、有机化学实验常用装置

有机化学实验常用装置见图 16-3～图 16-9。

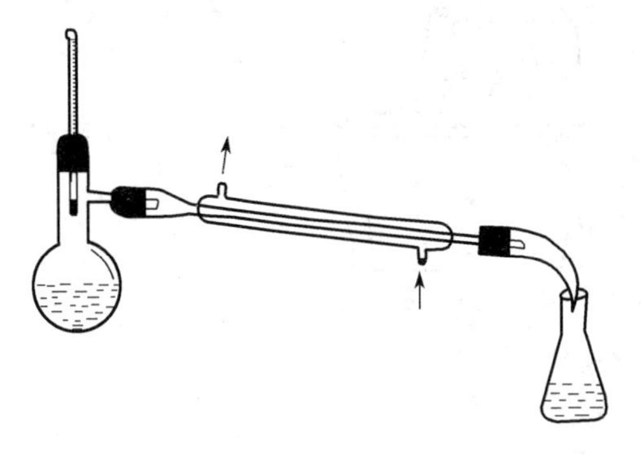

图 16-3　普通蒸馏装置

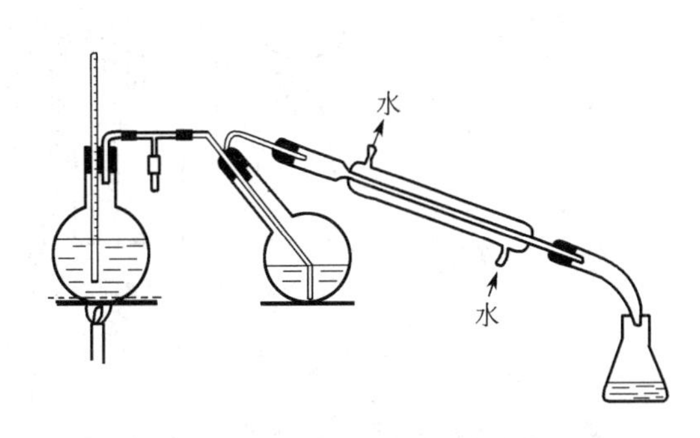

图 16-4　水蒸气蒸馏装置

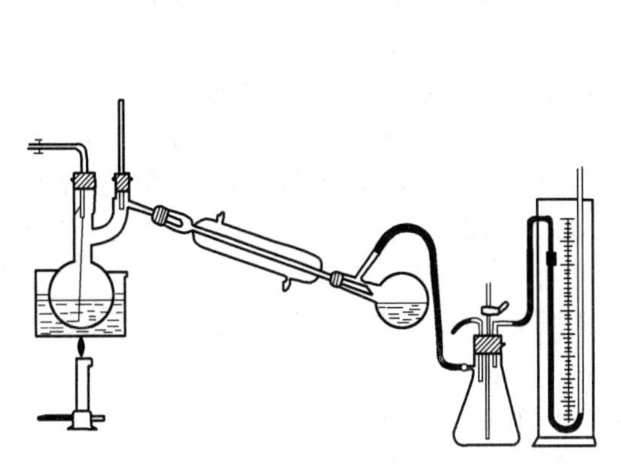

图 16-5　减压蒸馏装置

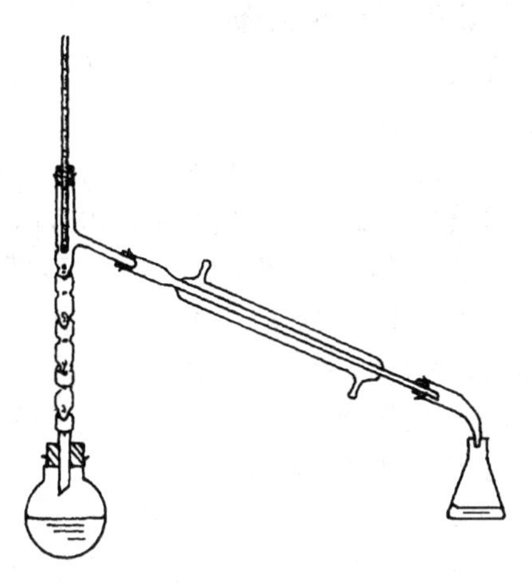

图 16-6　分馏装置

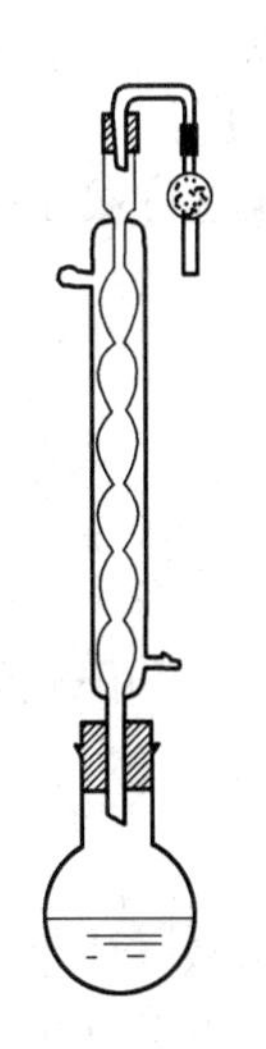

图 16-7　回流装置

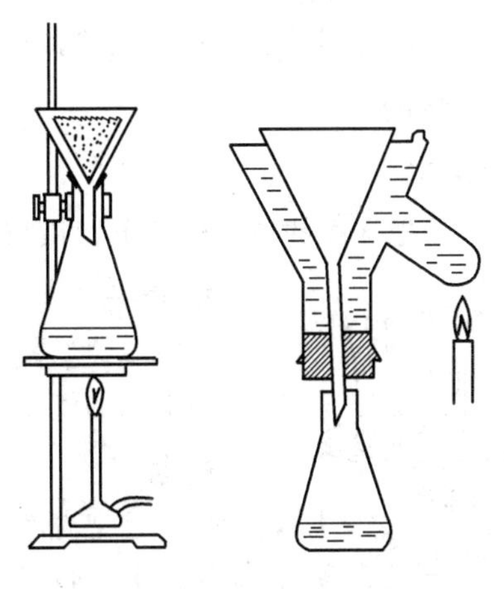

图 16-8　趁热过滤装置

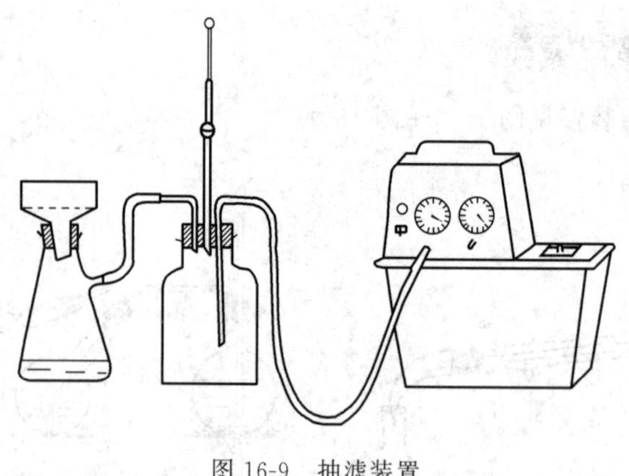

图 16-9　抽滤装置

四、玻璃仪器的洗涤、干燥和保养

（一）玻璃仪器的洗涤

在进行实验时，为了避免杂质混入反应物中或杂质干扰实验，影响反应的结果，必须使用清洁的玻璃仪器。

为保持仪器清洁，每次实验后，都应该认真清洗玻璃仪器，应该养成这个习惯。清洗之后，将玻璃仪器倒置，器壁不挂水珠时，说明基本清洗干净，可供一般实验使用。

仪器附着的污垢多种多样，实验结束时，要立即根据污垢的性质，选择合适的洗液洗涤，否则，日久之后，不好弄清是什么污垢，使污垢难以处理。根据污垢的性质，对不同的污垢可以采取以下方法进行处理。

① 一般轻微污垢的洗涤，方法是先用水冲洗，再用洗衣粉擦刷，除去玻璃仪器壁上污物后再用水冲洗干净即可。

② 顽固性的碱性污垢，如二氧化锰等，可用浓盐酸处理，再用水洗。

③ 油脂类和一些酸性污垢可用碱或合成洗涤剂洗涤，再用水洗净。

④ 胶状或焦油状的有机污垢可用丙酮、乙醚等有机溶剂洗涤。

⑤ 对于仪器壁上附着的不活泼金属如做银镜反应时产生的银镜，可用稀硝酸除去。

⑥ 对于一些顽固污垢，可用铬酸洗液进行处理，如试管壁上附有的炭化残渣，可加少量洗液，浸泡一段时间后在小火上加热，直至冒出气泡，炭化残渣可被除去。

（二）玻璃仪器的干燥

1. 自然风干

自然风干是把洗净的玻璃仪器倒置在晾干架上自然风干。

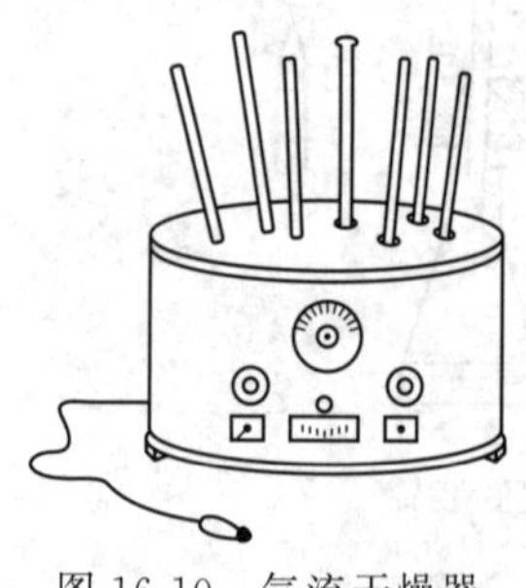

图 16-10　气流干燥器

2. 吹干

如玻璃仪器洗涤后需立即干燥使用，可用气流干燥器或电吹风吹干。常用的气流干燥器如图 16-10 所示。

3. 烘干

烘干是把洗净的玻璃仪器按顺序从上层往下层放入烘箱烘干，仪器口向上，带有磨口玻璃塞的仪器，必须取出活塞后才能烘干。烘箱内的温度保持 100～105℃，约 0.5h，待烘箱内的温度降至室温时才能取出仪器。当烘箱正在工作时，则不能往上层放入湿的器皿，以免水滴下落，使热的器皿骤冷而破裂。

4. 使用有机溶剂干燥

将洗净的仪器用少量乙醇或丙醇荡洗几次，倾出溶剂，用电吹风先用冷风吹 1～2min，待大部分溶剂挥发后，再用热风吹至完全干燥，再吹入冷风使仪器冷却即可使用。

(三) 玻璃仪器的保养

1. 温度计

温度计水银球部位的玻璃很薄，容易打破，使用时要格外小心，既不能用温度计当搅拌棒使用，也不能测定超过温度计最高刻度的温度。在做合成实验时，要注意搅拌棒不要碰着温度计。温度计用后要让它自然冷却，切不可立即用水冲洗，以免破裂。

2. 冷凝管

冷凝管通水后较重，安装冷凝管时应将夹子夹在冷凝管的重心处；在给冷凝管拆装橡胶管时，特别要注意冷凝管接口的安全。

3. 分液漏斗和滴液漏斗

分液漏斗和滴液漏斗的活塞和玻塞都是磨口的，若非原配的，就可能不严密而滴漏，所以，使用时要注意保护它，各个漏斗之间也不要相互调换塞子。用后洗净，拔出塞子，擦净上面的润滑油，并在活塞和磨口间垫上纸片，以免日久难以打开。

4. 标准磨口玻璃仪器

① 磨口处必须保持洁净。否则，不但会污染反应物，而且会造成磨口对接不紧密，导致漏气，甚至损坏磨口。

② 装配时要把磨口和磨塞轻微地对旋连接，不宜用力过猛，也不要装得太紧，达到密闭要求即可。

③ 一般使用时磨口无需涂润滑剂，以免沾污反应物或产物；若反应物中有强碱，则应涂上少量润滑剂，以免磨口连接处因碱腐蚀而粘牢不易拆开。

④ 仪器拆装时应注意相对的角度，不能在角度偏差时进行硬性拆装。

⑤ 磨口仪器用后应立即拆卸洗净，否则，放置太久磨口的连接处会粘牢，很难拆开。

⑥ 洗涤磨口时，应避免使用去污粉洗涤，以免损坏磨口。

第十七章

有机化学实验的基本操作

实验一　塞子钻孔和简单玻璃工操作

一、目的要求

① 掌握玻璃管的切割、圆口、弯曲、拉细等基本操作。
② 掌握塞子的选用、配塞、钻孔方法。

二、基本原则

玻璃是一种无定形透明的硅酸盐混合物，可用硬度比玻璃大的器材如三角锉、砂轮等进行切割。玻璃加热到900℃左右即软化，可以吹、拉、铸成各种形状，冷而硬化，借此可把玻璃加工成各种制品。

在有机化学实验中，一些常用的简单玻璃管制品如滴管，测熔点的毛细管，仪器装置中的玻璃弯管和塞子等配件，常常需要自己动手制作，因此简单玻璃工操作如玻璃管的切割、拉细、弯曲，及塞子的选用和钻孔是一项重要的实验基本操作。

三、仪器

500mL 塑料瓶（软质）、玻璃管（外径 7～10mm）、玻璃棒、三角锉刀（或小砂轮）、酒精喷灯（吊式或座式）、白瓷板、木塞或橡皮塞、钻孔器。

四、实验步骤

（一）塞子的选用和钻孔

1. 塞子的选择

实验室中常用的塞子有软木塞和橡皮塞。软木塞不易和有机物质作用，而橡皮塞易受有机物质的侵蚀或溶胀，且价格较贵，所以在有机化学实验中一般使用软木塞。但在要求密封的实验中，必须用橡皮塞，以防漏气。

塞子的大小应与仪器的口径相匹配，以塞入瓶颈或管径的部分不少于塞子本身高度的1/2，且不多于 2/3 为宜，如图 17-1 所示。

2. 钻孔器的选择

在塞子上钻孔所用的工具叫钻孔器，也叫打孔器。见图 17-2 所示。这种打孔器是靠手力打孔的。也有把钻孔器固定在简单的机械上，借助机械力进行钻孔，这样的装置叫打孔机。每套钻孔器备有 5～6 支直径不同的钻嘴，以供选择。在橡皮塞上打孔时，钻孔器的外径应比要插入的玻璃管等的外径略大，因为橡皮塞有弹性，孔道钻成拔出钻孔器后，橡皮收缩会使孔径变小。总之，要求所钻孔径既要使玻璃管或温度计等能较顺利地插入，又要保持插入后紧贴固定而不漏气。

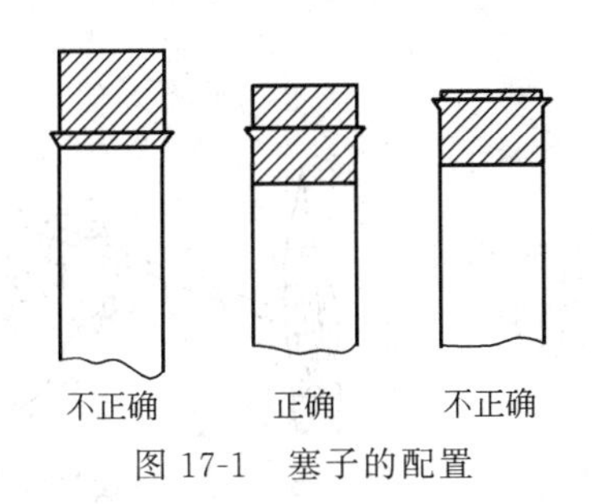

图 17-1 塞子的配置

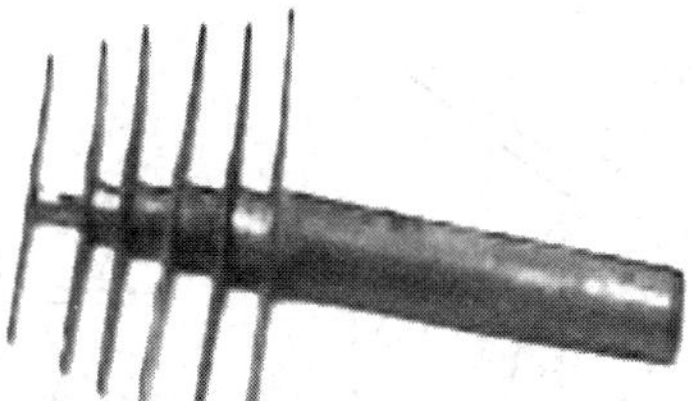

图 17-2 常见的打孔器

3. 钻孔的方法

软木塞质地疏松，使用前必须用压塞机滚压，没有压塞机可用木板代替，把软木塞横放在桌面上，用一块木板在塞子上滚压。压实后可防钻孔时塞子破裂。压塞机见图 17-3。

钻孔时塞子平放在一块木板上，塞子小的一端朝上，先转动钻孔器在塞子的中心刻出印痕，然后右手略向下施加压力同时将钻孔器以顺时针方向钻动，注意钻孔器要保持垂直，不能倾斜，也不要左右摇摆。当钻至塞子高度的一半时，旋出钻孔器，用铁条捅出其中的塞心。然后在塞子的大头钻孔。要对准原孔位置，按上述方法操作，直至把孔钻透，操作如图 17-4 所示。

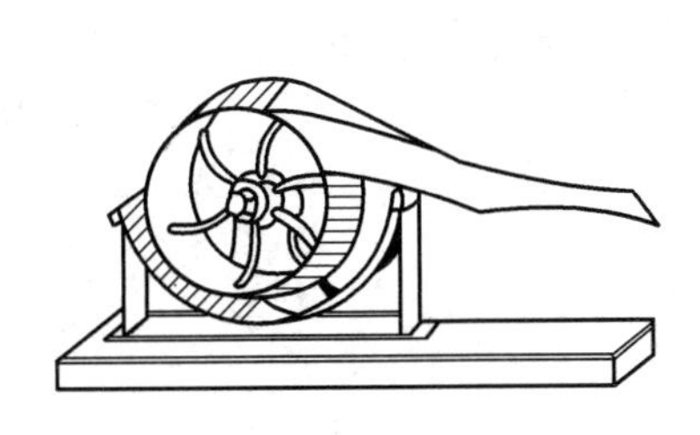

图 17-3 压塞机

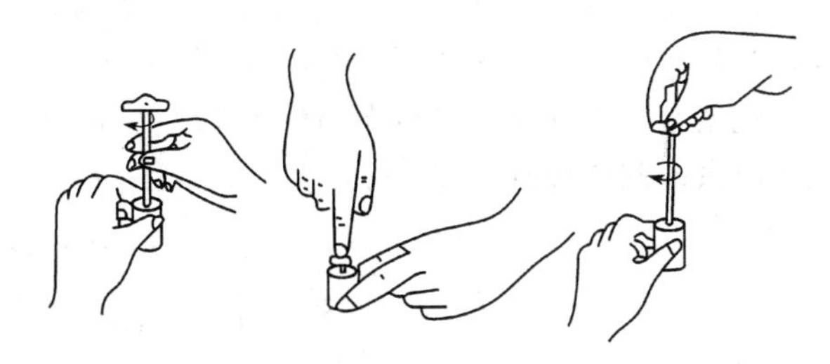

图 17-4 软木塞的钻孔方法示意图

给橡皮塞钻孔时，可在钻孔器刀口涂些甘油或水，以减少钻孔时的摩擦。孔道略小或不光滑时，可用圆锉进一步修整。

(二) 玻璃工基本操作

1. 玻璃的清洗

被加工的玻璃管必须是清洁干净的，用于拉毛细管的玻璃事先应在硝酸、盐酸或清洁液中浸泡，然后用自来水或蒸馏水冲洗。洗净后的玻璃管要烘干或晾晒干后才可进行加工。

2. 玻璃管的切割

可用三角锉刀或小砂轮的锐棱，按需要的长度，在玻璃表面的某一点上用力朝一个方向挫出一道凹痕（不可来回乱挫）（见图 17-5），然后用左手握住玻璃管，用大拇指顶住凹痕侧（凹痕向外），用力急速轻轻一压带拉，就在凹痕处折成两段。为了安全起见常常用布包住玻璃管，同时尽可能远离眼睛（见图 17-6）。玻璃棒的切割同此操作。

玻璃管的断端很锋利，难以插入塞子的孔中，也容易把手割破，必须在酒精喷灯或煤气灯上熔烧圆口，这时截面应斜插在氧化焰中，缓缓转动玻璃管使受热均匀，把玻璃管的断端熔烧光滑（不可熔烧过火，否则管口收缩变小）。见图 17-7。玻璃棒的烧熔圆口也同此操作。

(三) 玻璃管的拉细

1. 拉毛细管

取清洁干净的玻璃管，放在酒精喷灯或煤气灯焰上加热，火焰由小到大，不断旋转玻璃

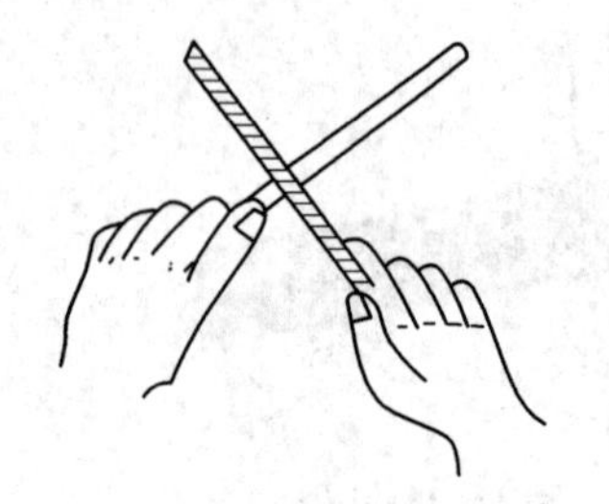

图 17-5　玻璃管的切断

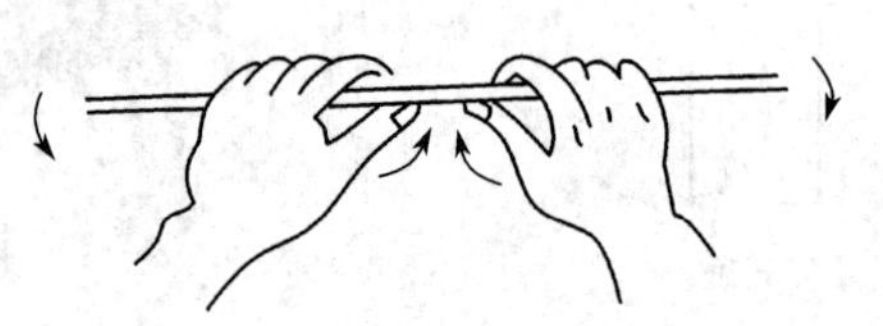

图 17-6　玻璃管的折断

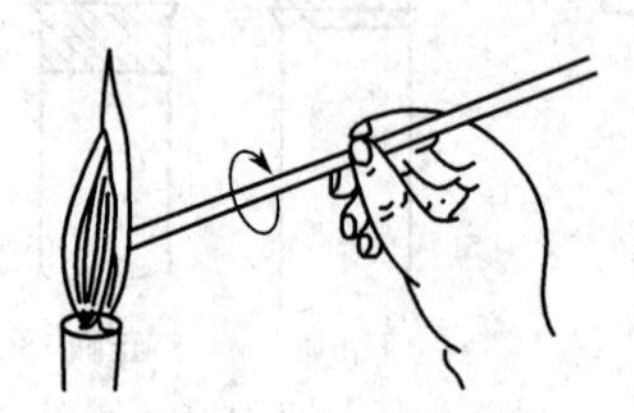

图 17-7　玻璃管的圆口

管，使受热的范围扩大，当烧到玻璃管发软并开始下垂时从火焰中取出，顺着水平方向，一边转动，一边由慢而快地拉至两臂张开所能允许的长度，使拉成的毛细管内径为 1mm 左右。一手持玻璃管，使玻璃管下垂，冷切后，用小砂轮或小锉刀按需要切割断。见图 17-8。

截取内径 1mm 左右、长为 15mm 左右的毛细管，两端都用小火封闭（将毛细管呈 45°角插入酒精灯火焰的边沿，用左手挡风，使火焰不会摇曳，用右手的拇指和食指持毛细管，一边转动毛细管，一边加热熔封）。要求封闭严密，避免把毛细管底部烧成圆珠状。

2. 拉制滴管

用拉毛细管的方法把玻璃管烧软拉细，拉到外径大约 4mm 左右的细管时，离开火焰，固定，勿使弯曲变形。冷却，滴管尖嘴部分按所需长度切断，玻璃管较粗的一端在火焰上加热，待烧至管口变红时，趁热在白瓷板上压一下，使其成为一个喇叭口（图 17-9），冷却后套上橡胶头即制成滴管。

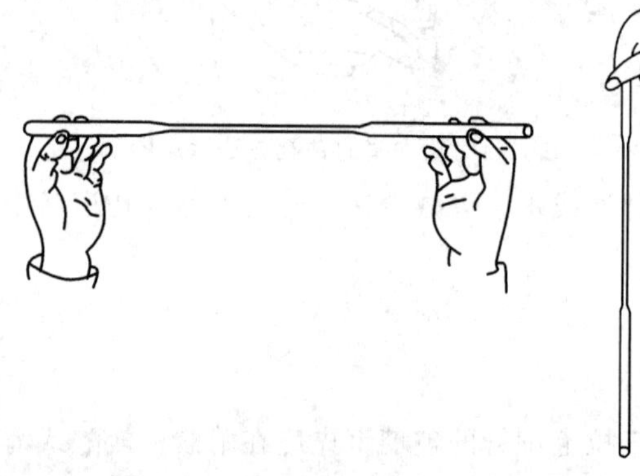

图 17-8　玻璃管的拉细

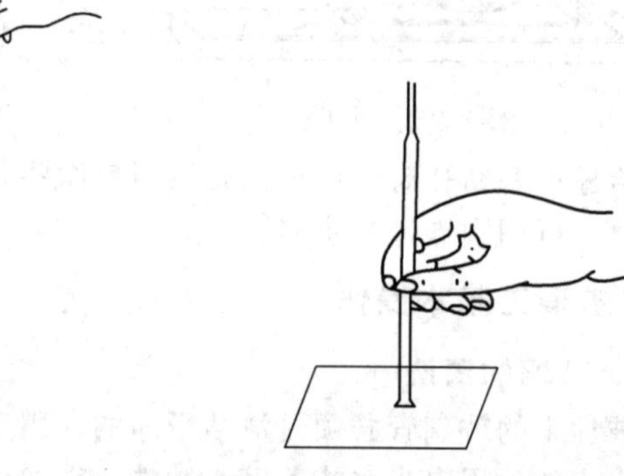

图 17-9　压喇叭口

（四）弯曲玻璃管

按实验中装置仪器的需要将玻璃管切成一定长度，弯成一定角度。其方法是先将切好的玻璃管在小火上预热，然后双手持玻璃管，把需要弯曲的部分在氧化焰中加热，一边旋转，一边移动玻璃管，以扩大受热范围（最好使用鱼尾灯头）。

弯玻璃管时，两手在上面，弯曲部位在两手的中间下方。弯好后，两手平持玻璃管，固定勿使变形，稍冷后放在石棉网上继续冷却。弯好的玻璃管要求角度准确，整个玻璃管在同一平面上，弯曲部分粗细均匀，不扁不曲不扭。120°以上角度可以一次弯成。较小的锐角应分几次弯成，先弯成一个较大的角度，然后在第一次受热部位的偏左偏右处作第二次、第三次加热、弯曲……直到弯成所需要的角度为止。见图 17-10。

也可将玻璃管的一端塞住或封闭，待玻璃管加热到发黄变软后从火焰中取出，一边往管中吹气，一边弯曲，以免凹陷或扭曲。依法弯 75°、90°、120°角的玻璃管，弯好的玻璃管两

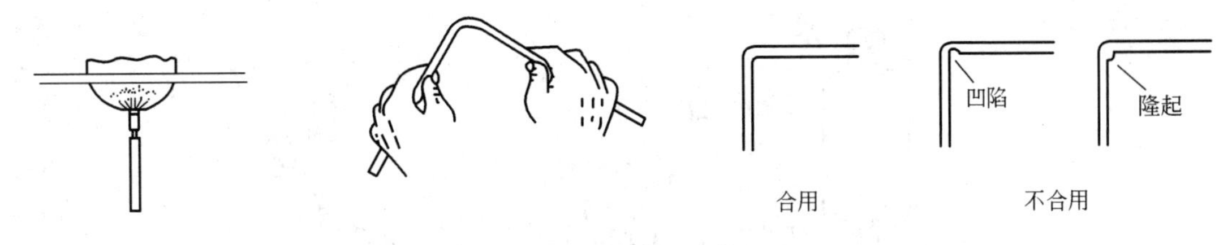

图 17-10　玻璃管的弯曲方法

端也需在火焰上圆口。

（五）玻璃管插入塞中的方法

玻璃管插入塞中时，应用手握住玻璃管接近塞子的地方，均匀用力慢慢旋入孔内，捏住玻璃管的位置与塞子距离不可太远，以防玻璃管折断而伤手（图 17-11）。插入弯形玻璃管时，手指不应捏在弯曲处，因弯曲处很容易折断。为减少摩擦，可以将玻璃管塞入橡皮塞时沾一些水或甘油作为润滑剂。

（六）玻璃仪器的简单修理

在实验室中遇到冷凝管口或其他仪器的管口破裂时稍加修理还可使用。在接近破裂处，用三角锉锉出一深痕迹，另外选一支细玻璃棒，或将粗玻璃棒一段拉成直径 2mm 的一段细玻璃棒，再将此细端在强火上烧红烧软，立即将它放在待修管的锉痕上，稍用力压，管即可沿锉痕处断裂。有时，只断开一半，需重复上述操作直至完全断开。也可趁热在开裂处滴一点水而使它断开。若切口不齐，须重复上述操作直至完全平齐。再在强火焰边上把管口烧圆。修理量筒时，烧圆管口后，将管口顺适当位置在强火焰上烧软，用镊子向外一压即可出现一个流嘴。

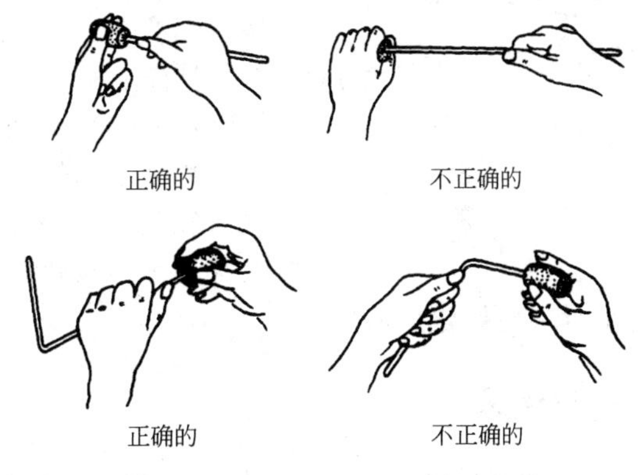

图 17-11　玻璃管插入塞子中的操作

五、实验内容

① 用玻璃管拉制成长 15cm、内径约 1mm 左右、两端封口的毛细管 4 根。

② 用玻璃管制成末端内径为 1.5mm 左右、长 10～15cm 的滴管 2 支。

③ 用玻璃管弯制成 75°、90°、120°角的玻璃管各 1 支。

④ 取 250mL 蒸馏烧瓶一个，配上装有 90°或 75°玻璃弯管的软木塞或橡皮塞。

六、注意事项

酒精喷灯是化学实验室中常用的加热器具，有吊式和座式两种。如图 17-12 所示。

吊式酒精喷灯由酒精贮罐与灯体两部分组成。灯体由灯管与灯座组成，两者通过螺旋相连接。灯管的底部有一细小圆孔（喷嘴），酒精从这里喷出。灯管壁上，稍高于喷嘴处有两个气孔，位置相对，使空气对流，酒精蒸气才能在灯管内充分燃烧。灯座的一侧有酒精的进口，通过橡胶管与挂在高处的酒精贮罐连接，酒精沿着橡胶管流入喷灯灯座。灯座的另一侧有调节酒精流量的手轮，旋转手轮可控制酒精的喷出量。灯座与灯管的连接处有预热盘。使用前，先往预热盘中注入一些酒精，点燃酒精使灯管受热，待酒精近烧完时，旋开手轮，酒精从灯管底部的细孔中喷出受热而汽化，并与从灯管两侧气孔进来的空气混合而燃烧。用

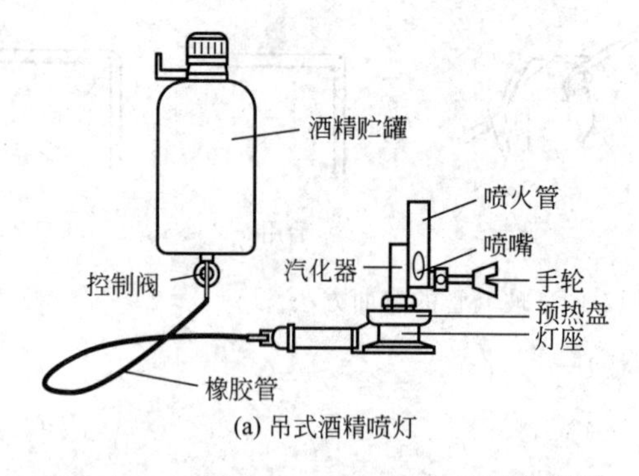

(a) 吊式酒精喷灯

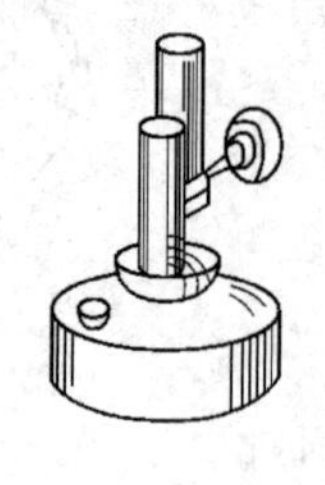
(b) 座式酒精喷灯

图 17-12 酒精喷灯

毕，旋紧手轮就可熄灭。

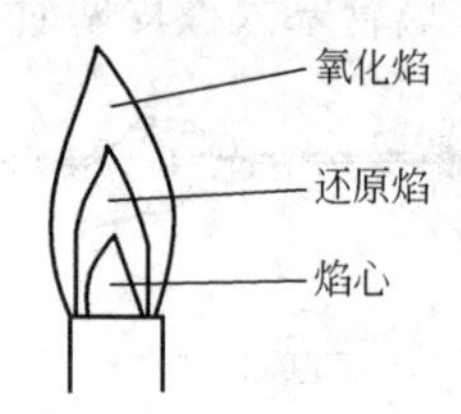

图 17-13 酒精火焰

酒精在灯管内充分燃烧时的正常火焰分为三层，如图 17-13 所示。

内层（焰心）——酒精蒸气和空气混合物并未完全燃烧，温度低，约为 300℃左右。

中层（还原焰）——酒精蒸气不完全燃烧，并分解为含碳的产物，这部分火焰称为还原焰，温度较高，火焰呈淡蓝色。

外层（氧化焰）——酒精蒸气完全燃烧，过剩的空气使这部分火焰具有氧化性，称为氧化焰，温度最高，为 800～900℃，火焰呈淡紫色。实验时都用氧化焰加热。

七、思考题

① 截断玻璃管时要注意哪些问题？怎样弯曲和拉制细玻璃管？在火焰上加热玻璃管时怎样才能防止玻璃管拉歪？

② 弯制好的玻璃管如果立即和冷的物件接触会发生什么不良后果？应该怎样避免？

③ 选用塞子时应注意什么？塞子钻孔时怎样使钻孔器垂直于塞子的平面？

实验二 熔点的测定

一、目的要求

① 掌握熔点测定的方法及操作。

② 了解熔点测定的定义。

二、基本原则

把固体物质加热到一定的温度时，从固态转变为液态，此时的温度就是该化合物的熔点。纯净化合物从开始熔化至完全熔化的温度范围（叫熔点距）很小，一般为 0.5～1℃。每种化合物有它自己独特的晶形熔点。纯的化合物几乎同时崩溃，所以熔点距很小。如若混入少量杂质，熔点就下降，熔点距即增大，所以测定熔点可以鉴定固体化合物的纯度。

若有两种物质 A 和 B 的熔点是相同的，可用混合熔点法检验 A 和 B 是否为同一种物质，若 A 和 B 不为同一物质，其混合物的熔点比各自的熔点降低很多，且熔距增大。例如：肉桂酸及尿素，它们是熔点相同的物质，熔点均为 133℃，但是，如把它们等量混合，再测其熔点，则比133℃低得多，而且熔点距很大。

本实验测定尿素、肉桂酸、50%尿素和50%肉桂酸混合物的熔点。

三、仪器与药品

仪器：100mL烧杯、200℃温度计、玻璃管（内径10mm左右、长50cm）、铁架、烧瓶夹、直角夹、毛细管、酒精灯、表面皿、牛角匙、软木塞、玻璃搅拌棒。

药品：尿素（mp 132.7℃）、肉桂酸（mp 133℃）、液体石蜡。

四、实验步骤

1. 测定熔点的装置

测定熔点的装置如图17-14所示。该装置是《中华人民共和国药典》采用的方法。

取一个100mL的高形烧杯，置于放有石棉网的铁环上，在烧杯中放入一个玻璃搅拌棒（最好在玻璃棒底端烧一个环，便于上下搅拌，如图17-15），放入约60mL传热液。将装有样品的毛细管橡皮圈或毛细管夹将毛细管固定在温度计上，最后在温度计上端套一软木塞，并用铁夹夹住，将其垂直固定在离烧杯底约1cm的中心处。

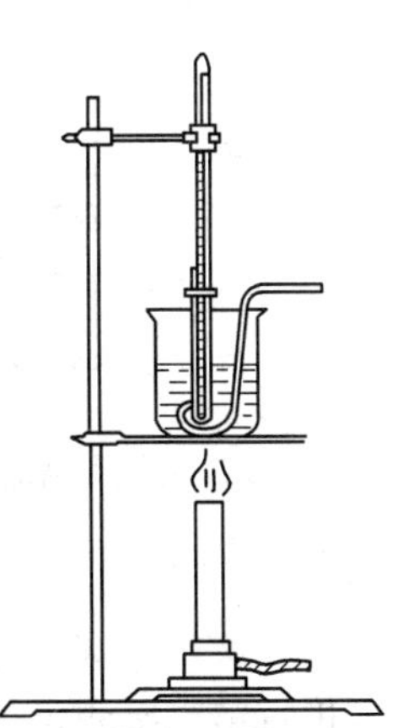
图17-14 测定熔点的装置

2. 传热液的选用

传热液通常为水、液体石蜡、硅油等，可依据被测样品熔点的高低不同来选用。熔点在80℃以下者，用水；熔点在80℃以上者，用硅油或液体石蜡。

3. 样品的填装

取少许干燥样品（约0.1g）置于清洁干燥的表面皿或玻璃片上，用玻璃棒研成细粉，并集中成堆。把毛细管一端封口，然后将毛细管开口一端插入其中，使少许样品进入毛细管中。然后将毛细管封闭端朝下，沿着直立于表面皿的长玻璃管内壁投下，样品即落入管底。如此反复多次操作数次，使粉末紧密集结在毛细管的熔封端。装入样品的高度为3mm。操作应迅速，以防样品吸潮。装入的样品要紧密均匀，没有空隙，否则不易传热，影响测定结果。见图17-16。

每个样品填装三根毛细管。

4. 毛细管的固定

把装有样品的毛细管，用传热液润湿后，使其紧贴温度计旁，样品部分应紧靠温度计水银球的中部，并用橡皮圈固定，见图17-17。注意将橡皮圈的固定点尽可能放高些，以免传热液在受热膨胀后液面升高，腐蚀或溶胀橡皮圈，从而影响实验。

5. 熔点的测定

按图17-14装置完毕，用酒精灯在熔点管的侧末端缓缓加热，开始时每分钟上升5～6℃，加热到距熔点10℃时改用小火。将上面固定好的有样品的毛细管温度计浸入传热液，继续加热，调节升温速率为每分钟上升1.0～1.5℃，加热时须不断搅拌使传热液温度保持均匀，记录供试品在初熔至全熔时的温度，重复测定3次，取其平均值，即得。

在加热时仔细观察温度计所示的温度与样品的变化情况，样品将依次出现“发毛”、“收缩”、“液滴”、“澄清”等现象。当毛细管内样品出现小滴液体（塌落，有液相产生）时，记下此时温度为“初熔”（始熔）的温度；全部样品变为透明澄清液体时表示全部熔融（全熔），

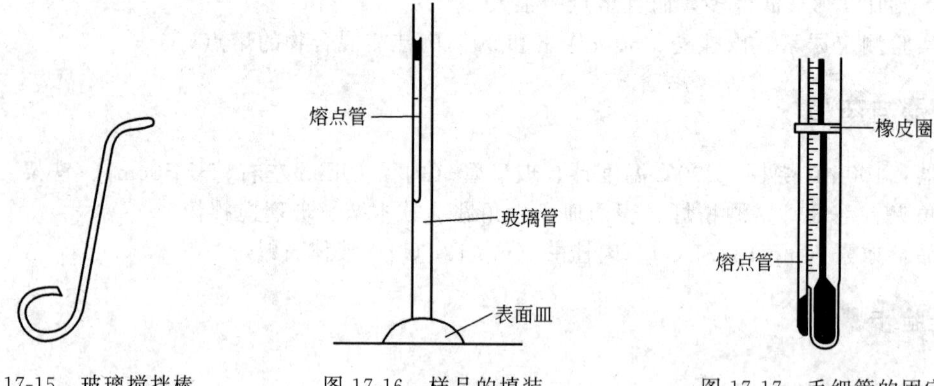

图 17-15 玻璃搅拌棒　　图 17-16 样品的填装　　图 17-17 毛细管的固定

再记此时温度为“全熔”的温度。初熔到全熔的温度即为熔点，两点之差是熔点距。见图17-18。

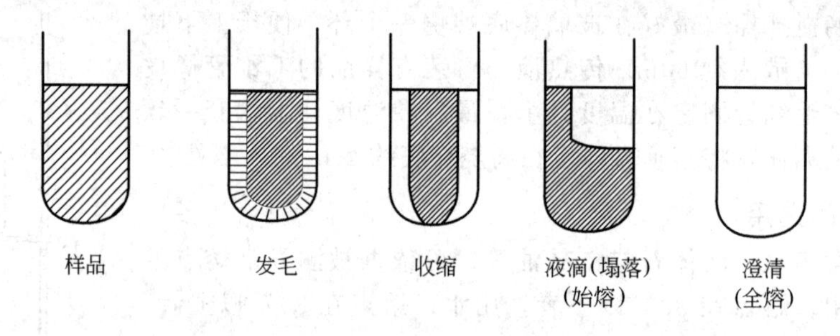

图 17-18 样品熔融过程

进行第二次测定时，须待传热液温度降到熔点以下约 30℃左右，再取另一根装好的新毛细管，按同样的方法加热测定。测定熔点至少要两次，每次须用新的样品管，两次误差不能超过±1℃。测定熔点必须多次练习，方可取得可靠数据。

实验完毕，稍冷取出温度计，用干布或纸擦去其上的油，让其自然冷却至室温后，再用水清洗。

五、实验内容

测定尿素、肉桂酸、50%尿素和50%肉桂酸混合物的熔点。

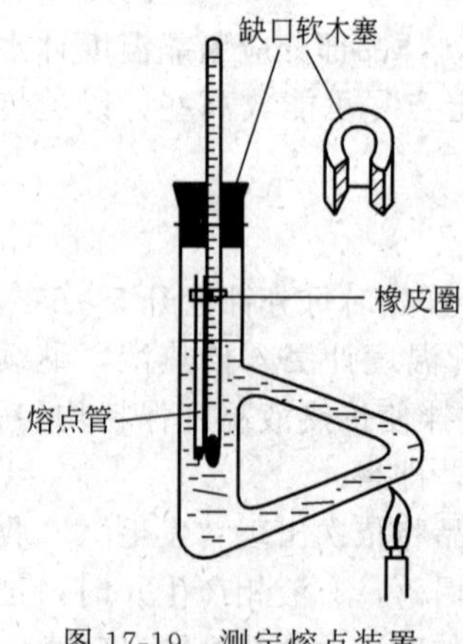

图 17-19 测定熔点装置

六、注意事项

① 用橡皮圈固定毛细管，切勿使其触及传热液，以免污染传热液及橡皮圈被传热液所溶胀。

② 每次测定都必须用新的毛细管另装样品。

③ 传热液要待冷却后方可倒回瓶中。温度计不能马上用冷水冲洗，以免破裂。

④ 误差来源：温度计的刻度，读数，样品（干燥度、细度），装样紧密度，加热速度，观察。

⑤ 测定熔点也可以用图 17-19 所示装置：将齐勒管（又称 b 形管，也叫熔点测定管）夹持在铁架上，烧瓶夹夹在管颈

的上部。管口配有一个带缺口的软木塞，温度计插在木塞中，水银球位于测定管的两侧管之间，传热液加到液面刚能盖住测定管的上侧管口。装有样品的毛细管用小橡皮圈固定在温度计下端，样品部分位于温度计水银球侧面中部。小橡皮圈要在液面上。

七、思考题

① 有两种样品，测定其熔点数据相同，如何证明它们是相同还是不同的物质？为什么？
② 测定熔点时如何选择传热液？
③ 影响熔点测定准确性的因素有哪些？
④ 加热速度的快慢为什么会影响样品的熔点？
⑤ 是否可以使用第一次测熔点时已经熔化了的有机化合物再作第二次测定呢？为什么？

实验三 蒸馏及沸程的测定

一、目的要求

① 掌握蒸馏及沸点测定的方法。
② 熟悉蒸馏的仪器、装置及使用。

二、基本原则

液体的蒸气压随温度升高而增大。当蒸气压增大到与外界大气压相等时液体沸腾，此时的温度称为沸点。液体的沸点随所受到的压力而改变。通常所说的沸点，是指在 101.3kPa（760mmHg）压力下液体沸腾的温度。纯物质一般具有固定的沸点，所以沸点是物质的重要物理常数之一。不纯的物质其沸点往往为一个区间，称为沸点范围或沸程。《中华人民共和国药典》的沸程系指一种液体样品蒸馏，自开始馏出第 5 滴算起，至样品仅剩 3～4mL 或一定比例（90％以上）的容积馏出时的温度范围。纯液体有一定的沸点，且沸程很短（0.5～1℃）。不纯的液体没有固定的沸点，沸程较大。因此，可利用沸程的测定，以鉴定有机化合物的纯度。

所谓蒸馏就是将液体物质加热到沸腾变成蒸气，再将蒸气冷凝为液体这两个过程的联合操作。当一个液体混合物沸腾时，由于沸点较低者先挥发，蒸气中低沸点的组分较多，而留在蒸馏烧瓶内的液体高沸点的组分较多，故通过蒸馏可达到分离和提纯液体化合物的目的。但在蒸馏沸点比较接近的液体混合物时，各物质的蒸气将同时被蒸出，难以达到分离提纯的目的，因此，普通蒸馏只能将两组分沸点相差 30℃以上的化合物分开。蒸馏是分离和纯化液体有机物质最常用的方法之一，也是测定液体有机物质沸程的方法。

本实验用蒸馏法测定酒精的沸程。

三、仪器与药品

仪器：100mL 蒸馏烧瓶、直形冷凝管、温度计（100℃）、接液管、50mL 锥形瓶、50mL 量筒、橡皮塞、橡皮管、水浴锅、铁架台、铁夹、酒精灯、钻孔器、沸石。

药品：95％医用酒精。

四、实验步骤

（一）蒸馏装置及安装

蒸馏装置主要包括蒸馏烧瓶，冷凝管和接收器三部分。

1. 蒸馏烧瓶

蒸馏沸点较低的液体，选用长颈圆底蒸馏烧瓶；蒸馏沸点较高（120℃以上）的液体，选用短颈圆底蒸馏烧瓶。蒸馏烧瓶的大小应按蒸馏物量的多少来选择，一般宜使蒸馏物的体积占蒸馏烧瓶的1/3～2/3。如果装入的蒸馏物过量，受热沸腾时，液体可能冲出或液体泡沫被蒸气带入馏出液中；如果装入的蒸馏物太少，蒸馏结束时，相对会有较多的液体残留于烧瓶中蒸不出来。

2. 冷凝管

冷凝管有直形冷凝管与空气冷凝管。蒸馏沸点低于130℃，选用直形冷凝管用水冷却。冷凝管的下端侧管为进水口，用橡皮管接自来水龙头，上端为出水口，套上橡皮管导入水槽中。上端的出水口应向上，以保证套管内充满水。沸点高于140℃，选用空气冷凝管。蒸馏低沸点液体且须加快蒸馏时，可用蛇形冷凝管。

3. 接收器

常由接液管和锥形瓶构成，两者之间不可用塞子塞住，蒸馏装置应与外界大气相通。

4. 热源

加热时可视液体沸点的高低而选用适当的热源，很少允许直火加热。一般沸点在80℃以下的易燃液体，宜用水浴（其液面始终不得超过蒸馏烧瓶内样品液面）；80℃以上时用直接火焰或其他电热器加热。

5. 沸石的应用

为了消除在蒸馏过程中的过热现象，并保证沸腾平稳，常加入沸石2～3粒。蒸馏装置见图17-20。

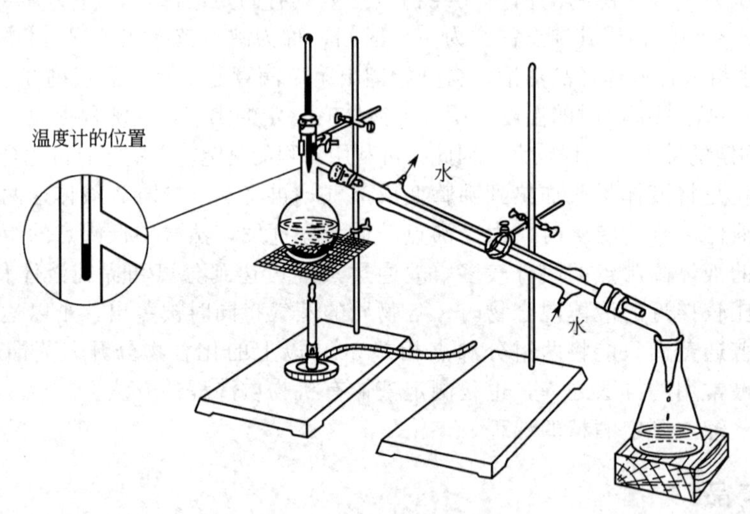

图17-20　蒸馏及沸点测定装置

取一个干燥的大小适度的蒸馏烧瓶，瓶口配上塞子，钻一个孔，插入温度计，将配有温度计的塞子塞入瓶口，温度计汞球的上端与蒸馏瓶出口支管的下壁在同一水平线上，蒸馏时水银球完全被蒸气包围，以便正确测出蒸气的温度。

以铁夹夹住蒸馏烧瓶支管以上的瓶颈，并固定在铁架台上。选择一适合冷凝管上口的塞子，钻一个孔，孔径大小以能紧密地套进蒸馏烧瓶的支管为度，然后把塞子轻轻套入蒸馏烧瓶的支管上。

选择一个接液管口的塞子，钻孔，孔径大小恰好套进冷凝管的下端。用另一个铁架台上的铁夹夹住冷凝管的重心部位（中上部），调整铁架台和铁夹的位置，使冷凝管与蒸馏烧瓶的支管在同一直线。然后沿此直线移动冷凝管使之与蒸馏烧瓶相连，蒸馏烧瓶的支管口应伸出塞子 2～3cm。最后装上接液管和锥形瓶。

组装仪器的顺序一般是：由下到上，由左到右（或由右到左）。即：热源（酒精灯或电炉）→铁圈或三角架（以电炉为热源时可不用）→石棉网或水浴→蒸馏烧瓶→冷凝管（先配上橡皮管）→接液管→接收器。拆卸仪器与安装顺序相反。整套装置要求准齐端正，做到“正看一个面，侧看一条线”。所有的铁夹和铁架台都应尽可能整齐地放在仪器的背部。直角夹的缺口应朝前、朝上，烧瓶夹和冷凝管的螺旋钮向右向上。

（二）蒸馏操作及沸点的测定

1. 加料

通过漏斗或沿着蒸馏烧瓶的颈部（没有支管的一侧），倒入待蒸馏的乙醇，要注意防止液体从支管流出。投入几颗沸石。加入水浴的水。

2. 加热

先慢慢打开水龙头缓缓通入冷水，然后开始加热。加热时可见蒸馏烧瓶中液体逐渐沸腾，蒸气逐渐上升，温度计读数也略有上升，当蒸气达到水银球部位时，温度计读数急剧上升，蒸馏开始。然后调节火焰，使蒸馏速度控制在每秒 1～2 滴。在整个蒸馏过程中，应使温度计水银球上始终保持有被冷凝的液滴，这说明液体与蒸气已处于平衡状态，因此，此时温度计的读数就是馏出液的沸点。

3. 收集馏分和沸点的观察

蒸馏时，在达到待蒸馏物质的沸点前，常有沸点较低的物质先蒸出，这部分馏出液称为“前馏分”。前馏分蒸完，当温度稳定后，再蒸出的物质才是较纯的物质。因此，当有馏出液滴下时，用一个锥形瓶接收，当温度趋于稳定时，换用 50mL 量筒进行接收，记下该馏出液的沸程（即检读自冷凝管开始馏出第 5 滴时和馏出不少于 90%时温度计的读数）。注意不要蒸干，以免蒸馏烧瓶破裂及发生其他意外事故。

4. 蒸馏装置的拆卸

蒸馏完毕，先撤掉热源，然后停止通水，最后拆除蒸馏装置（与安装顺序相反）。

五、实验内容

在 100mL 蒸馏烧瓶中加入 50mL 酒精，测其沸程。

六、注意事项

① 蒸馏烧瓶不应触及水浴锅底部，应保持 1～2cm 距离。水浴液面始终不能超过样品的液面。

② 各个塞子的孔径应尽量紧密套进有关部位，各个铁夹不能与玻璃仪器直接接触，应垫上石棉网或橡皮，且不能夹得太松或太紧，以免损坏仪器。

③ 冷却水的流速不要过快，以能保证充分冷凝即可，水流太急不仅造成水资源浪费，还有可能会冲脱胶管，甚至造成事故。

④ 若直接用电炉加热，开始应该先用小火预热，以免蒸馏烧瓶因局部受热而破裂。

⑤ 蒸馏时，蒸馏烧瓶的支管不能插入冷凝管太多，否则有可能因为支管口的骤冷导致

支管口破裂。

⑥ 止暴剂一般是表面多孔、能吸附空气、与被蒸馏物不反应的固体颗粒或小块状物质，如：素磁片、磨砂玻璃珠、碎玻璃屑等。如果加热前忘了加止暴剂，补加时须先移去热源，待液体温度至沸点以下后方可加入；如中途停止蒸馏，应在重新加热前加入新的止暴剂。

七、思考题

① 当加热后有馏出液蒸出时，才发现冷凝管未通水，应如何处理？为什么？

② 沸石的作用是什么？加热后才发现未加沸石，应如何处理才安全？当重新进行蒸馏时，用过的沸石能否继续使用？

③ 试述下列因素对常压蒸馏中测得的沸点的影响。

a. 温度控制不好，蒸出速度太快。

b. 温度计水银球上缘高于或低于蒸馏烧瓶支管下缘的水平线。

④ 如果测得液体具有恒定的沸点，那么能否认为它是纯净物质？

实验四　重结晶

一、目的要求

① 掌握配制饱和溶液、抽气过滤、趁热过滤的方法，并学会菊花形滤纸的折叠方法。

② 熟悉用重结晶法纯化有机化合物的原理、方法。

二、基本原则

利用被纯化物质和杂质在溶剂中的溶解度不同，来达到分离纯化目的的方法叫重结晶。

固体有机化合物在溶剂中的溶解度与温度有关。温度升高，通常能增大其溶解度；相反，则降低溶解度。若把不纯的固体有机物质溶解在热的溶剂中制成饱和溶液，趁热过滤（必要时须经脱色）除去杂质，再把滤液冷却，则原来溶解的固体由于溶解度降低而析出结晶。过滤后所得的滤液称为母液，所得的结晶即为纯化的物质。有时这种操作必须反复进行，才能获得纯品。

三、仪器与药品

仪器：150mL 烧杯、250mL 抽滤瓶、150mL 锥形烧瓶、保温漏斗、布氏漏斗、水泵（或油泵）、短颈玻璃漏斗、滤纸、铁架、酒精灯、表面皿、50mL 量筒、玻璃棒、石棉网、托盘天平。

药品：粗制乙酰苯胺、活性炭。

四、实验步骤

（一）配制热饱和溶液

用水作溶剂时，可用烧杯作容器，其他溶剂常选用锥形瓶或圆底烧瓶。待纯化的物质与溶剂混合加热溶解时。为避免溶剂挥发损失，一般溶剂的实际用量比需要用量多20%左右。

在使用可燃性的低沸点溶剂时，为防止溶剂的挥发损失或引起着火，应在烧瓶上装回流冷凝管，添加溶剂可以从冷凝管的上口加入。

（二）脱色

不纯的粗制品往往含有色杂质或树脂状物质，会影响晶体的外观质量，甚至妨碍结晶，所以常常加活性炭进行脱色。活性炭的用量，一般是粗制品重量的1%～5%，如果一次脱色不好，可用新的活性炭再脱色一次。活性炭不能在溶液正在或接近沸腾时加入！以免溶液暴沸溢出，造成危险。加入活性炭后，要不断搅拌（如果在回流装置中脱色，改为不断振摇），使活性炭与杂质充分接触而提高效率。然后趁热过滤，滤液必须澄清，滤液中如还有活性炭或其他固体杂质的存在，应予重滤。

（三）趁热过滤

经过脱色处理的溶液，要除去不溶性杂质和活性炭，必须趁热进行过滤，过滤速度越快越好，否则，较多的晶体就会在滤纸上析出，堵塞滤纸孔隙，造成过滤困难和产物损失。

为了加快过滤速度，一是采用保温漏斗，二是使用菊花形滤纸。

1. 把滤纸折成菊花形

如图 17-21 所示。

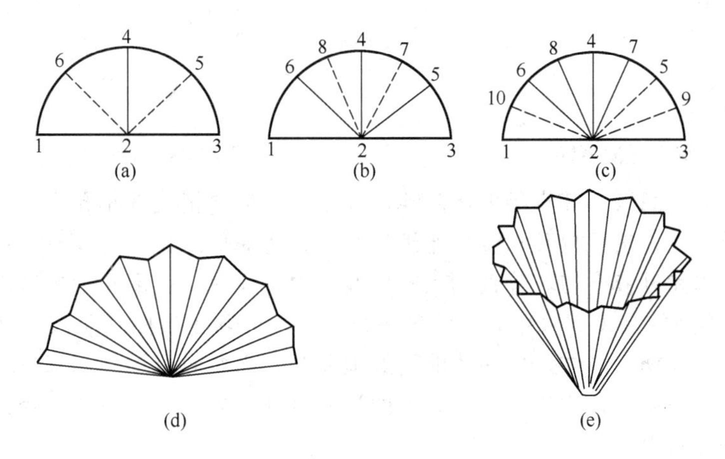

图 17-21　菊花形滤纸的折法

将选定的滤纸折成半圆形后，先向内折成 4 等份，再按图 17-21(b)、(c) 顺序向同一方向折成 8 等份，然后在 8 等份的每个小格中间从相反方向折成 16 等份，如同折扇一样，最后在 1、2 和 2、3 处各向内折一小折面，展开即成菊花形滤纸。在折叠时，折痕不要折到纸的中心，以免在过滤时因滤纸中心破裂而妨碍工作。

2. 用保温漏斗过滤

热水从上面的加水口注入保温漏斗的夹层中，用夹子固定在铁架上，加入短颈玻璃漏斗，再放入菊花形滤纸，注意滤纸的边缘应比漏斗边低一点。用酒精灯在保温漏斗的侧管上加热，按常法过滤。装置如图 17-22 所示。除了水溶液可以用烧杯接收外，其他都应贮存在小口容器如锥形烧杯中。滤液用洁净的软木塞塞紧保存，放冷时结晶析出。

（四）冷却结晶

冷却结晶时一般是在室温下自然冷却。当溶液降至室温，析出大量结晶后，可用冰水进一步冷却，以析出更多晶体。注意切不可一开始就置于冰水浴中冷却，因为这样虽然冷却速度快，结晶迅速，但这样得到的晶体颗粒很小，总表面积较大，吸附的杂质也较多。

若结晶不易析出，可采取以下方法促进析出。

① 用玻璃棒摩擦容器壁。

② 放进少许晶种

③ 用冷水或冰浴冷却。

（五）抽滤

结晶析出后，抽气过滤（简称抽滤），它可以加快过滤速度，并使晶体与母液分离得较完全，所得晶体较干燥。抽气过滤装置一般由布氏漏斗、抽滤瓶、安全瓶、真空泵四部分组成。装置如图 17-23 所示。

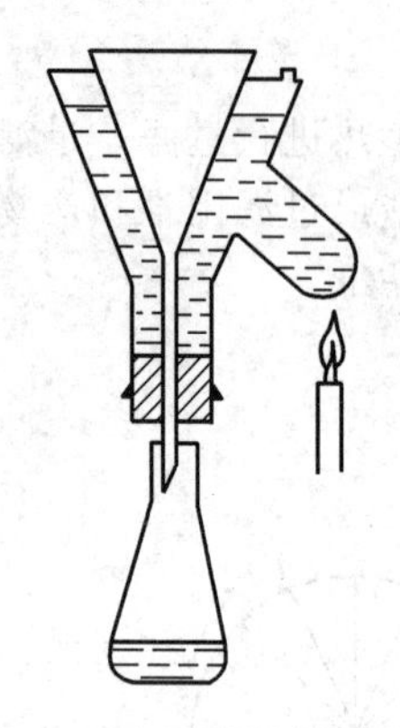

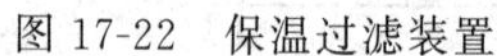

图 17-22 保温过滤装置

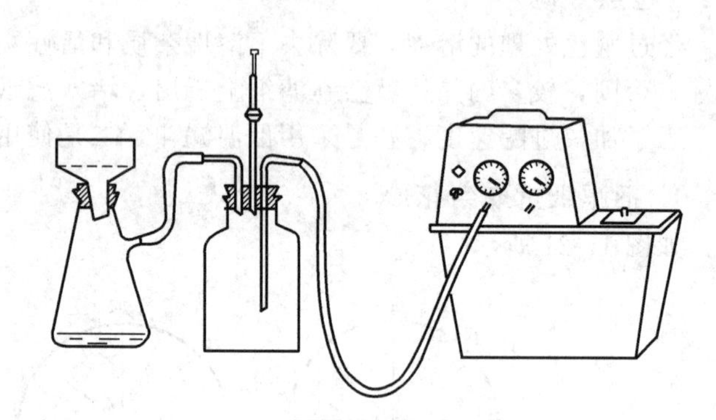

图 17-23 抽滤装置

在布氏漏斗上铺滤纸，其直径要比漏斗内径略小，但要把底部小孔全盖住。抽滤前先用少量溶剂把滤纸湿润，然后打开水泵将滤纸吸紧，以防晶体从滤纸边缘吸入抽滤瓶中。抽滤时用玻璃棒将晶体和母液搅匀，分批倒入布氏漏斗中，注意布氏漏斗中的液面不能超过其深度的 3/4。抽滤得到的晶体可以用同一溶剂进行洗涤，以除去吸附的母液。洗涤时加入少量溶剂，以玻璃棒轻轻松动晶体，使晶体能更好地分开，必要时可用玻璃塞或玻璃钉在晶体表面用力挤压。停止抽滤时，要先把安全瓶上的活塞打开后再关闭真空泵，否则真空泵中的水有可能倒吸入安全瓶内。

（六）结晶的干燥

将经洗涤抽干的结晶连同滤纸转移到表面皿上，盖上干净滤纸，晾干，熔点高的可烘干。

五、实验内容

称取 5g 粗乙酰苯胺，放于烧杯中，加 50mL 蒸馏水，加热煮沸，直至乙酰苯胺全部溶解。若不溶，可适当添加少量热水，待稍冷，加入适量活性炭（约 0.3g），再煮沸 5min，趁热用短颈玻璃漏斗及保温漏斗以菊花形滤纸过滤。滤液集中到一洁净的烧杯中，室温放置冷却，使乙酰苯胺结晶析出。待结晶完全析出后，用布氏漏斗抽滤，并用玻璃塞挤压晶体，尽量抽干母液。然后从抽滤瓶上拔去橡皮管，停止抽气，在布氏漏斗上加少量冷蒸馏水，使结晶浸没，用玻璃棒小心搅匀，再抽滤至干。如此反复洗涤两次，转移结晶在一表面皿上晾干，或在 100℃以下烘干后称量。

六、注意事项

① 配制热饱和溶液时，用水作溶剂可用明火直接加热。若使用易燃溶剂时，禁止明火加热，一般除高沸点溶剂外，用水浴加热。

② 不可向沸腾的溶液加入活性炭，以免溶液暴沸，冲出容器。一定要等溶液稍冷后方可加入。

③ 抽滤时，抽滤瓶的液体不应超过其容积的2/3，否则瓶中液体易抽入安全瓶中。

七、思考题

① 重结晶的原理是什么？一个理想的溶剂应该具备哪些条件？

② 在布氏漏斗上洗涤结晶时应注意什么？停止抽滤前，如不先拔下连接抽滤瓶与水泵的橡皮管就关闭水泵，会发生什么问题？

③ 为什么活性炭要待固体物质完全溶解后才能加入？为什么不能在溶液沸腾时加入？

④ 促进结晶析出的方法有哪些？

⑤ 如何证明经重结晶的产品是纯粹的？

实验五 萃取

一、目的要求

① 掌握萃取的操作方法。

② 了解萃取的原理和应用。

二、基本原理

萃取是利用物质在两种互不相溶的溶剂中溶解度的不同，使物质从一种溶液转溶到另一种溶剂中的一种操作。它是提取和纯化有机化合物的一种常用的方法。

萃取通常分为液-液萃取和液-固萃取。

液-液萃取是利用物质在互不相溶或微溶的两种溶剂中溶解度或分配比的不同来达到分离、纯化目的的一种操作。假设A和B是互不相溶的两种溶剂，有一种物质x溶解在A中形成溶液，现在把B溶剂（萃取剂）加入到该溶液中，充分混合后，在一定温度下，当达到平衡时，物质x就在A与B两种溶剂中的浓度之比为一常数，这就是“分配定律”。可写出公式：

$$\frac{\text{x在溶剂A中的浓度}}{\text{x在溶剂B中的浓度}}=K$$

式中，K为分配系数，为一常数，它可近似看作物质x在A和B两种溶剂中溶解度之比。

实验证明，萃取时为了提高萃取效率及节省溶剂，需把溶剂B分成几份作多次萃取，这种方法比用全部量的溶剂作一次萃取的效果好。经过反复多次萃取，x物质极大部分就从A溶剂转移到B溶剂中，即被萃取出来。

液-固萃取的原理是利用固体样品中被提取的物质和杂质在同一液体溶剂中溶解度的不同而达到提取和分离的目的。

三、仪器与药品

仪器：125mL分液漏斗、20mL量筒、100mL锥形瓶、100mL烧杯、点滴板。

药品：5%苯酚水溶液、乙酸乙酯、1%三氯化铁溶液。

四、实验步骤

(一) 液-液萃取

1. 实验前的准备工作

最常使用的萃取器皿为分液漏斗。操作时应选择容积较液体体积大 1～2 倍的分液漏斗，将分液漏斗的活塞和玻璃塞用橡皮圈套扎在漏斗上，把活塞擦干并将活塞的粗端抹上一薄层凡士林；再在活塞的孔道细端内涂上一薄层凡士林（与活塞的方向相反）；然后塞好活塞，向同方向旋转至透明，即可使用。

2. 萃取操作

将分液漏斗放在固定于铁架台上的铁圈中，关好活塞，将溶液和萃取剂（萃取剂的用量一般为溶液体积的 1/3）由分液漏斗上口依次倒入，盖好玻璃塞（此玻璃塞不能涂凡士林，塞好后旋紧，以免漏液），取下分液漏斗振摇，使两液相充分接触，振摇方法如图 17-24(a) 所示。以右手手掌顶住漏斗塞子，手指握住漏斗的颈部；左手握住漏斗的活塞部分，大拇指和食指按住活塞柄，中指垫在塞座下边。开始时振摇要慢，每摇几次后，使漏斗的活塞部分向上（朝向无人处）呈倾斜状态，打开活塞放出因振荡产生的气体，称为“放气”，如图 17-24(b)。如不经常放气，漏斗中的压力增大，有可能顶开玻璃塞而造成漏液。如此重复至放气时只有很小压力后，再用力振摇 2～3min，然后将分液漏斗放在铁圈中静置。如图 17-25。待液体分成清晰的两层后，打开玻璃塞，把分液漏斗的下端靠在接收器的内壁上，打开活塞，使下层液体流出，当液面间的界限接近活塞时，关闭活塞静置片刻，再把下层液体仔细放出。然后将余下的上层液体自上口倾入另一容器，切不可也由活塞放出，以免被漏斗颈中的残液所污染。将被萃取溶液（假设在下层）倒回分液漏斗中，再用新的萃取剂重复上述操作。萃取次数依据分配系数而定，一般 3～5 次为宜。

(二) 液-固萃取

通常用索氏提取器进行液-固萃取。索氏提取器，又名脂肪提取器，如图 17-26。

首先把固体物质粉碎研细，放在圆柱形滤纸筒中。滤纸筒的直径小于索氏提取器的内径，其下端用细绳扎紧，其高度介于索氏提取器外侧的虹吸管和蒸气上升用支管口之间。索氏提取器下口与盛有萃取溶剂的圆底烧瓶连接，上口与回流冷凝管相连，向圆底烧瓶中投入几粒沸石，开始加热，溶剂蒸气经蒸气上升管进入冷凝管，冷凝后回流到提取管中，当提取管中的溶剂液面超过虹吸管上端时，提取液自动流入烧瓶中（这一过程称“虹吸”）。就这样溶剂回流和虹吸循环不止，直至把所要提取的物质大部分收集到下面的烧瓶里。

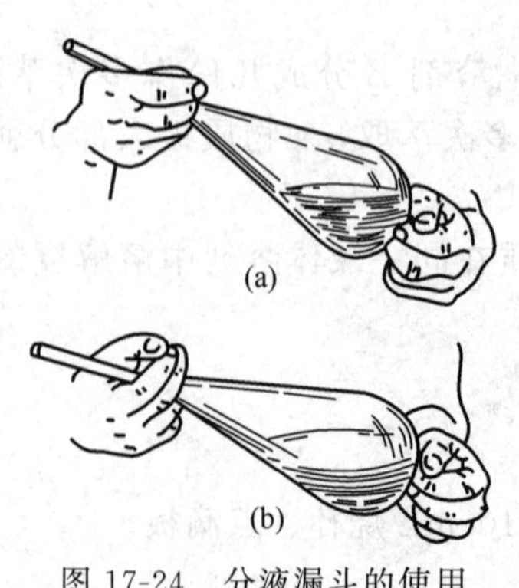

图 17-24　分液漏斗的使用

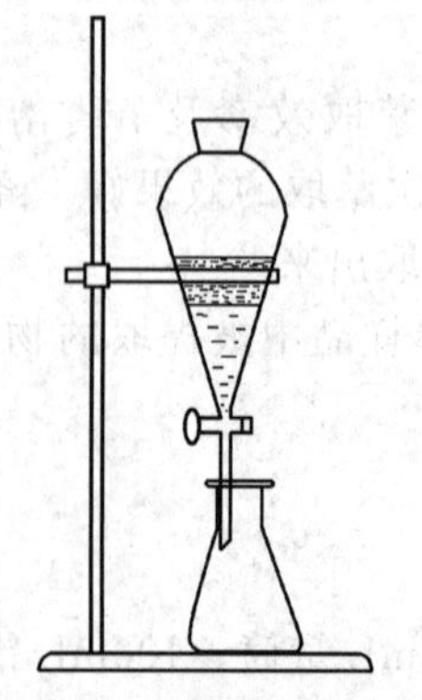
图 17-25　混合液的静置

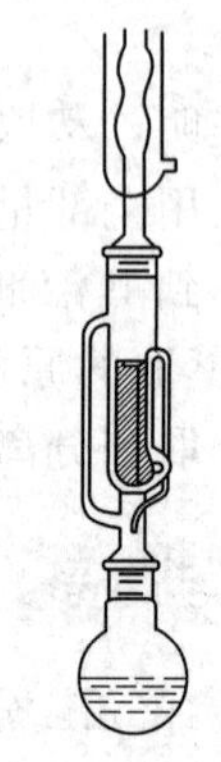
图 17-26　索氏提取器

五、实验内容

（一）用乙酸乙酯从苯酚水溶液中萃取苯酚

取5%苯酚水溶液20mL，加入分液漏斗中，再加入10mL乙酸乙酯，盖好玻璃塞。按上述方法振摇和放气，当放气至很小压力时，再剧烈振摇2～3min。静置，当液体分成清晰的两层后，将下层水溶液从下口放入一烧杯中，上层乙酸乙酯从上口倾入一锥形瓶中。然后将经分离后的下层水溶液倒入分液漏斗中，再用5mL乙酸乙酯萃取一次，分出两层。合并两次乙酸乙酯提取液。

取未经萃取的5%苯酚溶液和萃取后的下层水溶液各2滴于点滴板上，各加1%三氯化铁溶液1～2滴，观察对比各颜色的深浅。

（二）用乙醇提取苦参中苦参总碱（选做内容）

① 正确组装索氏提取器装置。

② 称取5g苦参（粉末），用滤纸包好，放在提取器中，量取100mL乙醇倒入烧瓶中，加0.5mL浓盐酸。

③ 冷凝管通水后，加热水浴，进行回流。

④ 待回流及虹吸数次后（约0.5h），停止加热，冷却溶液，加氨水使呈碱性，装上蒸馏装置，蒸干溶剂乙醇，将全部溶剂倒入回收瓶中。烧瓶底的残留物即为苦参总碱。

⑤ 苦参碱的检验。在烧瓶的残渣中加入2mL蒸馏水、1滴盐酸溶液后倒入试管中，再加2滴碘化铋钾，有红色沉淀生成，证明苦参碱存在。

六、注意事项

使用分液漏斗时应注意的问题如下：

① 不能把活塞上涂有凡士林的分液漏斗放在烘箱内烘干。

② 不能用手拿分液漏斗的下端。

③ 不能用手拿着分液漏斗进行液体分离。

④ 上下两层液体必须分别从上下两口倒出。

⑤ 分液漏斗用后应洗净，玻璃塞裹以薄纸塞回去。

⑥ 在萃取或洗涤时，不要丢弃任何一个液层，最好保留至实验结束，以防出现差错，无法补救。

苦参为常用中药，苦参中含有11种生物碱。生物碱一般不溶于或难溶于有机溶剂，如乙醇、氯仿等，生物碱的盐多数溶于水而不溶于有机溶剂。生物碱多数溶于酸性溶液中，可用于提取生物碱。本实验苦参总生物碱的提取就是利用生物碱可溶于酸醇的原理，用索氏提取器将生物碱从固体中草药中提取出来。生物碱可与某些生物碱沉淀剂发生反应生成有色沉淀，利用此性质可初步鉴定生物碱的存在。

七、思考题

① 若用下列溶剂萃取水溶液，它们将在上层还是下层？乙醚、氯仿、己烷、苯。

② 怎样正确使用分液漏斗？怎样进行萃取？怎样才能使两层液体分离干净？

③ 分液时，上层液体是否可以从漏斗下口放出？为什么？

④ 实验中三氯化铁显色的深浅说明什么问题？

实验六　减压蒸馏

一、目的要求

① 掌握减压蒸馏装置的安装和减压蒸馏的操作方法。

② 熟悉减压蒸馏的主要仪器设备。

③ 了解减压蒸馏的原理及应用。

二、基本原理

液体的沸点与外界压力有关，且大气压降低，液体的沸点也随之降低。一些沸点较高或性质不稳定的有机物质在加热还未达到沸点时往往发生分解或氧化现象，故不能用常压蒸馏进行分离提纯，而使用减压蒸馏可避免这种现象的发生。由于蒸馏系统内的压力减少，液体的沸点降低，这样就可以在比较低的温度下进行蒸馏，即减压蒸馏。减压蒸馏是分离提纯沸点较高或性质比较不稳定的液态有机物的重要方法。许多有机化合物的沸点在压力降低到1.33～2.0kPa（10～15mmHg）时，可比其在常压下的沸点降低80～100℃。某些遇水分解不宜采用水蒸气蒸馏的有机物，也可利用减压蒸馏进行分离。

三、仪器与药品

仪器：克氏蒸馏瓶、直形冷凝管、水泵、抽滤瓶、蒸馏烧瓶、温度计、抗暴沸毛细管、橡皮塞、水浴锅、酒精灯、水银压力计。

药品：乙酰乙酸乙酯。

四、实验步骤

（一）减压蒸馏装置

常用的减压蒸馏装置如图17-27所示，可由蒸馏、抽气（减压）、保护和测压三部分组成。

1. 蒸馏部分

由克氏蒸馏瓶1、冷凝管、接收器2、抗暴沸毛细管3、螺旋夹4等组成。克氏蒸馏瓶有2个颈，其主要优点是可以防止液体沸腾时由于暴沸或泡沫的发生而冲入冷凝管中。瓶的一个颈中插入温度计，另一颈中插入一根抗暴沸毛细管，使其下端距瓶底1～2mm。玻璃管的上端套一带螺旋夹的橡皮管，螺旋夹用以调节进入的空气量，减压时使空气细流进入液体冒出连续的小气泡，作为液体沸腾的汽化中心，避免暴沸跳溅，使蒸馏平稳进行。接收器用圆底烧瓶或抽滤瓶。

2. 抽气部分

通常使用的减压用抽气泵有水泵和油泵两种。在不需很低压力时可用水泵，水泵可把压力降至水温下的水蒸气压，如水温在25℃、20℃、10℃时，水蒸气压分别为3.2kPa、2.4kPa、1.2kPa（24mmHg、18mmHg、9mmHg）。水泵的抽气效能虽然不很高，但价格便宜，使用方便。若需要较低的压力，就要用油泵，好的油泵能抽至0.01kPa。

3. 保护和测压部分

主要由冷却阱、水银压力计、安全瓶、净化塔等组成。

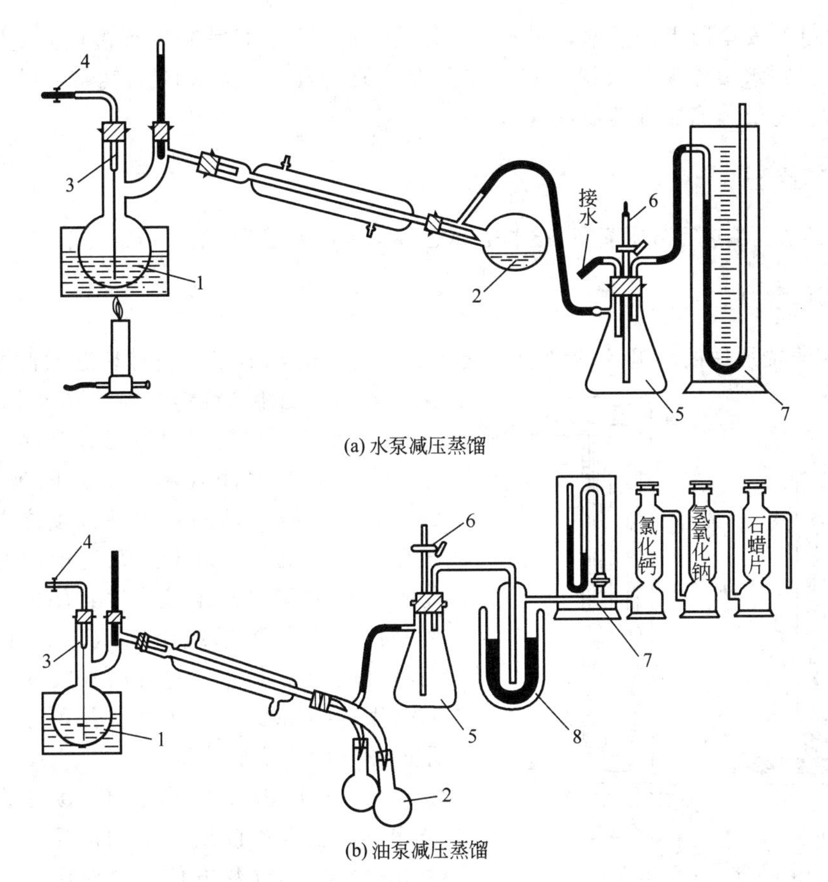

图 17-27　减压蒸馏装置

1—克氏蒸馏瓶；2— 接收器；3—抗暴沸毛细管；4—螺旋夹；5—安全瓶；6—两通活塞；7—压力计；8—冷却阱

减压蒸馏时，在泵前应接一个安全瓶 5，瓶口的两通活塞 6 供调节系统压力及放气之用。当用油泵减压时，为了防止易挥发的有机溶剂、酸性物质及水汽进入油泵，必须在馏出液接收器与油泵间顺次安装冷却阱 8 和几种吸收塔，以免污染油泵和腐蚀机件。

(二) 减压蒸馏操作

1. 准备工作

仪器安装好后，检查减压系统能否达到所要求的压力。检查方法为：关闭安全瓶上的活塞，旋紧克氏蒸馏瓶上毛细管的螺旋夹，然后抽气，观察压力是否达到实验要求。如达不到实验要求，可检查各部分塞子和橡皮管的连接是否紧密等。必要时可涂少许熔融的固体石蜡(注意密封应在解除真空条件下进行)。检查合格后，慢慢打开安全瓶上的活塞，放入空气，直至内外压力相等。

2. 减压蒸馏操作

打开克氏蒸馏瓶的中间瓶口，通过漏斗倒入乙酰乙酸乙酯，蒸馏也不能超过蒸馏瓶容量的 1/2。打开水泵或油泵抽气，慢慢关闭安全瓶活塞，控制压力慢慢下降。调节毛细管上的螺旋夹，使进入烧瓶的气泡连续平稳。开启冷凝水，选用合适的热浴加热进行蒸馏。收集所需温度和压力下的馏分。加热时克氏蒸馏瓶的圆球部位至少应有 2/3 浸入浴液中。在浴液中放一温度计，控制加热速度，蒸馏速度以每秒 1～2 滴为宜。

蒸馏结束或蒸馏过程中需要中断时，应先移去热源和热浴，再慢慢旋开毛细管的螺旋夹，并慢慢打开安全瓶上的活塞，平衡内外压力，使压力计的水银柱缓慢地回复原状，不可放得太快，否则水银柱上升很快，有冲破压力计的危险。然后关闭抽气泵，最后拆除接收器、冷凝管、克氏蒸馏瓶等其他仪器。

五、实验内容

用乙酰乙酸乙酯进行减压蒸馏。乙酰乙酸乙酯的沸点为88℃（3.99kPa）或78℃（2.4kPa）。

六、注意事项

① 减压蒸馏所用的玻璃仪器必须是硬质的，耐压的，不能使用有裂缝或薄壁的玻璃仪器，如平底烧瓶、锥形瓶等，以防止爆炸伤人。

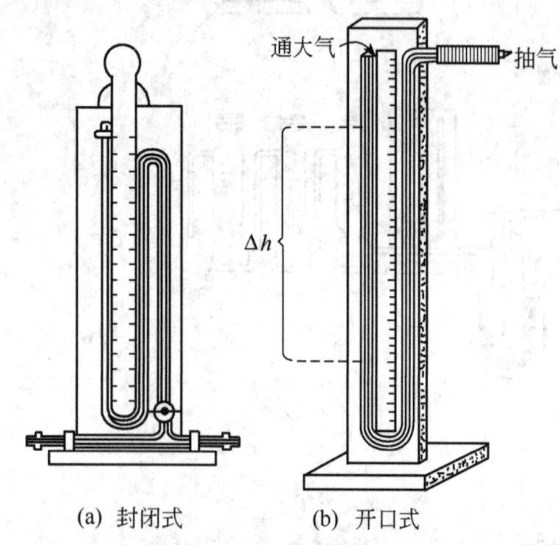

图 17-28　水银压力计

② 实验室常用水银压力计来测量压力系统中的压力，有封闭式和开口式两种，见图17-28。开口式压力计两臂汞柱高度之差，即为大气压力与系统压力之差。系统内的实际压力应是大气压力减去此汞柱差。封闭式压力计，两臂高度之差即为系统中的压力。测定压力时，可将玻璃管后木座上的滑动标尺的零点调整到右臂汞柱顶端线上，这时左臂汞柱顶端线所指示的刻度即为系统的压力。

开口式压力计装汞方便，读数准确，但较笨重，不能直接读出系统内的压力。封闭式压力计较轻便，读数方便，但使用时应注意勿使杂质进入压力计，汞柱中也不能有小气泡，影响测定结果。

③ 减压蒸馏的整个系统必须保持密封不漏气，所用橡皮塞的大小及孔道都需十分合适，质量较好，橡皮管要用厚壁耐压的，各磨口玻璃塞涂上真空脂。

④ 蒸馏过程中，应密切注意温度和压力，注意蒸馏情况，记录好压力、沸点等数据。不得直火加热，否则会产生严重的暴沸现象。应根据被蒸馏液体的沸点和性质选择热浴，也可使用电热套。

⑤ 本实验应在教师指导下认真操作，初学者未经教师同意，不得擅自单独操作。

七、思考题

① 减压蒸馏适用于什么情况？它与普通蒸馏有什么不同？
② 减压蒸馏中为什么要插一根毛细管？
③ 为什么减压蒸馏要先调好所需的压力，然后再加热蒸馏？
④ 减压蒸馏中怎样才能使装置严密不漏气？如何检查？
⑤ 减压蒸馏的开始和结束应按什么顺序进行操作？

实验七　水蒸气蒸馏

一、目的要求

① 掌握水蒸气蒸馏的装置及操作方法。

② 了解水蒸气蒸馏的原理及其适用范围。

二、基本原理

在不溶或难溶于水但具有一定挥发性的有机物中通入水蒸气，使有机物在低于100℃的温度下随水蒸气蒸馏出来，这种操作过程称为水蒸气蒸馏。它是分离、提纯有机化合物的重要方法之一。尤其适用于下列几种情况。

① 混合物中含有大量树脂状杂质或不挥发性杂质的有机物。

② 沸点较高易分解的有机物质。

③ 从固体较多的反应混合物中分离被吸附的液体。

④ 提取植物中的挥发油组分。

当水与不溶于水的有机物质一起共热时，根据道尔顿分压定律，整个体系的蒸气压应为各组分蒸气压之和。可用公式表示为：

$$p_{混合物}=p_{水}+p_{有机物}$$

式中，$p_{混合物}$为总蒸气压；$p_{水}$为水蒸气压；$p_{有机物}$为与水不相溶或难溶物质的蒸气压。

当p与大气压相等时，混合物就沸腾。很明显，混合物的沸点是低于任何一个组分沸点的。所以应用水蒸气蒸馏，可以把高沸点的有机物质在常压且低于100℃的温度下与水一并蒸出，除去水分，就得到高沸点的有机物质。

在馏出物中，随水蒸气一并馏出的有机物质与水的质量（$m_{有机物}$和$m_{水}$）之比，等于两者的分压（$p_{有机物}$和$p_{水}$）分别和两者的摩尔质量（$M_{有机物}$和$M_{水}=18$）的乘积之比。所以馏出液中有机物质与水的质量之比可按下式计算：

$$\frac{m_{有机物}}{m_{水}}=\frac{p_{有机物}M_{有机物}}{p_{水}\times 18}$$

三、仪器与药品

仪器：水蒸气发生器、40～50cm长玻璃管、250mL长颈圆底烧瓶、125mL锥形瓶、T形管、螺旋夹、水蒸气导管、馏出导管、直形冷凝管、接液管、橡皮塞、酒精灯、石棉网。

药品：冬青油。

四、实验装置

实验室常用的装置如图17-29所示。主要由水蒸气发生器、蒸馏部分、冷凝部分和接收器组成。

水蒸气发生器一般是铜制的（也可用圆底烧瓶代替），内插一根40cm左右的长玻璃管（直径约为5cm）作安全管，其下端接近容器底部，以调节内压。器内盛水量一般以容积的2/3为宜，另加数粒沸石。长颈圆底烧瓶作蒸馏瓶，斜放桌面使成45°，可防止水蒸气通入时飞溅的液体被带进冷凝管中。烧瓶内液体不宜超过1/3。水蒸气导管（直径约8mm）应插在接近烧瓶底部。馏出导管（直径约9mm）一端插入烧瓶中，露出塞子约5mm，另一端与冷凝管相接。

水蒸气发生器的支管与水蒸气导管之间装一个T形管，其支管上套一段短橡皮管，用螺旋夹旋紧。T形管可用来除去水蒸气中冷凝下来的水，也可在发生不正常情况时，立刻打开夹子，使与大气相通，保证安全。为了减少蒸气冷凝，应尽量缩短水蒸气发生器与圆底烧瓶间的距离。

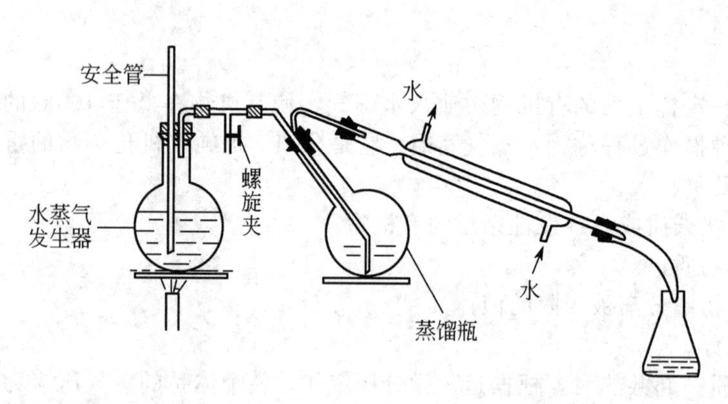

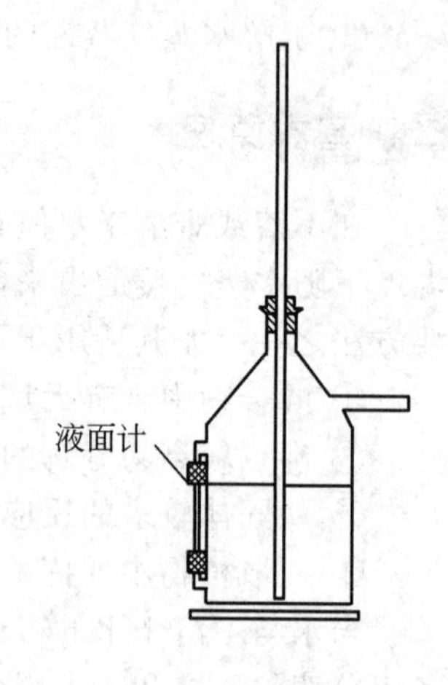

图 17-29　水蒸气蒸馏装置

五、实验内容

将被蒸馏物冬青油倒入蒸馏瓶中，加入水。在水蒸气发生器内加入水和几粒沸石。按图17-29 所示装好仪器，接通冷凝水。先打开 T 形管的螺旋夹，加热水蒸气发生器。用小火加热蒸馏瓶，当有大量水蒸气从 T 形管的支管冲出时，立即旋紧螺旋夹，水蒸气进入蒸馏瓶，开始蒸馏。注意防止蒸馏瓶内发生蹦跳现象，蒸馏速度应控制在每秒钟 2～3 滴，若速度过快可停止加热。当馏出液呈澄清透明时，即停止蒸馏。首先打开螺旋夹与大气相通，再停止加热。依次拆下接收器、冷凝管、圆底烧瓶等。

馏出液用分液漏斗分离得到冬青油。将所得冬青油加干燥剂除去残存的水分，然后再蒸馏提纯。

六、注意事项

① 水蒸气发生器内盛水量宜占其溶剂的 2/3 为宜，太满时沸腾后会将水直接冲入圆底烧瓶内。

② 蒸馏烧瓶中液体的体积不宜超过其容积的 1/3，过多容易从馏出导管中冲出。

③ 在中断蒸馏时或蒸馏完毕后，不能先移水蒸气发生器的火源，应先打开螺旋夹与大气相通，再停止加热，以防烧瓶中的液体倒吸入水蒸气发生器。

④ 水蒸气导管应小心地插到接近圆底烧瓶的底部，以便水蒸气和被蒸馏物质充分接触并起搅动作用。

七、思考题

① 适用水蒸气蒸馏的物质应具备什么条件？

② 水蒸气蒸馏的原理是什么？为什么可以使一些高沸点而不稳定的有机物免于因蒸馏而破坏？

③ 如何判断水蒸气蒸馏是否已完成？

④ 装置水蒸气发生器和蒸馏器时应注意什么？

⑤ 进行水蒸气蒸馏时，水蒸气导入管的末端为什么要插入到接近于容器底部？

实验八 无水乙醇的制备

一、目的要求

① 掌握用离子交换树脂制取无水乙醇的原理和方法。

② 了解阳离子交换树脂的转型方法和树脂的性能。

二、基本原理

在实验室中，制备无水乙醇可用离子交换树脂脱水法、氧化钙法或分子筛法。

阳离子交换树脂是一种透明或半透明的球状颗粒，不溶于水，能吸水而溶胀，可吸收自身质量50%左右的水分，具有较强的脱水能力，使含有一定水分的乙醇与干燥的K^+型树脂接触，即可除去乙醇中的水分。

三、仪器与药品

仪器：色谱柱（15mm×300mm）、50mL烧杯、蒸馏烧瓶、100mL锥形烧瓶、直形冷凝器、干燥管、接液管、电炉、水浴锅、铁夹、烘箱、干燥器等。

药品：732型强酸性阳离子交换树脂、氯化钾、盐酸、蒸馏水、95%乙醇、焙烧过的无水硫酸铜、无水氯化钙。

四、实验步骤

1. 树脂的预处理

732型强酸性阳离子交换树脂（H^+型，若为Na^+型，要转化为H^+型，方法是将Na^+型树脂用10% HCl浸泡过夜）用蒸馏水或去离子洗涤数次，将碎片、杂质除去，然后用近饱和的氯化钾溶液浸泡过夜（或连续搅拌2～3h），倾去溶液，用蒸馏水（或去离子水）洗至中性（即已转为K^+型树脂），滤干，在110℃下烘干3～4h，放入干燥器中备用。

2. 无水乙醇的制备

无水乙醇的制备装置见图17-30。取一根长300mm、内径15mm的干燥色谱柱（或滴定管），加入20mL 95%乙醇，慢慢加入已烘干的732型强酸性阳离子交换树脂（K^+型），其高度一般为柱高的3/4，填充均匀。静置15min，打开活塞弃去3mL乙醇，接着将柱中全部乙醇放入干燥的蒸馏烧瓶中，安装好蒸馏装置（仪器均要干燥），用抽滤瓶或蒸馏烧瓶作接收器，其支管上接一干燥管，使与大气相通，蒸去前馏分后，开始接收沸点产物，直至几乎无液滴流出为止。量其体积，再加3mL乙醇的体积，即为乙醇的产量，计算回收率，密闭贮存。

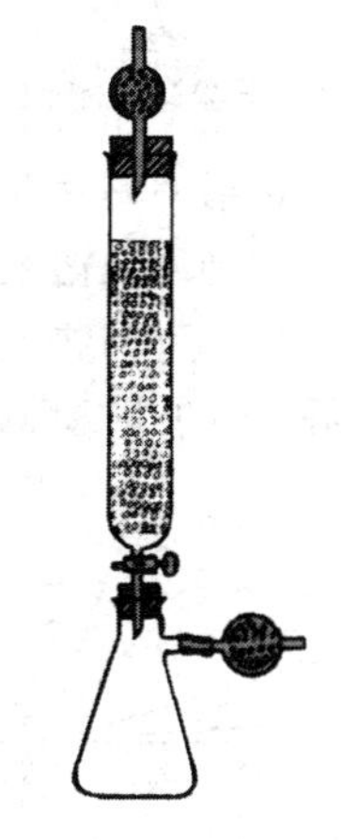

图17-30 无水乙醇的制备装置

3. 水分的检查

取1支干净的试管，加入制得的无水乙醇2mL，随即加入少量的无水硫酸铜粉末，如果乙醇中含有水分，则无水硫酸铜变为蓝色硫酸铜的水合物。

无水乙醇的沸点为78℃，折射率n_D^{20}为1.3611，相对密度d_4^{20}为0.7893。

五、实验内容

取 20mL 95%乙醇制备成无水乙醇。

六、注意事项

① 本实验中所用仪器均需彻底干燥。由于无水乙醇具有很强的吸水性，故操作过程中和存放时必须防止水分侵入。

② 氧化钙法制备无水乙醇分为如下两步。

a. 回流加热除水 取 500mL 短颈圆底烧瓶，放入 200mL 90%乙醇，慢慢加入 80g 小块生石灰和约 1g 氢氧化钠。装上回流装置，封好瓶塞，在水浴上煮沸回流约 2h。

b. 蒸馏 回流完毕，拆下冷凝管，改装为蒸馏装置，把一个（连塞）称重的干净厚壁锥形烧瓶接在冷凝器末端上，锥形烧瓶安装上盛有粒状无水氯化钙的干燥管，安装完毕，在水浴上加热蒸馏。最初蒸出的乙醇可能由于仪器中所附的少量水分会使乙醇含少量的水分。故待蒸出 10mL 乙醇时，暂停加热，拆下锥形烧瓶，迅速把瓶中的乙醇倒入另外已称重的容器中（待蒸馏完毕后再称重，较好），再装上锥形烧瓶，继续加热蒸馏至没有乙醇蒸出为止。称重，再加约 10mL 乙醇的质量，即为乙醇的产量，密封贮存。

七、思考题

如何证明制备的乙醇无水分？

实验九 薄荷油折射率的测定

一、目的要求

① 了解阿贝折射仪的基本结构。

② 掌握阿贝折射仪的使用方法和折射率的测定。

二、基本原理

折射率是物质的特性常数，固、液、气态物质都有折射率。通过测定折射率可以确定有机物的纯度及溶液的组成，也可用于鉴定未知化合物。

折射率与物质的结构、光线的波长、温度及压力等因素有关。通常折射率是以钠光灯为光源，20℃时所测定的折射率。

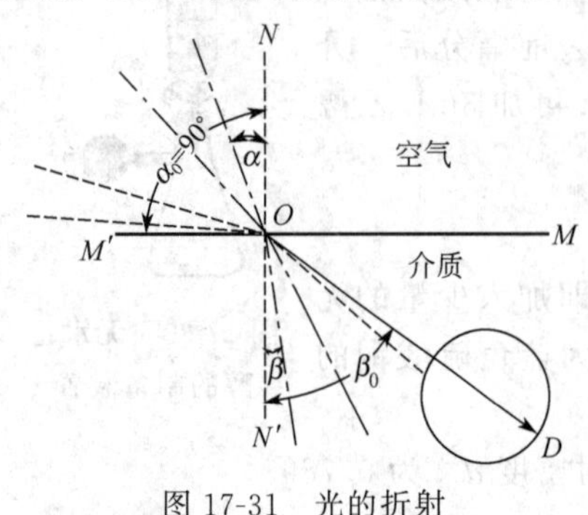

图 17-31 光的折射

折射仪的基本原理即为折射定律：

$$n_1 \sin\alpha = n_2 \sin\beta$$

式中，n_1、n_2 为交界面两侧的两种介质的折射率（见图 17-31）。

当入射角 $\alpha=90°$时，折射角为 β_0，此折射角被称为临界角。因此，当在两种介质的界面上以不同角度射入光线时，光线经过折射率大的介质后，其折射角 $\beta \leqslant \beta_0$，其结果是大于临界角不会有光，成为黑暗部分；小于临界角的有光，成为明亮部分；从而：

$$n_1=\frac{\sin\beta_0}{\sin\alpha}n_2=n_2\sin\beta_0$$

在固定一种介质后，临界角的大小与被测物质的折射率成简单的函数关系，可以方便地求出另一种物质的折射率。

三、仪器与药品

仪器：阿贝折射仪、恒温槽、烧杯、滴管。

药品：薄荷油、蒸馏水。

四、实验步骤

1. 仪器安装

测定折射率的仪器常用阿贝折射仪，其结构如图 17-32 所示。

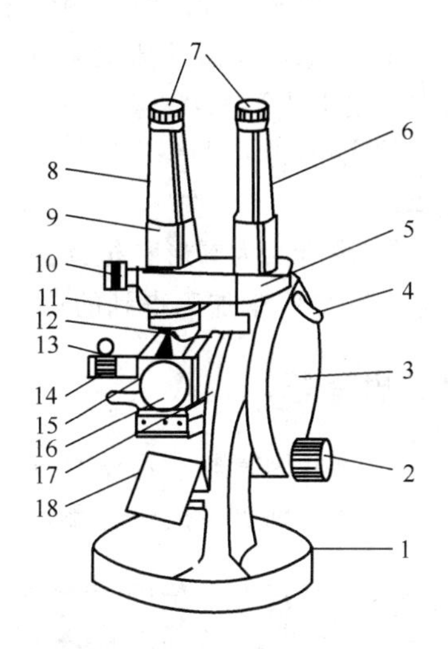

图 17-32　阿贝折射仪

1—底座；2—棱镜转动手轮；3—圆盘组（内有刻度盘）；4—小反光镜；5—支架；6—读数镜筒；7—目镜；8—望远镜筒；9—示值调节螺丝；10—阿米西棱镜手轮；11—色散值刻度圈；12—棱镜锁紧扳手；13—棱镜组；14—温度计座；15—恒温器接头；16—保护罩；17—主轴；18—反光镜

先将折射仪与恒温槽相连接，使恒温槽中的恒温水通入棱镜夹套内，检查插入棱镜夹套中的温度计的读数是否符合要求，一般选用（20.0±0.1)℃或（25.0±0.1)℃。

2. 加样

小心扭开直角棱镜的闭合旋钮，分开直角棱镜，滴加 1～2 滴薄荷油，合上棱镜使上、下镜面润湿，再打开棱镜，用擦镜纸顺一个方向轻轻拭干上、下镜面。待晾干后，滴加 2～3 滴蒸馏水使均匀地置于下镜面上，合上棱镜，锁紧锁钮。

3. 测折射率

转动手轮，使刻度盘标尺上的示值为最小，调节反光镜，使镜内视场明亮，调节望远镜目镜使聚焦于“十”字上，转动棱镜直到目镜中观察到有界线或出现彩色光带，如图 17-33(a) 出现的是彩色光带，可调节消色散棱镜使明暗界线清晰，彩色光带消失，如图 17-33(b) 所示，再转动棱镜使界线恰好通过“十”字交点，如图 17-33(d) 所示。记录读数（可读至小数点后第 4 位）与温度。重复测两次，将 2 次测得的平均折射率与纯水的标准值（$n_D^{20}=1.33299$）比较，求得仪器的校正值，然后用同样的方法测定薄荷油的折射率。

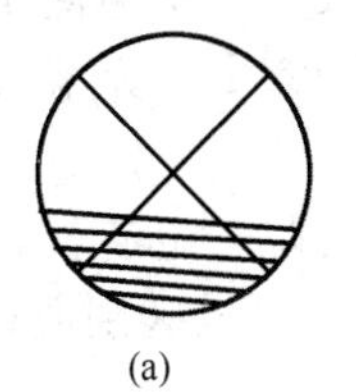
(a)

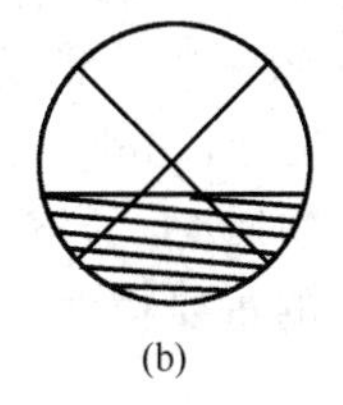
(b)

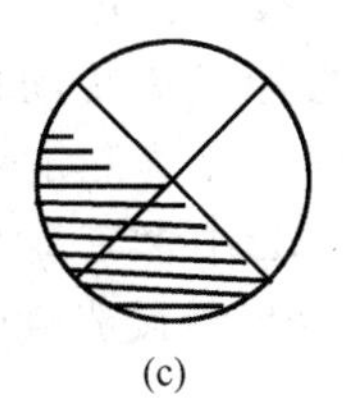
(c)

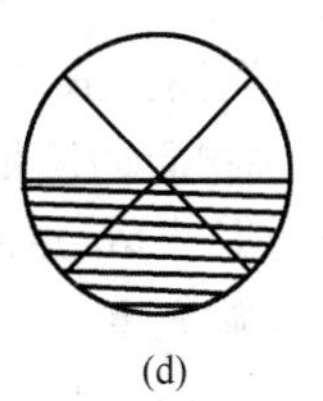
(d)

图 17-33　折射率测定

仪器使用完毕，打开棱镜，用擦镜纸擦净镜面，晾干后合上棱镜。

五、实验内容

测定薄荷油的折射率。

六、注意事项

① 试样不宜加得太多，一般只滴入 2～3 滴即可。

② 滴加液体样品时，滴管末端切不可触及棱镜，以免造成划痕。

③ 要保持仪器清洁，注意保护刻度盘。每次实验完毕，要用擦镜纸擦净，干燥后放入箱中，镜上不准有灰尘。

④ 温度为 t 时的折射率可用公式：$n_D^{20}=n_D^t+0.00045\times(t-20℃)$ 校正为 20℃时的折射率。

⑤ 薄荷油为唇形科植物薄荷 *Mentha haplocalyx* Briq. 的新鲜茎和叶经水蒸气蒸馏，再冷冻，部分脱脑加工得到的挥发油。药用薄荷油的折射率应为 1.456～1.466。

七、思考题

① 哪些因素影响物质的折射率？

② 使用阿贝折射仪有哪些注意事项？

实验十 糖的旋光度测定

一、目的要求

① 了解旋光仪的构造，熟悉比旋光度的计算。

② 掌握旋光仪的使用方法和旋光度的测定。

二、基本原理

物质按是否具有光学活性分为两类：一类是具有光学活性或旋光性的物质，如乳酸、葡萄糖有旋光性；另一类是没有光学活性或旋光性的物质。旋光度是指光学活性物质使偏振光的振动平面旋转的角度。

物质的旋光度与测定物质溶液的浓度、溶剂、温度、测定管长度和光源的波长有关。物质的比旋光度 $[\alpha]_\lambda^t$ 与所测得旋光度 α 之间的关系为：

$$[\alpha]_\lambda^t=\frac{\alpha}{c\times l}$$

式中，$[\alpha]_\lambda^t$ 为旋光性物质在 t℃、光源的波长为 λ 时的比旋光度；t 为测定时溶液的温度；λ 为光源的光波波长；α 为标尺盘转动角度的读数（即旋光度）；c 为溶液的浓度，指 1mL 溶液中所含物质的质量（g）；l 为测定管的长度，dm。

偏振光透过长 1dm 并每 1mL 中含有旋光性物质 1g 的溶液，在一定波长与温度下测得的旋光度称为比旋光度。比旋光度是旋光性物质的重要物理常数。可以区别或检查某些药品的纯杂程度，亦可用于测定含量。

三、仪器与药品

仪器：目测旋光仪、150mL 烧杯、100mL 容量杯、温度计、分析天平。

药品：葡萄糖、蒸馏水。

四、实验步骤

1. 操作前准备工作

如测定对温度有严格要求的药品，在测定前应将仪器及药品置规定的温度室内至少 2h，使温度恒定，再开启电源开关，钠光灯瞬时起辉点燃，但发光不稳，等钠光灯呈现稳定的橙黄色光后，将钠光灯开关扳向直流点燃。

2. 旋光仪零点的校正

在测定样品前，须校正旋光仪的零点。将旋光仪中的样品管洗净，装上蒸馏水，使液面凸出管口，将玻璃盖沿管口边缘轻轻平推盖好，不能留有气泡（不要过紧）。将测定管擦干，放入旋光仪内，罩上盖子，开放钠光灯，调节仪器的目镜的焦点，使旋钮向左或向右旋转时光域的中心明暗分界线清晰，锐利。然后旋转微调手轮使光域中心两边明暗一致［如图 17-34(c)］。记录读数，重复操作至少 5 次，取其平均值。若零点相差太大时，应对仪器进行重新校正。

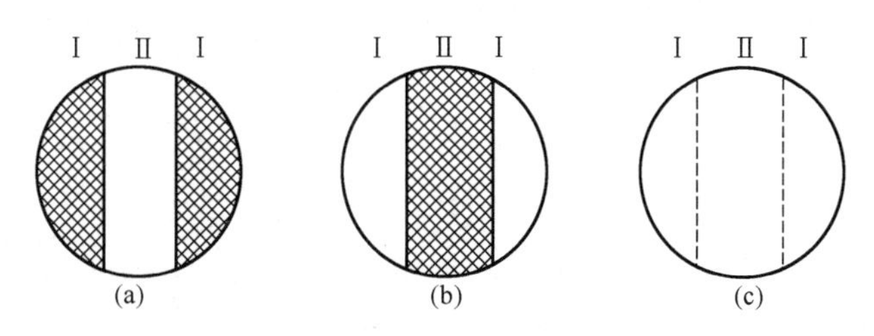

图 17-34 三分视界式旋光仪中目镜视场图

(a) 小于零度的视场；(b) 大于零度的视场；(c) 零度视场

五、实验内容

1. 测葡萄糖溶液的旋光度

准确称取葡萄糖 10.000g，在 100mL 容量瓶中配成溶液。溶液需透明无颗粒，无纸屑，否则用干滤纸过滤。用配好的溶液洗涤测定管 2～3 次。把溶液装入测定管中，盖好并旋紧管盖，将管外擦干，放于旋光计中，测定旋光度。即再旋转旋钮使光域两边的明暗一致后读数（须重复 5 次而取平均值)。这一读数与零点之间的差值即为该葡萄糖溶液的旋光度。记录测定管长度和溶液的温度，按公式计算葡萄糖的比旋光度。

2. 测定未知浓度的葡萄糖溶液的旋光度

将旋光管用蒸馏水洗净后，再用少量待测溶液润洗 2 次，按上述方法测定该溶液的旋光度。将所测旋光度的读数和上述 1. 中所计算出的比旋光度代入公式，即可确定该溶液的浓度。

六、注意事项

① 每次测定前都应以溶剂为空白校正旋光仪，测定后再校正一次，以确定在测定时零点有无变化。如有变动，则应重新测定旋光度。

② 葡萄糖或固体物质的溶液应不显浑浊或含有混悬的小颗粒，否则应先滤过，并弃去初滤液。

③ 测定管在装入液体后，螺丝帽盖不能旋得太紧，只要不流出液体即可，否则产生扭

力使管内有空隙，将影响旋光。

④ 一般刻度盘的最小刻度为0.25°，加上游标，可读到0.01°。

七、思考题

① 葡萄糖为什么有变旋光现象？

② 比旋光度与旋光度有什么不同？

③ 使用旋光仪应注意什么？根据测得的数据可以解决什么问题？

第十八章 有机化合物的性质和制备实验

实验十一 醇和酚的性质

一、实验目的

① 验证醇和酚的化学性质。

② 比较醇和酚之间化学性质的差异，加深构效关系的理解。

二、实验原理

低级醇易溶于水，随着烃基的增大，水溶性逐渐降低。多元醇由于分子中羟基增多，水溶性增大，而且由于羟基间的相互影响，羟基中氢具有一定程度的酸性，可与某些氢氧化物发生类似中和反应，生成类似盐类产物。

醇中羟基的结构与水相似，羟基中的氢原子不能游离，但易被活泼金属钠取代而生成醇钠。伯醇能被氧化生成醛，仲醇能被氧化生成酮，它们进一步氧化则可生成羧酸。叔醇不易氧化。

酚的羟基由于与苯环直接相连，形成 p-π 共轭体系，使羟基中氢氧键的极性增大，酚羟基中氢原子易解离成质子，因此酚具有弱酸性，又由于 p-π 共轭效应的影响，使苯环上处于羟基邻、对位上的氢更加活泼，容易被取代。

三、实验步骤

1. 醇的性质

(1) 醇钠的生成　取 1 支干燥试管，加入 1mL 无水乙醇，并投入一小块（绿豆大小）刚刚切开的金属钠，观察有什么现象发生。待金属钠完全消失后（一定要完全消失），往试管中加入 1mL 水，并滴入 1～2 滴酚酞溶液，观察有什么现象发生，并解释原因。

(2) 与卢卡斯试剂反应[1]　取 3 支干燥试管，各加入 20 滴卢卡斯试剂，然后在各试管中分别加入 5～8 滴正丁醇、仲丁醇、叔丁醇，振摇，比较各试管出现浑浊或分层的快慢。

(3) 醇的氧化　取 3 支试管，各加入 5 滴 0.5%高锰酸钾溶液，1 滴 5% NaOH 溶液，然后依次分别加入 2 滴乙醇、异丙醇、叔丁醇，振摇，观察各试管颜色有何变化，并解释原因。

(4) 多元醇的特性取　2 支试管，分别加入 10 滴 5% $CuSO_4$ 溶液和 15 滴 5% NaOH 溶液，在振摇下各加入 3 滴甘油和 5 滴 95%乙醇，观察实验现象，并加以比较。

2. 酚的性质

(1) 苯酚的酸性　取苯酚少许于试管中[2]，加水 2mL，振摇使其成乳浊状，将乳浊液分成两份。在第一份中逐滴加入 5% NaOH 溶液至溶液澄清为止，然后在此澄清液中逐滴加入 3mol/L 硫酸至溶液呈酸性，观察有何变化。在第二份乳浊液中逐滴加入 5% $NaHCO_3$ 溶液，振摇，观察溶液是否澄清，并解释原因。

(2) 卤代反应　取10滴1%苯酚溶液于试管中，慢慢滴加饱和溴水3～5滴，并不断振摇，观察有何现象发生。

(3) 与$FeCl_3$反应[3]　取4支试管，各加入10滴1%的苯酚、α-萘酚、间苯二酚、乙醇溶液，然后分别加入2～3滴1% $FeCl_3$溶液于各试管中，观察颜色变化。

四、注释

[1] 卢卡斯试验适用于含3～6个碳原子的醇，因为少于6个碳原子的醇都能溶于浓盐酸的氯化锌溶液中，而多于6个碳原子的醇则不溶，故不能借此检验。而1～2个碳原子的醇，由于产物的挥发性，此法也不合适。

[2] 苯酚对皮肤有很强的腐蚀性，使用时切勿与皮肤接触，万一碰到皮肤可用水冲洗，再用酒精棉球擦洗。

[3] 三氯化铁试验为酚类与烯醇类化合物的特征反应，但亦有些酚并不产生颜色，故阴性反应并不能证明无酚基存在。

五、思考题

① 伯、仲、叔醇与卢卡斯试剂反应有什么差异？

② 苯酚为什么比苯易于发生亲电取代反应？

实验十二　醛和酮的性质

一、实验目的

① 验证醛和酮的主要化学性质。

② 掌握醛和酮的鉴别方法。

二、实验原理

醛和酮分子中都含有羰基，因而具有许多相似的化学性质。如羰基上的加成和还原反应及α-活泼氢的卤代反应等。由于羰基所连的基团不同，又使醛和酮具有不同的性质，如醛能被弱氧化剂托伦试剂和费林试剂氧化，能与席夫试剂产生颜色反应等，而酮则不能，借此可区分醛和酮。乙醛、甲基酮、乙醇及甲基醇均可发生碘仿反应。

三、实验步骤

1. 与亚硫酸氢钠反应

取4支干燥试管，各加入1mL新配制的饱和亚硫酸氢钠溶液和5滴乙醛、苯甲醛、丙酮、苯乙酮[1]，边加边用力振摇，观察现象。如无晶体析出，可用玻璃棒摩擦试管壁或将试管浸入冰水中冷却后再观察，并解释之。

2. 与2,4-二硝基苯肼反应

在3支试管中，分别加入5滴乙醛、苯甲醛、丙酮和10滴2,4-二硝基苯肼试剂，充分振摇后，静置片刻，观察反应现象并解释之。若无沉淀析出，可微热1min，冷却后再观察。有时为油状物，可加1～2滴乙醇，振摇促使沉淀生成。

3. 碘仿反应

在4支试管中，分别加入1mL水和10滴碘试液，再分别加入5滴乙醛、苯乙酮、乙醇、异丙醇，边振摇边逐滴加入5%氢氧化钠溶液至碘的颜色褪去[2]，观察反应现象并解释之。若无沉淀析出，可在温水浴中温热数分钟，冷却后再观察现象。

4. 与托伦试剂反应

在4支洁净的小试管中，分别加入1mL托伦试剂[3]，然后各加入5～8滴40%甲醛水溶液、乙醛、苯甲醛、丙酮，摇匀后，在沸水浴中加热数分钟，观察反应并解释之。

5. 与费林试剂反应

在4支洁净的试管中，分别加入10滴费林试剂[4]A和B，再各加入5～8滴40%甲醛水溶液、乙醛、苯甲醛、丙酮，摇匀后，在50～60℃水浴中加热数分钟，观察反应现象并解释之。

6. 与席夫试剂反应

在4支试管中，分别加入10滴席夫试剂[5]和5～8滴40%甲醛水溶液、乙醛、苯甲醛、丙酮，摇匀后，观察反应并解释之。

四、注释

[1] 低分子量羰基化合物与亚硫酸氢钠的加成产物能溶于稀酸中，不易得到结晶。由于芳香族甲基酮的空间位阻较大，与亚硫酸氢钠作用甚慢或不起作用。

[2] 滴加碱后溶液必须呈淡黄色，应有微量碘存在，若已成无色可返滴碘试液；醛和酮不宜过量，否则会使碘仿溶解；碱若过量，会使碘仿分解。

[3] 易被氧化的糖类及其他还原性物质均可与托伦试剂作用。试管必须十分洁净，否则不能生成银镜，仅出现黑色絮状沉淀。反应时必须水浴加热，否则会生成具有爆炸性的雷酸银。实验完毕，试管用稀硝酸洗涤。

[4] 脂肪醛、α-羟基酮（如还原糖）、多元酚等均可与费林试剂反应。芳香醛、酮不反应。反应结果决定（如醛）浓度的大小及加热时间的长短，可能析出Cu_2O（砖红色）、CuOH（黄色）、Cu（暗红色）。因此，有时反应液的颜色变化为：绿色、黄色、红色沉淀。甲醛尚可将氧化亚铜还原为暗红色的铜镜。

[5] 某些酮和不饱和化合物及吸附SO_2的物质能使席夫试剂恢复品红原有的桃红色，不应作为阳性反应。反应时，不能加热，溶液中不能含有碱性物质和氧化剂，否则SO_2逸去，使试剂变回原来品红的颜色，干扰鉴别。故宜在冷溶液及酸性条件下进行。

五、思考题

① 哪些试剂可区别醛类和酮类？

② 进行银镜反应时应注意什么？

③ 用简单的化学方法区分下列化合物：苯甲醛、甲醛、乙醛、丙酮、异丙酮。

实验十三 羧酸及其衍生物、取代羧酸的性质

一、实验目的

① 验证羧酸及其衍生物、取代羧酸的主要化学性质。

② 掌握羧酸及其衍生物、取代羧酸的鉴别方法。

二、实验原理

羧酸具有酸性，与碱作用生成盐，饱和一元羧酸中甲酸的酸性最强，二元羧酸中草酸的酸性最强。

羧酸与醇在浓硫酸催化下发生酯化反应。在适当的条件下羧酸可发生脱羧反应。甲酸分子中含有醛基，具有还原性，可以被高锰酸钾或托伦试剂氧化。由于两个相邻羧基的相互影响，草酸易发生脱羧反应和被高锰酸钾氧化。

酰卤、酸酐、酯、酰胺均为羧酸的衍生物，与水发生水解反应生成相应的酸，水解反应的难易次序为：酰卤＞酸酐＞酯＞酰胺。

羟基酸与酮酸均为取代羧酸，它们的酸性比相应的羧酸强。乙酰乙酸乙酯是一个酮式和烯醇式的混合物，在常温下可以互相转变，发生互变异构现象，因此，它既具有酮的性质又具有烯醇的性质，如能与2,4-二硝基苯肼反应生成橙色的2,4-二硝基苯腙沉淀，能使溴水褪色，与三氯化铁溶液作用发生显色反应等。

三、实验步骤

(一) 羧酸的性质

(1) 酸性试验　取3支试管，各加入1mL蒸馏水，再分别加入5滴甲酸、乙酸和0.5g草酸，摇匀，然后用洁净的玻璃棒蘸取上述3种酸的水溶液于pH试纸上，记录pH并比较酸性强弱。

(2) 成盐反应　在试管中加入0.1g苯甲酸和1mL蒸馏水，边摇边滴加5%氢氧化钠溶液至恰好澄清，再逐滴加入5%盐酸溶液，观察现象。

(3) 酯化反应　在一干燥的试管中分别加入0.5mL冰醋酸和1mL无水乙醇，再逐滴加入10滴浓硫酸[1]，摇匀后将试管浸在60～70℃的热水浴中10min，取出试管待其冷却后加入3mL水，注意浮在液面酯层的气味。

(4) 脱羧反应　将1mL冰醋酸和1g草酸分别加入2支带导管的试管，塞子塞紧试管口，导管的末端插入盛有1～2mL澄清石灰水的试管中，然后直火加热[2]，观察石灰水变化。

(5) 氧化反应

① 取3支试管，各加入1mL 0.5%高锰酸钾溶液，10滴3mol/L硫酸，摇匀，分别加入5滴甲酸、乙酸和0.5g草酸，观察其颜色变化。

② 在洁净的试管中加入5滴甲酸溶液，边摇边逐滴加入5%氢氧化钠溶液至呈弱碱性，再加入1mL新配制的托伦试剂，热水浴加热，观察现象。

(二) 羧酸衍生物的性质

1. 水解反应

(1) 酰卤的水解　在试管中加入1mL蒸馏水，沿管壁慢慢滴加5滴乙酰氯[3]，摇匀，观察现象。待反应结束后，再加入2滴2%硝酸银溶液，观察有何变化。

(2) 酰胺的水解　取2支试管，各加入0.1g乙酰胺，在其中一支试管中加入1mL 10%氢氧化钠溶液，在另一支试管中加入1mL 3mol/L硫酸，煮沸，并将湿润的红色石蕊试纸放在试管口，观察现象，有何气味产生。

(3) 油脂的皂化　在试管中加入0.1g油脂、1mL 95%乙醇和1mL 20%氢氧化钠，摇匀，放于沸水浴中加热约30min，将制得的黏稠液倒入10mL温热的饱和氯化钠的小烧杯中，观察并解释现象。

2. 醇解反应

(1) 酰卤的醇解　在干燥的试管中加入 10 滴无水乙醇，边摇边逐滴加入 10 滴乙酰氯，待试管冷却后，慢慢加入 10%碳酸钠溶液至中性，观察现象并闻其气味。

(2) 酸酐的醇解　在干燥的试管中加入 10 滴无水乙醇和 10 滴乙酸酐，再加入 1 滴浓硫酸，振摇，待试管冷却后，慢慢加入 10%碳酸钠溶液至中性，观察现象并闻其气味。

3. 缩二脲反应

在一干燥的试管中加入 0.5g 尿素，小心加热，固体熔化，继续加热，有刺激性气体放出，同时又凝固，冷却后加入 1mL 蒸馏水，搅拌，再滴加 5 滴 10%氢氧化钠溶液和 3 滴 1%硫酸铜溶液，观察并解释现象。

4. 乙酰乙酸乙酯的酮式-烯醇式互变异构

① 在试管中加入 10 滴 2,4-二硝基苯肼试剂和 3 滴 10%乙酰乙酸乙酯的乙醇溶液，观察现象。

② 在试管中加入 10 滴 10%乙酰乙酸乙酯的乙醇溶液，1 滴 1%三氯化铁溶液，出现紫红色。边摇边逐滴加入数滴饱和溴水，紫红色褪去，稍待片刻紫红色又出现，解释原因。

(三) 取代羧酸的性质

1. 氧化反应

在试管中加入 10 滴乳酸，边摇边逐滴加入 0.5%高锰酸钾酸性溶液，观察现象。

2. 水杨酸和乙酰水杨酸与三氯化铁的显色反应

取 2 支试管，各加入 0.1g 水杨酸和乙酰水杨酸，加入 1mL 蒸馏水，摇匀，再分别加入 1 滴 1%三氯化铁溶液，观察并解释现象。

四、注释

[1] 浓硫酸有腐蚀性，小心使用。

[2] 加热草酸时，将试管口略向下倾斜，以防固体中水分或倒吸石灰水使试管破裂。

[3] 乙酰氯很活泼，与水或醇反应均较为剧烈，试管口不准对准人，尤其是眼睛。

五、思考题

① 甲酸是一元羧酸，草酸是二元羧酸，它们都有还原性，可以被氧化。其他的一元羧酸和二元羧酸是否也能被氧化？

② 如何用实验说明在常温下酮式和烯醇式互变平衡的存在？

③ 举例说明能与三氯化铁显色的有机化合物的结构特点？

实验十四　糖的性质

一、实验目的

① 验证糖类化合物的主要化学性质。

② 掌握糖类化合物的鉴别方法。

二、实验原理

糖类可分为单糖、低聚糖、多糖。凡分子中具有半缩醛或半缩酮羟基的糖均有还原性，称为还原糖。多糖及分子中没有半缩醛或半缩酮羟基的糖均没有还原性，称为非还原糖。还原糖能被弱氧化剂如托伦试剂、费林试剂氧化，而非还原糖不能，以此性质可区别它们。

糖类在浓硫酸或浓盐酸的作用下，能与酚类化合物发生显色反应。其中莫立许试剂与糖产生紫色，可用此法检验出糖类；塞利凡诺夫试剂与糖产生鲜红色，且与酮糖反应出现红色较醛糖快，可用以鉴别酮糖和醛糖。

双糖和多糖在酸存在下，均可水解成具有还原性的单糖。淀粉与碘溶液的显色反应是鉴别淀粉的常用方法。

三、实验步骤

1. 还原性

（1）与托伦试剂反应　取 5 支洁净的试管，各加入 0.5mL 新配制的托伦试剂，再分别加入 3～5 滴 5%葡萄糖、5%果糖、5%麦芽糖、5%蔗糖、2%淀粉，摇匀后，将 5 支试管同时放到 60～80℃热水浴中加热，观察现象。

（2）与费林试剂反应　取 5 支洁净的试管，加入费林试剂试剂 A、B 各 0.5mL，再分别加入 5～8 滴 5%葡萄糖、5%果糖、5%麦芽糖、5%蔗糖、2%淀粉，摇匀后，将 5 支试管同时放到 60～80℃热水浴中加热，观察现象。

2. 颜色反应

（1）与莫立许（Molish）试剂反应　取 4 支试管，分别加入 0.5mL 5%葡萄糖、5%麦芽糖、5%蔗糖、2%淀粉和 2 滴莫立许试剂[1]，摇匀，将试管倾斜沿管壁慢慢滴入 0.5mL 浓硫酸，观察界面层的颜色变化。

（2）与塞利凡诺夫（Seliwanoff）试剂反应　取 4 支试管，分别加入 0.5mL 塞利凡诺夫试剂和 2～3 滴 5%葡萄糖、5%麦芽糖、5%果糖、5%蔗糖，摇匀后，将 4 支试管同时放入沸水浴中加热 2min，观察现象。

3. 蔗糖、淀粉的水解反应[2]

取 2 支试管，分别加入 1mL 5%蔗糖、淀粉，加入 2 滴浓盐酸，摇匀后放入沸水浴中加热 20min，冷却后用 10%氢氧化钠溶液中和，再加入 1mL 班氏试剂，放入沸水浴中加热，观察现象。

4. 淀粉与碘液的显色反应

在试管中加入 0.5mL 2%淀粉 5 滴和碘液 1 滴，观察现象。再加热，又放冷，解释其变化。

四、注释

[1] 此试验很灵敏，从单糖到多糖均有反应。此外，丙酮、甲酸、乳酸、草酸、葡萄糖醛酸及糠糖衍生物等也能与莫立许试剂产生颜色，因此，阴性反应是糖类不存在的确证，而阳性反应只表明可能含有糖类。

[2] 淀粉难水解，应适当增加反应时间。吸出 1 滴反应液在白瓷板上，滴加 1 滴碘液，不显蓝色时，证明淀粉已水解完全。

五、思考题

① 为什么说蔗糖既是葡萄糖苷，也是果糖苷?

② 用简单的化学方法鉴别下列化合物：葡萄糖、果糖、蔗糖、淀粉。

实验十五 氨基酸、蛋白质的性质

一、实验目的

① 熟悉氨基酸主要的化学性质。

② 了解蛋白质的基本结构和重要的化学性质。

③ 掌握鉴别氨基酸和蛋白质的方法。

二、仪器与试剂

仪器：常用仪器、水浴锅。

试剂：蛋白质溶液、5%硫酸铜、0.5%甘氨酸、0.5%酪氨酸、米隆试剂、0.5%苯丙氨酸、饱和硫酸铵、5%碱性醋酸铅、1%硫酸铜、0.5%苯酚、5%甘氨酸、0.1%茚三酮、饱和苦味酸、5%单宁酸、10%NaOH、95%乙醇、浓硝酸、5%醋酸、30%NaOH、红色石蕊试纸、10%硝酸铅。

三、实验内容与步骤

1. 盐析试验

取一支试管，加入蛋白质溶液20滴，再加入20滴饱和硫酸铵溶液，振荡后析出蛋白质沉淀，溶液变浑浊。取浑浊液10滴滴于另一试管中，加入蒸馏水2mL，振荡后观察现象，为什么?

2. 醇对蛋白质的作用

取10滴蛋白质溶液于试管中，加入10滴95%乙醇，振荡，静置数分钟，溶液浑浊，取浑浊液10滴滴于另一试管中，再加入蒸馏水1mL，振摇，观察现象，与盐析结果比较。

3. 蛋白质与重金属盐作用

取2支试管，各加入蛋白质溶液10滴，再在其中一支试管中加入5%碱式醋酸铅溶液1滴，另一支试管中加入5%硫酸铜溶液1滴，立即产生沉淀（切勿加过量试剂，否则，沉淀又复溶解）[1]。再用水稀释，观察沉淀是否溶解，与盐析结果作比较（本试验可用5%甘氨酸溶液做对比试验）。

4. 蛋白质与生物碱试剂作用

取2支试管，各加入10滴蛋白质溶液和2滴醋酸[2]，一管加入饱和苦味酸2滴，另一管加入5%单宁酸2滴[3]。观察有无沉淀生成。

5. 茚三酮试验[4]

取2支试管，分别加4滴蛋白质溶液和4滴0.5%甘氨酸溶液，再分别加入3滴0.1%茚三酮溶液，混合后，放在沸水浴中加热1～5min，观察并比较两管的显色时间及颜色情况。

6. 二缩脲试验[5]

取2支试管，分别加入10滴蛋白质溶液、0.5%甘氨酸溶液，再各加入10滴10%氢氧化钠溶液，混合后，再分别加入1～2滴1%硫酸铜溶液（勿过量），振荡后，观察现象，比较结果。

7. 黄蛋白试验[6]

取一支试管，加入5滴蛋白质溶液及2滴浓硝酸，出现白色沉淀或浑浊，然后加热煮沸，观察现象，反应液冷却后再滴入10%氢氧化钠溶液至反应液呈碱性，观察颜色变化。（这一反应结果，表明蛋白质分子中含有什么基本结构？可能有哪些氨基酸？）（用苯丙氨酸和酪氨酸对比）

8. 米隆（Millon）试验[7]

取4支试管，分别加入20滴蛋白质溶液、10滴0.5%苯酚溶液、10滴0.5%酪氨酸溶液和10滴0.5%苯丙氨酸溶液，再分别加入5～10滴米隆试剂[8]，振摇，观察现象。再将试管置于沸水浴中加热（不要煮沸，加热勿过久，否则颜色消退），再观察现象。

9. 蛋白质的碱解

取1mL蛋白质溶液放在试管里，加入2mL 30% NaOH溶液，把混合物煮沸2～3min，此时析出沉淀，继续沸腾时，沉淀又溶解，放出氨气（可用红色石蕊试纸放在试管口检出之）。

向上述热溶液中加入1mL 10%硝酸铅溶液，再将混合物煮沸，起初生成的白色氢氧化铅沉淀溶解在过量的碱液中。如果蛋白质与碱作用有硫脱下，则生成硫化铅，结果清亮的液体逐渐变成棕色。当脱下的硫较多时，则析出暗棕色或黑色的硫化铅沉淀。

四、注释

[1] 沉淀复溶于过量沉淀剂中，这是沉淀吸附了过量的金属离子使沉淀胶粒带电形成新的双电层所致。

[2] 加醋酸的作用是使蛋白质处在酸性环境中，呈阳离子状态存在，使它更易与生物碱试剂作用，沉淀更明显。

[3] 生物碱试剂过量时，也会出现沉淀复溶于过量沉淀剂的现象。

[4] 茚三酮试验，蛋白质、α-氨基酸均有正性反应；但脯氨酸、羟脯氨酸、β-氨基酸与茚三酮作用显黄色（并非正常的紫红色），为负性结果；N-取代α-氨基酸、γ-氨基酸亦为负性结果；而伯胺、氨及某些羟胺化合物对本试验有干扰。

[5] 二缩脲反应正常显蓝紫色或淡红色，这是二缩脲与铜离子形成络合物所致。

本试验应防止加入过多的硫酸铜溶液，否则生成过多的氢氧化铜沉淀，有碍于对紫色或淡红色的观察。

[6] 本试验显色反应，主要是含有苯环的氨基酸或蛋白质中的苯环可与硝酸起硝化作用，在苯环上导入硝基所致。

[7] 含酚基的氨基酸及蛋白质均有此反应，起先产生白色沉淀，加热后转为砖红色。酚类亦显正性反应，有干扰。加热不要煮沸，也不要时间过长。

[8] 米隆试剂为汞剂，有毒！避免皮肤接触和入口。

五、思考题

① 盐析作用的原理是什么？盐析在化学工作中有什么应用？

② 怎样区别氨基酸与蛋白质？

③ 做蛋白质的沉淀试验和颜色反应试验时应注意哪些问题？

实验十六 乙酸乙酯的制备

一、实验目的

① 掌握蒸馏、洗涤、干燥等基本操作。

② 了解酯化反应制备酯的原理和方法。

二、实验原理

羧酸和醇作用生成酯和水，称酯化反应[1]，该反应是一可逆反应，例如：

$$CH_3COOH + CH_3CH_2OH \underset{110\sim120℃}{\overset{H^+}{\rightleftharpoons}} CH_3COOCH_2CH_3 + H_2O$$

为了使反应向生成酯的方向进行，提高酯的产量，一般采用少量无机酸催化、升高反应温度、增加反应物之一以及移去生成物的方法。在本实验中，因为乙醇比较便宜，用过量的乙醇与乙酸作用，生成乙酸乙酯。

利用乙酸乙酯能与水、乙醇形成低沸点共沸点共沸物的特性，容易从反应体系中蒸馏出来。初馏液中除乙酸乙酯外，还含有少量乙醇、水、乙酸等，故需用碳酸钠溶液洗去乙酸，用饱和氯化钙溶液洗去乙醇，并用无水硫酸镁进行干燥。

三、实验步骤

1. 乙酸乙酯的粗制

在 125mL 干燥的三颈瓶中，加入 10mL（0.34mol）无水乙醇，再小心分批次加入 5mL 浓硫酸[2]，混匀，并放入 2～3 粒沸石。安装乙酸乙酯制备装置，滴液漏斗盛有 10mL（0.34mol）无水乙醇及 12mL 冰醋酸（0.21mol）混合液。温度计的水银球浸入液面离烧瓶底 0.5～1cm 处。冷凝管末端连接一接液管，用小锥形瓶接收。

用恒温电热套缓慢加热，使瓶中反应温度升到 110～120℃。此时应有馏出液从接收管流出，再从滴液漏斗慢慢滴入混合液[3]。控制滴入速度和馏出速度大致相等，维持反应温度，约 30min 滴加完毕，继续加热蒸馏数分钟，直至溜出液体积为反应液总体积的 1/2 为止。

2. 分离、提纯

向馏出液中缓慢加入饱和碳酸钠溶液（约 10mL），时加振摇，直到无二氧化碳气体产生。然后将混合液转移到分液漏斗，充分振摇后，静置，分去下层水溶液，酯层依次用 10mL 饱和食盐水[4]，10mL 饱和氯化钙溶液和蒸馏水洗涤 1 次。弃去下层液，酯层自分液漏斗上口倒入一干燥的小锥形瓶中，用无水硫酸镁干燥[5]。

将粗乙酸乙酯进行蒸馏，收集 73～78℃的馏分。称量，计算产率。

3. 纯度检验

纯乙酸乙酯为无色有香味的液体，bp 77.06℃，折射率 n_D^{20}1.3723。测定产品折射率与纯品比较。

四、注释

[1] 本实验采用的酯化方法，仅适用于合成一些沸点较低的酯类。其优点是能连续进行，用较小容积的反应瓶制得较大量的产物。

[2] 硫酸的用量为醇用量的3%时即能起催化作用，还能起脱水作用而增加酯的产量。但硫酸用量过多，由于氧化作用反而对反应不利。

[3] 温度不宜过高，否则会增加副产物乙醚的含量。滴加速度太快会使醋酸和乙醇来不及作用而被蒸出。

[4] 碳酸钠除去未反应的醋酸，剩下的碳酸钠溶液经分离、饱和食盐水洗涤除去，否则下一步用饱和氯化钙溶液洗去醇时，会产生絮状沉淀，造成分离的困难。

[5] 由表18-1可知，若蒸馏前洗涤不干净或干燥不够，都使沸点降低，影响产率。

表18-1 乙酸乙酯与水形成二元和三元共沸物的组成与沸点关系

沸点/℃	组成/%			沸点/℃	组成/%		
	乙酸乙酯	乙醇	水		乙酸乙酯	乙醇	水
70.2	82.6	8.4	9	71.8	69.0	31.0	—
70.4	91.9	—	8.1				

五、思考题

① 酯化反应有什么特点？本实验如何促使酯化反应尽量向生成物方向进行？

② 能否用浓氢氧化钠代替饱和碳酸钠溶液来洗涤蒸馏液？

③ 本实验中若采用醋酸过量的做法是否合适？为什么？

参考文献

[1] 梁绮思. 有机化学. 北京：化学工业出版社，2005.
[2] 陈任宏. 有机化学. 北京：化学工业出版社，2005.
[3] 吕以仙. 有机化学. 第7版. 北京：人民卫生出版社，2008.
[4] 章烨，张荣华. 有机化学. 第2版. 北京：科学技术出版社，2011.
[5] 高鸿宾. 有机化学. 第4版. 北京：高等教育出版社，2005.
[6] 寇元. 魅力化学. 第1版. 北京：北京大学出版社，2010.

全国医药中等职业技术学校教材可供书目

	书　名	书　号	主　编	主　审	定　价
1	中医学基础	7876	石　磊	刘笑非	16.00
2	中药与方剂	7893	张晓瑞	范　颖	23.00
3	药用植物基础	7910	秦泽平	初　敏	25.00
4	中药化学基础	7997	张　梅	杜芳麓	18.00
5	中药炮制技术	7861	李松涛	孙秀梅	26.00
6	中药鉴定技术	7986	吕　薇	潘力佳	28.00
7	中药调剂技术	7894	阎　萍	李广庆	16.00
8	中药制剂技术	8001	张　杰	陈　祥	21.00
9	中药制剂分析技术	8040	陶定阑	朱品业	23.00
10	无机化学基础	7332	陈　艳	黄　如	22.00
11	有机化学基础(第二版)	17684	柯宇新		29.80
12	药物化学应用技术	18053	李玉华	牛四清	36.00
13	药物化学基础	8043	叶云华	张春桃	23.00
14	生物化学	7333	王建新	苏怀德	20.00
15	仪器分析	7334	齐宗韶	胡家炽	26.00
16	药用化学基础(一)(第二版)	04538	常光萍	侯秀峰	22.00
17	药用化学基础(二)	7993	陈蓉	宋丹青	24.00
18	药物分析技术	7336	霍燕兰	何铭新	30.00
19	药品生物测定技术	7338	汪穗福	张新妹	29.00
20	化学制药工艺	7978	金学平	张　珩	18.00
21	现代生物制药技术	7337	劳文艳	李　津	28.00
22	药品储存与养护技术	7860	夏鸿林	徐荣周	22.00
23	职业生涯规划(第二版)	04539	陆祖庆	陆国民	20.00
24	药事法规与管理(第二版)	04879	左淑芬	苏怀德	28.00
25	医药会计实务(第二版)	06017	董桂真	胡仁昱	15.00
26	药学信息检索技术	8066	周淑琴	苏怀德	20.00
27	药学基础(第二版)	09259	潘　雪	苏怀德	30.00
28	药用医学基础(第二版)	05530	赵统臣	苏怀德	39.00
29	公关礼仪	9019	陈世伟	李松涛	23.00
30	药用微生物基础	8917	林　勇	黄武军	22.00
31	医药市场营销	9134	杨文章	杨　悦	20.00
32	生物学基础	9016	赵　军	苏怀德	25.00
33	药物制剂技术	8908	刘娇娥	罗杰英	36.00
34	药品购销实务	8387	张　蕾	吴闿云	23.00
35	医药职业道德	00054	谢淑俊	苏怀德	15.00
36	药品 GMP 实务	03810	范松华	文　彬	24.00
37	固体制剂技术	03760	熊野娟	孙忠达	27.00
38	液体制剂技术	03746	孙彤伟	张玉莲	25.00
39	半固体及其他制剂技术	03781	温博栋	王建平	20.00
40	医药商品采购	05231	陆国民	徐　东	25.00
41	药店零售技术	05161	苏兰宜	陈云鹏	26.00
42	医药商品销售	05602	王冬丽	陈军力	29.00
43	药品检验技术	05879	顾　平	董　政	29.00
44	药品服务英语	06297	侯居左	苏怀德	20.00
45	全国医药中等职业技术教育专业技能标准	6282	全国医药职业技术教育研究会		8.00

欲订购上述教材，请联系我社发行部：010-64519684，010-64518888

如果您需要了解详细的信息，欢迎登录我社网站：www.cip.com.cn